다이얼로그
물리학

2

물성·파동·열역학

DIALOGUE PHYSICS

묻고 답하며 알아가는 물리학

다이얼로그 물리학

2

물성·파동·열역학

이공주복 지음 | 임승연 그림

이화여자대학교출판문화원

이 저서는 이화여자대학교 학술연구과제(1-2019-0205-001-1)의 일부 지원을 받음.

들어가며

"I love physics with all my heart.
It is a kind of personal love, as one has for
a person to whom one is grateful for many things."
- Elise "Lise" Meitner (1878~1968)

이화여자대학교 물리학과에 해마다 80명씩 신입생이 입학하던 시절이 있었다. 그러다 학부제가 실시되었고, 자연과학부로 입학한 학생 중 물리학을 전공으로 선택하는 학생들의 수는 급격히 감소했다. 수학을 좋아하고 잘하는 학생들은 수학을, 싫어하는 학생들은 화학이나 생물학을 전공으로 택하는 경향이 나타났기 때문이다. 수학은 '물리학의 언어'라고들 하니 어느 정도의 수학 능력을 갖춰야만 하는 물리학을 굳이 전공으로 택할 이유가 없지 않은가. 정말 물리학을 사랑하지 않는다면 말이다.

이즈음 일반물리학의 한 분반을 담당하며, 정녕 수학이라는 장벽 때문에 물리학을 택할 수 없는 것이라면 수학을 최소한으로 줄이고 물리적 개념을 많이 강조하는 방식으로 강의해보자는 생각이 들었다. 지금처럼 많은 동영상 자료가 있던 시절이 아니라서 구할 수 있는 한 많은 사진 이미지를 준비했는데 학생들 반응이 좋았다. 물리학을 전공할 생각이 전혀 없던 학생이 물리학을 전공으로 택하기도 하고, 인문사회 계열이나 예체능 계열의 학생들이 많지는 않았지만 나의 일반물리학 강의를 수강하러 왔다. 모두 수식을 최소한으로 사용하여 자연의 법칙을 이해해보자는 강의 소개문을 보고 찾아온 것이다. 이 비非이공계 학생 중에는, 수강생 대부분이 이공계인 일반물리학 강좌에서 아주 좋은 성적을 받은 학생들도 꽤 있었다. 동기 유발과 교육 효과가 함께 간다는 것과, 수학적 배경이 물리학을 처음 공부하는 데 필수가 되는 것은 아님을 깨닫는 경험이었다.

우리가 일상에서 경험하는 많은 현상은 일차적으로 고전물리학, 즉 고전역학이나 고전전자기학으로 설명된다. '일차적'이라고 표현한 것은, 자연현상은 까도 까도 새로운 양파처럼 한 가지 이론이나 법칙만으로 완벽하게 설명되지 않는 경우가 대부분이지만 그럼에도 그것을 통해 주된 이유 정도는 파악할 수 있음을 의미한다. 뉴턴의 운동방정식이나 맥스웰 방정식 등의 미분방정식 및 적분방정식을 푸는 대신, 친숙한 일상의 사례들을 통해 원리를 먼저 이해해보고자 했던 시도는 동료 교수의 부추김이 더해져 『만득이의 물리귀신 따라잡기』 1~3권 시리즈(1997~1999)의 출간으로 이어졌다. 오래전 일이다. 수식을 최소한으로 하는 일반물리학 강의는 기회가 될 때마다 계속 진행했지만 이 책들에 대해서는 잊고 있었다. 그러다가 시리즈를 출간한 지 10년도 훌쩍 지나서 다시 주변 사람들에게 등 떠밀려 개정판을, 심지어 예전에 포함하지 못한 '상대성이론과 양자역학'까지 포함해 일반물리학 전반을 아우르는 시리즈 개정판을 출판하는 것에 동의하고 말았다. 처음에는 제목과 등장인물을 바꾸고 내용만 조금 다듬으면 되는 수준이라고 생각했으나 다시 읽어보니 그 정도로 해결될 수 없겠다는 생각이 들었다. 세월이 흘렀다고 일반물리학의 기본 주제가 달라진 것은 아니나 설명 방식은 많이 달라졌기 때문이다. 주제가 바뀔수록 수정도 많아졌고, 거의 새로운 책을 다시 쓰는 지경이 되었다. 이렇게 해서 먼저 고전물리학과 물성·파동·열역학을 다룬 『세상 뭐든, 물리』 1·2권(2017)이 나왔다. 하지만 4권으로 예정되었던 '상대성이론과 양자역학'뿐 아니라 기존 시리즈의 3권에 해당하는 '전자기학'까지 출간할 수 없는 상황에 놓였다. 아쉬워하던 차에, 일반물리학 전반에 관한 입문서를 완결하고 싶었던 나의 마음이 통했는지 많은 이들의 염려와 도움으로 드디어 『다이얼로그 물리학』 1~4권 시리즈를 출간하게 되었다. 1·2권은 수정이 많이 이루어지긴 했지만 출판사 관계자들의 동의하에 『세상 뭐든, 물리』 1·2권과 같은 내용을 다루고 있음을 밝혀둔다.

이 시리즈는 두 학생 '울리'와 '엘리'가 우연히 한동네에 사는 여성 물리학자 '바리 교수'를 알게 되고, 바리 교수와 함께 대화하며 일상의 다채로운 예를 통해 물리학의 기초 개념들을 하나씩 깨우쳐가는 이야기로 구성되어 있다. 나의 분신이기도 한 바리 교수의 이름 '바리'는 나와 어울린다며 딸이 지어준 이름이고, '울리'는 '물리학의 양심'으로 불리는 천재 물리학자 볼프강 파울리(1900~1958)에게서, 또 '엘리'는 아인슈타인이 '우리(독일어권)의 퀴리 부인'이라고 칭한 여성 물리학자 리제 마이트너(1878~1968)의 어릴 때 이름인 '엘리제'에서 따온 이름이다.

바리, 울리, 엘리의 대화는 질문과 답변으로 이어진다. 대부분의 질문은 내가 일반물리학 강의를 하며 학생들에게서 받은 것들, 혹은 일반적으로 익숙하여 쉽다고 생각하지만 그것이 잘못된 이해에 기인하는 경우가 많은 개념을 질문으로 재구성한 것들이다. 특히 일반물리학 강의를 수강하면서 한 학기 동안 수십 번 질문하는 열정적인 비이공계 학생들이 종종 있는데, 그들의 질문을 대화에 많이 포함하여 비전공자나 대중이 보편적으로 가질 수 있는 궁금증들에 답을 제시하고자 노력했다. 반면에 자연의 법칙을 이해하기 위해 물리학이 어떤 개념들을 내놓았는지 최소한의 수학을 사용해 설명하고자 했으나, 완전히 수학을 배제하려 하지는 않았다. 물리학을 조금 더 깊이 잘 이해할 수 있는 가장 쉬운 방법은 어찌 보면 결국 수학을 통해서이기 때문이다. 직관적으로 자연의 법칙을 이해하는 것은 결코 쉽지 않지만, 수학으로 기술된 자연의 법칙을 수학적으로 풀고, 그 결과를 해석함으로써 자연을 이해하는 것은 훈련을 통해 가능하다. 이 시리즈는 그러한 수학적 훈련에 본격적으로 들어가기 위한 가교라고 할 수 있다.

『다이얼로그 물리학 1: 고전역학』은 속력, 속도, 가속도의 기초 개념으로 시작하기 때문에 처음에는 지루하게 느낄 수 있으나, 물리학을 '진지하게' 처음 접하는 독자라면 차근차근 읽어가길 바란다. 그러다 보면 '에프는 엠에이$F=ma$' 하나로 얼마나 많은 현상을 이해할 수 있는지, 직선운동이 어떻게 회전운동의 개념으로 확장되는지, 관성력은 왜 필요한지 등을 경험할 수 있게 될 것이다. 『다이얼로그 물리학 2: 물성·파동·열역학』은 총 네 권의 시리즈 중 가장 쉽게 접근할 수 있는 내용이다. 아르키메데스의 원리나 베르누이의 원리, 엔트로피를 비롯한 열역학 법칙들, 그리고 음파를 통한 파동의 물리적 특성 등을 일상의 예와 함께 이해해나갈 수 있을 것이다. 『다이얼로그 물리학 3: 전자기학』은 수식이 가장 많이 등장하는 권이다. 고전역학이 뉴턴의 운동방정식 '$F=ma$' 하나를 공부하는 것이라면 전자기학은 맥스웰 방정식 네 개를 공부하는 것이라고 할 수 있기 때문이다. 전기장과 자기장이 독립적이지 않고 서로 얽혀 있어서 이 둘과 관련된 네 개의 방정식은 모두 상대적으로 복잡하다. 방정식의 의미를 대화로 풀어 설명했지만 진지하게 물리학을 공부하고자 하는 독자를 위해 해당 방정식들을 따로 각 회차 마지막에 정리하여 제공했다. 1~3권은 대부분 고전물리학 영역이다. 즉 1900년 이전까지 확립된 물리학이다. 하지만 『다이얼로그 물리학 4: 상대성이론·양자역학』은 소위 '현대물리학'이라고 부르는 1900년 이후에 발전한 개념들을 소개한다. 고전물리학처럼 우리의 일상에서 '직접적으로' 경험할 수 있는 개념이 아니어서 처음 접하는 사람은 누구나 매우 혼란스러워한다. 대중매체에서 다루는 과학 정보를 통해 아인슈타인의 상대성이론이나 '슈뢰딩거의 고양이' 등의 개념에 이미 익숙한 사람도 실제 그것의 구체적인 내용이나 원리에 대해 이해해보고자 하면 쉽지 않을 것이다. 나 역시 맛보기 수준으로만 집필하는 데도 많은 어려움을 느꼈다. 이러한 어려움을 조금이라도 상쇄해보고자 4권에서는 아인슈타인을 비롯한 아홉 명의 유명한 현대물리학자와 그들의 삶, 업적 등에 대해 간략히 소개했다. 시리즈의 내용 중 서로 연관된 일화들은 해당 내용 부분에 참조로 권과 일화의 번호를 넣었고, 매 일화의 끝에는 <바리 교수의 물리노트>로 핵심 내용을 간략히 요약했다. 참, 바리, 울리, 엘리가 함께 놀이하듯 물리 공부를 한다는 설정 아래 바리 교수의 갖가지 요리 레시피들이 모든 시리즈 사이사이에 양념처럼 등장하니, 복잡해진 머리를 환기하는 시간이 되었으면 한다. '리, 리, 리 자로 끝나는 말은? 바리, 울리, 엘리, 요리, 물리 보따리~'도 흥얼거리며.

"Have no fear of perfection: you'll never reach it."

- Salvador Dali (1904~1989)

원고 교정을 볼 때마다 오류가 보이고, 기존에 설명한 방식들이 계속해서 마음에 들지 않았다. 심지어 간단히 설명한다는 명목 아래 핵심을 짚지 않고 설명한 것은 아닌가 하는 불안감도 들었다. 그러나 결코 도달할 수 없는 완벽함을 갈구하지 않기로 했다. 물리학을 전공하는 사람들도 물리학 공부가 어렵다고 한다. 속도와 가속도의 정의로 시작해서 표준모형으로 마칠 때까지 총 160개의 일화를 통해 물리학 전반을 다룬 이 네 권의 시리즈는 일반물리학을 제대로 맛보기 위한 입문서에 불과하다. 그래도 어렵다. 하지만 30년간 대학 교단에서 물리학을 강의하며 얻은 나의 경험이, 많은 학생에게 그들이 조금이라도 덜 어렵게 물리학에 접근할 수 있도록 하는 데 도움이 될 수 있지 않을까 하는 희망으로 이 책들을 집필했다.

일반물리학 관련 문헌은 무수히 많으나, 집필하며 특별히 참고한 문헌은 *Physics for Scientists and Engineers with Modern Physics* (Raymond A. Serway & John W. Jewett, Jr., Brooks/Cole)와

Fundamentals of Physics (David Halliday, Robert Resnick, & Jearl Walker, John Wiley & Sons), *Conceptual Physics* (Paul G. Hewitt, Pearson Addison Wesley) 등이다. 또한 'MIT OCW'(https://ocw.mit.edu/)에 업로드되어 있는 Walter Lewin 교수님의 물리학 강의 영상물을 일부 본문에 인용했고, 'The Physics Classroom'(http://www.physicsclassroom.com), 경상대학교 정기수 교수님이 제작하신 '물리의 이해'(http://physica.gnu.kr/) 등의 웹페이지와 『호기심의 과학』(유재준, 계단, 2016) 등의 서적에서 개념을 쉽게 설명하기 위한 아이디어를 얻기도 했다. 그 외에 미항공우주국 NASA(https://www.nasa.gov)나 온라인백과사전 위키피디아(https://en.wikipedia.org)의 문도 종종 두드렸다. 특히 4권에서 살펴본 물리학자들의 삶과 연구에 대해서는 노벨상 홈페이지(https://www.nobelprize.org/)와 『스핀』(이강영, 계단, 2018), 『현대물리학의 선구자』(임경순, 다산, 2001), 『아인슈타인이 말합니다』(아인슈타인 저, 김명남 역, 에이도스, 2015) 등을 참조했다.

이 시리즈가 나오기까지 참으로 많은 분의 도움이 있었다. 『세상 뭐든, 물리』 1·2권의 오류를 꼼꼼히 정리하여 보내주신 통계물리학자 손승우 교수님, 상대성이론과 관련한 일화들을 자문해주신 중력파 물리학자 김정리 교수님, 유명한 '현대물리학과 인간사고의 변혁' 강의록을 쾌히 보내주시고 양자역학 및 표준모형과 관련한 일부 일화들을 자문해주신 입자물리학자 김찬주 교수님께 깊이 감사한다. 또한 대중적 인기가 전혀 없을 일반물리학 입문서인 이 책들을, 오로지 교육적 필요만을 이유로 주저 없이 출판하기로 결정해주신 이화여자대학교출판문화원의 이승아 전 원장님과 이혜지 주간님께 깊은 경의를 표한다. 이 분들의 무모한 결정이 없었다면 나의 초고는 낡은 컴퓨터 메모리 안에 영원히 갇혀 있었을 것이다. 무엇보다도 나의 행운은 이지예 편집자님을 만난 것이다. 비이공계 출신의 편집자가 대중서도 아닌 물리학 입문서를 편집한다는 것이 결코 쉽지 않았을 텐데도 한 줄 한 줄 스스로 물리학을 공부하는 자세로 계산식까지 확인해가며 편집하셨다. 교정지를 보며 얼마나 여러 번 감탄하고 순간순간 자신감을 얻었는지 모른다. 또 표지와 본문을 예쁘게 디자인해주시고, 본문 내 수식들을 보기 좋게 편집하느라 애써주신 디자이너들께도 감사한 마음을 전하고 싶다. 마지막으로 가족과는 비즈니스를 하지 않는다는 신념 아래 삽화 의뢰를 극구 거절했지만, 갖은 회유와 애원에 결국 승낙하여 복잡한 전문 삽화들을 꼼꼼하게 그려준 딸, 임승연 일러스트레이터에게도 큰 감사를 전한다.

2022년 2월

이공주복

차례

01 우리는 모두 하나라구요?

물질의 원자론

근래 울리와 엘리는 종종 미국항공우주국NASA 홈페이지에 접속해서 실시간으로 들어오는 지구 영상 사진들을 함께 보곤 했다. 둘은 이 둥그런 지구 위에 이렇게 많은 사람들이 살고 있다는 것이 새삼 신기하다는 대화를 주고받으며, 오랜만에 함께 바리 교수를 찾아가기로 했다. 함께 공원을 지나던 중 한 무리 아이들의 노랫소리가 들려왔다. "바윗돌 깨뜨려 돌덩이~ 돌덩이 깨뜨려 돌멩이~ 돌멩이 깨뜨려 자갈돌~ 자갈돌 깨뜨려 모래알~"

울리 바윗돌 깨뜨려 돌덩이~ 돌덩이 깨뜨려 돌멩이~

엘리 돌멩이 깨뜨려 자갈돌~ 자갈돌 깨뜨려 모래알~

바리 얘들아, 오랜만이구나~ 근데 무슨 노래를 그렇게 흥얼거리면서 오니?

엘리 여기 오는 길에 애들이 부르는 걸 들었는데 자꾸 머릿속에서 맴돌아요. 히히-

바리 하하- 그렇구나. 그럴 때가 있지. 근데, 모래알 다음은 뭘까?

울리 그다음은 '랄-라 랄라라 랄랄라-'인데…. 앗! 이거 혹시 난센스 퀴즈가요?

바리 하하, 네 답이 더 난센스 같구나~ 말 그대로 모래알을 깨뜨리면 무엇이 될까 하는 질문이었어.

엘리 음…. 모래 가루? 히히-

바리 그럼 모래 가루를 또 깨면?

울리 고운 모래 가루? 헤헤- 계속 깨라고 하실 건가요? 그럼 아주아주 고운 모래 가루라고 답할 거예요~

바리 하하- 우리가 만나서 과학 얘기를 안 하면 섭섭하잖아? 너희가 흥얼거리는 노래를 들으니 오늘은 물질의 '원자론'에 대해서 얘기해야겠다는 생각이 들었거든.

울리 아하, 그래서 자꾸 깨뜨리면 뭐가 되는지 물으신 거군요.

바리 그래~ 아무리 고운 흙가루도 수십억 개의 원자들로 이루어져 있고, 우리 주변의 모든 물질은 모두 '원자atom'들로 이루어져 있으니까 말이야.

엘리 원자들을 배열해서 정리한 것이 '주기율표'죠?

바리 그렇지. 원자 종류가 얼마나 있는지도 기억나니?

울리 무지 많아요. 100개도 넘는 것 같았어요.

바리 현재까진 118종의 원자가 알려져 있는데, 우리 주변의 모든 물질의 수에 비하면 결코 많은 것은 아니지. 그중 94개만 지구상에 자연적으로 존재할 수 있는 거고, 나머지는 모두 실험실에서 생성된 것들이란다. 90여 개의 원자들이 우주의 거의 모든 생물이나 무생물을 구성하고 있다는 것이 매우 신기하지 않아? 물론 같은 종류의 원자들이 어마어마하게 많이 필요하지만 말이야.

울리 마치 몇 종류의 레고 조각으로 다양한 모양의 모형을 만들 수 있는 것과 비슷하네요?

바리 그렇다고 할 수 있지. 더 신기한 것은 지구상의 모든 생물을 구성하는 원자 중 97%가 탄소(C), 수소(H), 산소(O), 질소(N), 인(P), 황(S)이라는 거야.

엘리 와~ 97%를 오직 여섯 가지 원자가 차지하고 있다고요? 정말 신기하네요.

바리 그렇지? 또 원자 중에서 가장 가벼운 수소는 우주의 90% 이상을 차지하고, 나머지 10%의 대부분은 두 번째로 가벼운 헬륨이 차지하고 있지. 그럼에도 지구상에 수소는 많지만 헬륨은 별로 없고 말이야. 그럼 너희 몸을 이루고 있는 원자들은 몇 살이나 되었을까?

울리 그야, 제가 생겼을 때부터 원자도 있었을 테니까 저랑 나이가 같겠죠.

엘리 그보다는 오래되었을 것 같은데요? 제가 엄마 배 속에서 생겼으니 부모님이 원자를 주셨을 거고, 그 원자들은 저보다 먼저 있었던 것이니까….

바리 그렇게 생각하면 부모님의 몸을 이루고 있는 원자는 조부모님이 주신 거고, 또 조부모님의 몸을 이루고 있는 원자는 증조부님이 주신 거고…. 이렇게 한없이 올라가야겠지? 실제 너희 몸을 이루고 있는 원자들은 태양계가 생기기 전부터 있었던 거야.

울리 정말요?

바리 그럼~ 지구상의 거의 모든 원자는 태양계가 생기기 훨씬 전에 폭발한 별들의 잔해인데, 이 원자들이 여러 형태의 생물과 무생물을 이루며 순환하고 있는 거란다. 즉 세종대왕이나 이순신 장군의 몸을 이루기도 했다가 들판의 코스모스를 이루는 데 쓰이기도 하는 거지. 지금도 네가 숨을 쉴 때마다 들어가는 공기분자들 중 일부는 네 몸을 이루는 데 쓰이고 있는 것이고 말이야.

울리 그럼, 세종대왕의 몸을 이루고 있던 원자들로 내 몸이 이루어져 있단 말이에요?

바리 모두 다는 아니지만, 세종대왕의 몸을 이루고 있던 원자들의 일부나 아인슈타인의 뇌를 이루고 있던 원자들의 일부를 네가 가지고 있을 수 있지.

울리 그런데 저는 왜 그분들만큼 똑똑하지 않을까요?

바리 네가 왜 똑똑하질 않아? 아줌마가 보기에는 아주 똑똑한데? 아, 물론 아인슈타인의 뇌를 이루고 있던 원자들 모두가 다시 너의 뇌를 이룬다고 해도 아인슈타인의 뇌와 완전히 똑같게 될 확률은 거의 없고, 또 똑같은 뇌라고 해서 반드시 아인슈타인 같은 천재로 자라는 것은 아니지만 말이야.

울리 이야~ 어쨌든 제 몸이 제 것이 아니라는 거네요?

바리 거 봐. 똑똑하잖아. 네 몸을 이루고 있는 원자 하나도 네 것이 아니니 네 말대로 네 몸은 온전히 네 것이 아니지. 잠시 원자를 빌려 쓰고 있는 거라고나 할까. 네가 내쉰 공기는 약 6년이면 대기 중에 골고루 퍼져서, 지구의 모든 사람이 숨을 한 번 들이쉴 때마다 네가 내놓은 공기 원자 1개를 들이마시는 꼴이 되고 말이야.

엘리 으악~ 그 얘기는 저도 지구의 모든 사람이 내뱉은 원자를 마시고 있다는 거네요?

바리 그렇고 말고. 늘 서로의 호흡을 교환하고 있는 거지. 또 죽으면 결국 다시 원자로 환원되니 과학적으로는 '공수래공수거'가 아니라 할 수 있고 말이야.

울리 어…. '수레'는 뭐고 '수거'는 뭐예요?

바리 하하- '공수래공수거空手來空手去'는 '빈손으로 왔다가 빈손으로 간다'는 뜻의, 불교에서 유래한 표현인데 사실은 빈손도 못 가져간다는 거야. 결국 모두 원자로 환원될 테니까 말이야.

울리 아하, 그럼 그보다는 '우리는 하나'라는 표현이 더 그럴듯한 거네요? 함께 나눠 쓰고 있으니요.

바리 아~ 그래. 그거 좋네. 우리 몸을 이루던 원자들은 결국 다른 생물이나 무생물의 일부가 될 테니까 말이지.

엘리 흠…. 바리 아줌마, 오늘은 과학 얘기가 아니라 무슨 철학 얘기 같아요. 생물, 무생물이 모두 하나라는….

바리 좀 그랬나? 하하- 그럼 모든 물질은 원자로 되어 있다고 주장한 과학자가 누군지 알아?

엘리 돌턴 아닌가요? 원자의 아버지라고 하던데요.

바리 그래~ 영국의 존 돌턴John Dalton이 1802년에 '모든 물질은 더 이상 나뉘지 않는 원자들로 구성되어 있다'는 원자론을 내놓았지. 화학자이자 물리학자이자 기상학자였던 돌턴은 대부분의 원자가 홀로 존재하기 힘들고 여러 개가 모여서 존재한다고 이야기했는데, 이렇게 원자들이 모인 것을….

울리 '분자molecule'라고 하는 거죠?

바리 하하- 그래. 분자라는 개념은 18~19세기 이탈리아의 물리학자면서 화학자였던 아메데오 아보가드로Amedeo Avogadro가 처음 얘기했지만 말이야.

엘리 근데 원자가 더 이상 나뉘지 않는다는 것은 틀린 얘기잖아요?

바리 그렇지. 바로 1897년에 영국의 실험물리학자였던 조지프 존 톰슨Joseph John Thomson이 '전자electron'라는, 음(−)의 전기를 띤 아주 작은 입자를 발견하는 바람에 원자가 가장 작은 입자라는 믿음이 깨져버렸고, 이후 물리학자들은 원자의 구조를 연구하게

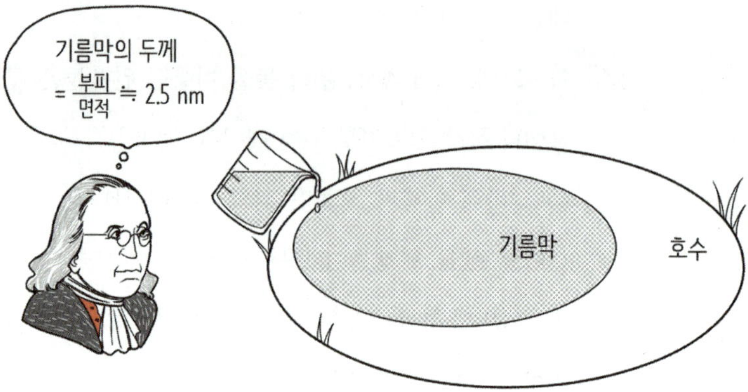

되었지. 원자 구조에 대해서는 다음에 얘기하기로 하고, 원자의 크기를 알아보려고 했던 재미있는 실험 얘기를 하나 해줄게.

울리 누가 한 실험인데요?

바리 18세기 미국의 정치가이자 과학자로서 피뢰침을 발명한 벤자민 프랭클린Benjamin Franklin이 한 실험인데, 그는 기름의 부피를 잰 뒤 호수에 이 기름을 붓고 가능한 한 얇게 펴서 생긴 기름막의 면적을 쟀어. '부피÷면적'으로 구한 기름 막의 두께가 약 2.5nm(나노미터)로 나왔고, 그래서 물질을 이루는 가장 작은 단위의 크기가 2.5nm 정도라고 결론을 내린 실험이지. 물론 현재 우리가 알고 있는 원자의 크기보다 대충 10배 정도 큰 값을 얻은 거지만, 그래도 매우 흥미롭지 않니?

엘리 정치가가 그런 과학 실험을 했다는 것이 놀라워요.

바리 그렇지? 한편 '어떤 큰 재앙에 의해 모든 과학적 지식이 파괴되고 한 문장만 다음 세대에 전할 수 있다면, 가장 적은 수의 단어로 가장 많은 정보를 담을 수 있는 문장은 무엇일까' 하는 질문을 던진 물리학자가 있단다.

울리 어려운 질문 같은데, 원자론과 관계있을 것 같아요. 히히-

엘리 어떤 물리학자가 그런 멋진 질문을 했어요?

바리 아인슈타인 이후, 20세기 후반의 가장 위대한 물리학자로 알려진 리처드 필립스 파인만Richard Phillips Feynman(1918~1988)인데, 그의 답은 울리의 예측대로 '모든 것은 원자들로 되어 있다All things are made of atoms'는 거였어.

울리 와~ 정말요?

바리 그래. 파인만은 인류의 가장 중요한 과학 지식으로 원자론을 꼽은 거지. 다음에 오면 원자 구조를 살펴보자꾸나.

바리 교수의 물리노트 1

- 많은 '원자atom'는 태양계가 있기 전부터 물질을 통하여 순환하고 있다.
- 생물을 구성하는 원자 중 약 97%는 수소(H), 탄소(C), 산소(O), 질소(N), 인(P), 황(S)이다.
- 우주를 구성하는 원자의 대부분은 수소(H)고, 그다음이 헬륨(He)이다.

02 보이지 않는 물질이 있다구요?

원자의 구조

엘리와 울리가 다니는 학원의 화장실에는 문이나 벽에 낙서와 광고지가 빼곡하다. 엘리는 화장실에 갔다가 '우리 몸의 99.999%는 비어 있다'라는 문장과 함께, 그 밑에 작은 글씨로 무슨 '도를 닦으라'는 내용이 쓰인 포교 관련 스티커를 보았다. 그 문장에 대해 잠시 생각해봤지만, 엘리는 믿을 만한 내용인지 알 수가 없었다. 그날 울리와 함께 집에 가는 길, 마침 울리가 토요일에 바리 아줌마를 보러 가자고 했다.

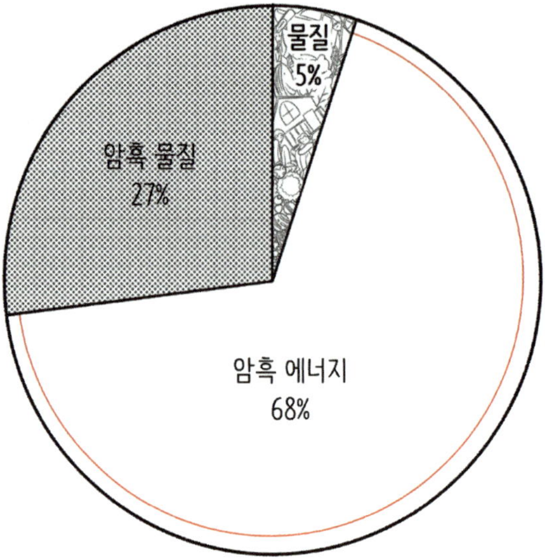

울리 아줌마~ 화단 정리하고 계실 줄 알았어요. 히히- 저희도 도와드릴게요.

바리 그래? 고맙구나~ 여기 이렇게 마구 나와 있는 것들이 잡초니까 끝을 잡고 뿌리까지 뽑으면 돼.

엘리 네~ 참, 근데 아줌마, 우리 몸이 거의 비어 있다고 하는데 그게 사실인가요?

울리 너 그거 화장실에서 봤지? 나도 봤는데. 히히- 근데 말이 안 되지 않아요? 내 몸이 이렇게 탄탄한데 비어 있을 리가 없잖아요?

바리 그렇지? 근데 실제 비어 있다고 하는 것이 틀린 말은 아니야. 지난번에, 전자가 발견된 이후로 물리학자들이 원자 구조에 대한 연구를 많이 했다고 이야기했잖아? 연구 결과에 따르면 원자는 '원자핵'과 '전자'로 되어 있고, 원자핵은 다시 '중성자'와 '양성자'로 되어 있다는 것을 알았어.

엘리 중성자는 전하를 갖고 있지 않고, 양성자는 전자의 전하량과 크기는 같은데 부호가 다른 양의 전하를 갖죠?

바리 그렇지. 그럼 전자들은 어디에 있을까?

엘리 전자들은 원자핵 주위를 돌고 있다고 들었어요.

울리 그런데 그런 원자 구조와 '우리 몸이 거의 비어 있다'는 것이 어떻게 연결되죠? 혹시 원자가 비어 있는 건가요?

바리 그걸 알려면 원자와 원자핵이 차지하는 공간의 부피를 비교해 봐야겠지? 원자의 반지름은 원자핵의 반지름보다 1만 배 정도 긴데, 부피는 반지름의 세제곱에 비례하니까 원자의 부피는 원자핵의 부피보다 1조 배 크지. 가령 원자핵의 반지름이 1cm라면 원자의 반지름은 100m라는 뜻이고 말이야.

엘리 1조 배요? 원자 안의 원자핵은 보이지도 않겠네요?

바리 그런 셈이지. 전자가 워낙 가벼워서 원자 질량의 99.9%는 원자핵의 질량인데, 원자핵이 차지하는 부피는 거의 없다는 거니까 이것도 신기하지?

울리 대부분의 질량은 부피를 거의 차지하지 않고 있다는 거군요? 근데 그런 거의 비어 있는 구조의 원자들로 되어 있는 우리 몸은 왜 비어 있다고 느껴지지 않는 거죠?

바리 그건 바로 원자핵 주변의 무지 넓은 공간을 다 차지하며 돌고 있는 음(−)의 전하를 띤 전자 때문인데, 나중에 전하를 띤 입자들 간에 작용하는 힘과 양자역학에 대해 배우면 알 수 있을 거야. 비어 있는 공간이지만 아주 강한 전기력이 작용하고 있어서 형태를 유지하고 있는 거지. (3권 1화, 4권 17화 참조)

울리 하여튼 신기한 것이 많아요. 원자 속에 원자핵과 전자가 있고, 원자핵 속에는 중성자와 양성자가 있으면, 양성자나 중성자 속에는 뭐가 있어요? 더 쪼개지지는 않나요?

바리 좋은 질문이야. 사실 양성자도, 또 중성자도 모두 깨볼 수 있었는데, 깨보니 양성자와 중성자는 '쿼크quark'라는 기본입자로 되어 있다는 것을 알았지. 쿼크에는 업(u), 다운(d), 스트레인지(s), 참(c), 톱(t), 보텀(b)이라고 불리는 여섯 종류가 있는데, 양성자는 2개의 업쿼크와 1개의 다운쿼크로, 중성자는 1개의 업쿼크와 2개의 다운쿼크로 되어 있단다.

엘리 와~ 쿼크라는 것들은 이름도 특이하네요. 위up, 아래down, 이상한strange, 매력적인charm, 꼭대기top, 바닥bottom 이런 뜻의 입자라고요?

바리 그래~ 재미있지? 더 특이한 것은 쿼크들의 전하량인데, 업쿼크, 참쿼크, 톱쿼크는 전자 전하량 크기의 $\frac{2}{3}$, 다운쿼크, 스트레인지쿼크, 보텀쿼크는 $-\frac{1}{3}$에 해당하는 전하를 갖고 있다는 거야. 그래서 양성자는 전자 전하량과 크기가 같고, 중성자는 전하량이 없게 되는 거고 말이야. (4권 40화 참조)

울리 전자의 전하량은 얼마인데요?

바리 전자의 전하량은 $-e$라고 표시하는데, 여기서 $e=1.6\times10^{-19}$C, C는 '쿨롱coulomb'이라고 읽는 전하량의 단위야. (3권 1화 참조)

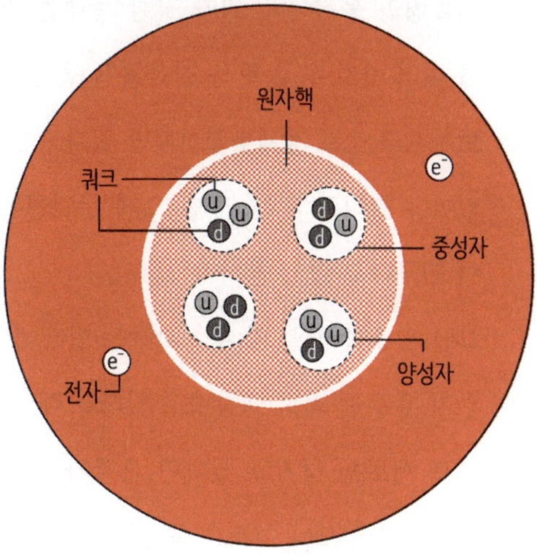

울리 아~ 그럼 쿼크는 또 무엇으로 쪼개지나요?

바리 하하- 그건 아직 모르고 쿼크까지만 알고 있지. 우리가 보통 '물질'이라고 부르는 것들은 이렇게 쿼크들이 모여서 양성자와 중성자를 만들고, 여기에 전자가 합쳐져서 원자를 구성하고, 또 원자들이 모여 분자를 이루며 형성된 것들인데, 우주의 구성 요소 중 이런 물질은 약 5%밖에 안 된다고 해.

울리 그럼 나머지 95%는 뭐죠?

바리 '암흑물질dark matter'과 '암흑에너지dark energy'라고 불리는 보이지 않는 것들이 나머지 95%를 차지한다고 하는구나. 암흑물질이 약 27%, 암흑에너지가 68%라고 학자들은 예측하고 있지.

엘리 암흑물질은 뭐고 암흑에너지는 뭐예요?

바리 암흑물질은 우리가 알고 있는 보이는 물질과는 섞이지도 않고, 화학반응도 없고, 또 빛을 반사시키지도 않지만 중력이 있는 정체불명의 물질이야. 뭔가 강한 중력을 만들어내는 물질이 있어야 여러 가지 우주 관측 결과들을 설명할 수 있다고 하네.

울리 보이지도 않고 정체불명이지만 있다고 믿는 거네요?

바리 있어야 한다고 믿는 거지. 그게 무엇인지 밝히려고 물리학자들이 연구하고 있고 말이야.

엘리 그럼 우주를 제일 많이 차지하는 암흑에너지는 뭐예요?

바리 우리 우주는 점점 팽창하고 있다고 해. 암흑물질들이 강한 중력으로 서로를 당기고 있다면 우주가 팽창할 수 없을 텐데, 실제 팽창하고 있으니 이것은 또 뭔지 모를, 우주를 지속적으로 밀어내는 암흑에너지가 우주를 채우고 있다는 게 되는 거겠지.

엘리 무서워요~ 우리가 알고 있는 것이 거의 없는 것 같기도 하고요.

울리 과학자들은 그런 연구를 왜 할까요?

바리 호기심이지. 울리 너도 호기심이 많잖아? 궁금하면 알고 싶고 실험도 해보고 싶고 말이야. 마찬가지란다. 호기심의 영역이 어디까지인가가 다른 것뿐이야. 다시 우리 눈에 보이는 물질세계로 돌아오면, 물질과 전하 부호만 반대인 '반물질antimatter'이라는 것도 있어. 음(−)의 전하를 갖는 전자(e^-)의 반물질인 '양전자positron(e^+)'가 1932년 '우주선cosmic ray'에서 발견되었거든.

울리 물질의 세계도 알면 알수록 복잡하네요. 양성자 말고 양전자라는 것도 있다고요?

바리 그래~ 양성자는 전자보다 질량이 약 2,000배 무거운데, 양전자의 질량은 전자와 같아서 아주 가볍지. 양성자의 반물질은 '반양성자antiproton'라고 불러. 반양성자는 양성자와 질량이 같지만 음(−)의 전하를 띠고 말이야.

엘리 그럼 반쿼크도 있어요?

바리 그렇지. '반쿼크antiquark'도 있어. 근데 물질과 반물질은 동시에 존재하질 못하고, 만나면 바로 에너지로 바뀌어버려. 그래서 평소에 우리는 물질만 볼 수 있는 거고 말이야. 그 물질들이 고체도 이루고, 액체도 이루고, 기체도 이루고 말이지.

울리 참, 그럼 우리 주변에 있는 모든 물질은 고체, 액체, 기체 중 하나인가요?

바리 그렇게 명확하진 않아. 액정같이 고체 성질이 강하나 액체 성질을 갖고 있는 것도 있고, 비정질유리처럼 액체 성질이 강하나 고체 성질을 갖고 있는 것도 있지. 유럽의 오래된 성당을 가보면 스테인드글라스가 많은데, 이 스테인드글라스의 밑부분을 보면 윗부분보다 두꺼워져 있대. 아주 서서히 흘러내려서 말이지.

울리 아하~ 그렇군요.

엘리 그럼, '플라스마'는 뭐예요?

울리 넌 별걸 다 들어봤구나?

엘리 플라스마 피부 관리기, 뭐 이런 거 오다가다 봤어. 헤헤-

바리 피부 관리에 무슨 효과가 있는지는 모르겠지만 '플라스마plasma'는 기체를 2,000°C 이상 가열하거나, 아주 강한 전자기장을 이용해서 기체분자 혹은 원자들에서 전자를 떼어낸 거야. 이렇게 전자를 떼어내는 것을 '이온화ionization'라고 하니까, 플라스마는 이온화된 기체와 같은 거지. 즉 양이온과 전자들의 집합체야. 우주에 존재하는 물질의 99%는 이런 플라스마 상태란다.

울리 제 주변의 물질들은 온통 고체, 액체, 기체인데, 물질이 우주의 5%밖에 안 된다고 하고, 그 물질의 99%는 플라스마라고 하면 제가 살면서 눈으로 보고 느끼는 모든 것이 참 미미한 거네요.

바리 그렇지? 하하-

바리 교수의 물리노트 2

- 원자는 원자핵과 전자로, 원자핵은 중성자와 양성자로, 중성자는 2개의 다운쿼크와 1개의 업쿼크로, 양성자는 2개의 업쿼크와 1개의 다운쿼크로 구성되어 있다.
- 전자: 음(−) 전하를 띤 아주 가벼운 입자로, 전하량은 $-e$로 표시하며, $e = 1.6 \times 10^{-19}$C(쿨롱coulomb: 전하량의 단위)이다.
- 양성자와 중성자는 질량이 전자의 약 2,000배 정도 되며, 양성자의 전하량은 e고 중성자는 전하를 갖고 있지 않다.
- 쿼크quark: 물질을 이루는 기본입자로, 업up(u), 다운down(d), 스트레인지strange(s), 참charm(c), 톱top(t), 보텀bottom(b)의 여섯 종류가 있다. 업, 참, 톱의 전하량은 $\frac{2e}{3}$고 다운, 스트레인지, 보텀의 전하량은 $-\frac{e}{3}$다.
- 반물질antimatter: 물질을 이루는 입자들과 모든 특성은 같으나 전하의 부호만 다른 입자들로 구성된 물질.
- 우주의 95%는 보이지 않는 암흑에너지와 암흑물질로 차 있고, 물질은 5%뿐인 것으로 예측된다.

03 물질도 스트레스를 받는다구요?

변형력/변형

울리는 학교에 가면 즐거워 보이는 친구들이 별로 없다고 느낀다. 대부분 매일 늦도록 학원에서 공부하는 바람에 학교 수업 시간에는 조는 친구도 많고, 쉬는 시간에 학원 숙제를 하는 친구도 많고…. 물론 아무 생각 없이 태평해 보이는 친구도 있긴 하다. 어른들이 매일 '스트레스받는다'고 이야기하지만, 울리 생각에 어른들은 학원도 안 가고 공부도 안 하고, TV는 실컷 보고 게임도 실컷 할 수 있는 것이 오히려 부럽기만 하다. 울리도 공부를 열심히 하는 것은 아니지만 공부 스트레스가 없는 것은 아니다.

울리 엘리야, 넌 공부 잘하니 스트레스 안 받겠다?

엘리 스트레스 안 받고 사는 사람도 있냐? 성적 유지하는 것도 스트레스고, 나한테 거는 엄마의 기대도 다 스트레스지….

울리 음…. 그것도 그렇겠네. 나도 엄마 아빠를 생각하면 공부 좀 해야 하는데…. 히히-

엘리 어, 저기 바리 아줌마가 집에 들어가시네? 아줌마~

바리 어머, 울리와 엘리구나. 잘 지냈니?

울리 네~ 근데 아줌마 같은 교수님들도 스트레스받으세요?

바리 그럼~ 교수들도 여러 가지로 스트레스를 받지. 왜? 오늘 스트레스받는 일 있었어?

울리 그런 건 아니고요…. 저도 그렇고 친구들도 그렇고 모두 스트레스를 많이 받으며 사는 것 같다는 생각이 문득 들어서요~ 제가 보기에 어른들은 하고 싶은 걸 다 하고 사는 것 같은데 맨날 스트레스받는다고 하잖아요. 우리가 받는 스트레스가 더 큰 것 같은데 말이죠.

바리 그랬구나~ 각자 다른 종류의 스트레스를 받는 거겠지. 어른들은 돈을 벌어야 한다는 스트레스를 기본적으로 갖고 사니까 말이야. 하지만 어느 정도의 스트레스는 오히려 일이나 공부를 하는 데 동기 부여가 되기도 해. 놀기만 하는 것도 스트레스일걸?

울리 전 놀기만 하라고 하면 얼마든지 놀 수 있어요! 헤헤-

바리 하하~ (집 앞 벤치를 가리키며) 여기 모두 앉아봐~ 오늘은 물질이 받는 스트레스에 관해서 얘기해볼까?

엘리 물질도 스트레스를 받아요?

바리 그럼~ 과학에도 '스트레스stress'라는 용어가 있어. 우리말로는 '변형력stress'이라고 하지.

울리 오~ 영어로는 둘 다 'stress'네요? 그럼 스트레스의 단위가 힘이에요? 무슨 '력'으로 끝나는 것들은 힘이잖아요?

바리 그러면 참 간단할 텐데, 단위가 힘이 아니란다.

엘리 스트레스의 과학적 정의가 궁금해지는데요~

바리 스트레스의 과학적 정의는 '단위면적당 작용한 외력'이라서, 단위를 보면 압력의 단위와 같단다.

엘리 근데 왜 변형력이라고 불러요?

바리 압력이 아니라 변형력이라고 사용하는 경우는 어떤 면적에 힘이 작용해서 그 물체가 변형을 일으켰을 때야. 공학자들은 변형력 대신 '응력應力'이라는 용어를 쓴다고 하면, 더 혼란스럽겠지?

울리 어? 공학자들은 왜 다르게 불러요?

바리 그게 영어로는 같은 용어인데, 번역하는 과정에서 공학 분야와 물리학 분야가 서로 다르게 번역해서 그렇게 되었다고 볼 수 있지. 이미 각각 많이 사용하고 있어서 이제 와 통일하기도 쉽지 않고 말이야. 아줌마는 변형력이라고 부를 거야.

울리 그럼요! 아줌마는 물리학자잖아요!

바리 하하- 변형력 얘기를 좀 더 구체적으로 해볼까? 대표적인 변형력은 장력과 압축력이란다.

엘리 장력이요? 줄을 당길 때 줄에 걸리는 힘도 장력이라고 하잖아요?

바리 ‘줄이 팽팽하게 당겨진 상태에서 줄에 작용하는 힘’을 장력이라 한다고 전에 이야기했지? (1권 12화 참조) 변형력에서 ‘장력tensile stress’은 힘이 작용한 방향으로 물체 길이가 늘어나는 변형을, ‘압축력compressive stress’은 물체 길이가 줄어드는 변형을 일으킨다는 의미란다. 즉 장력은 물질을 이루고 있는 분자들이 서로 밀치는 힘과 관계있고, 압축력은 서로 당기는 힘과 관계있는 거지.

울리 스트레스로 폭식을 할 수도 있고 입맛이 떨어질 수도 있는 것과 비슷하네요. 히히-

바리 하하- 그런가? 이렇게 변형력에 의해 일어나는 변형strain이 길이의 변화일 때 변형력과 변형 사이의 비례상수(Y)를 ‘영률Young's modulus’이라고 한단다. 식으로 쓰면, $\frac{F}{A}=Y\frac{\Delta L}{L}$($F$: 외력, A: 단면적, L: 길이 ΔL: 길이 변화)인 셈이지.

엘리 용수철에서 배운 훅의 법칙과 비슷한 것 같아요. (1권 21화 참조)

울리 엘리 너는 어떻게 바로 훅의 법칙이 생각나냐?

바리 하하- 엘리 말이 맞아. 둘 다 물질의 탄성에 의한 결과라서 그래. 또, ‘변형력이 크지 않을 때는 변형에 비례한다’는 것 역시 유사하지.

울리 그럼 여기서도 물질에 따라 영률이 다르겠네요? 물질에 따라 탄성계수가 다른 것처럼요?

바리 그렇지. 또, 같은 변형력이 작용해도 어떤 물질은 장력에 의한 변형에 강할 수 있고, 어떤 물질은 압축력에 의한 변형에 강할 수 있고 그래. 예를 들어 돌은 장력에 약하고 압축력에 강해서, 돌로 지어진 그리스 파르테논 신전의 경우 기둥을 촘촘히 세운 거거든.

엘리 이해가 잘 안 돼요. 무슨 뜻이죠?

바리 장력에 약하다는 것은 늘어나게 하는 힘을 받으면 쉽게 깨질 수 있다는 뜻이야. 파르테논 신전처럼 큰 돌을 돌기둥들이 받치고 있는 구조에서 돌기둥들이 촘촘히 있지 않으면 기둥 위의 돌은 그 무게에 의해 돌기둥 사이에서 아래로 처지려 하겠지? 즉 처진 돌의 밑면 쪽에 장력이 작용하게 되는데, 이 경우 돌은 장력에 약하기 때문에 쉽게 깨질 수 있거든. 그래서 기둥을 다닥다닥 세워서 위의 큰 돌이 처지지 못하게 한 거지.

울리 와~ 옛날 사람들은 어떻게 그런 것을 다 알았을까요?

바리 많은 경험을 통해 알았겠지. 옛날에는 건축 재료가 주로 돌이나 나무였는데, 시멘트도 없던 시절이라 구조적으로 안정된 건축물을 세우기 위해 노력했겠지. 아치형 다리도 그중 하나고~

울리 어렸을 때 어느 과학관에서 나무로 된 블록을 다 맞추면 아치가 되는 것이 있었는데, 그 위를 제가 올라가도 블록 아치가 무너지지 않았던 것이 기억나요!

바리 아~ 좋은 경험을 해봤구나~ 아치 위에 힘이 가해지면 아치를 따라 힘이 아래 바닥까지 전달되고, 바닥 지지대가 받쳐주는 반작용은 다시 아치를 따라 위로 작용하는데, 이 힘이 하중을 받쳐주는 힘과 아치를 안쪽으로 모아주는 힘이 되어서 아치가 무너지지 않았던 거야.

엘리 아~ 그럼 돔형의 건축물들도 비슷한 원리겠네요?

바리 맞아. 돔형 건축물들은 가운데 기둥이 없는데도 무너지지 않고 안정되게 있잖아? 여기서도 돔을 따라 생기는 압축력이 돔의 무게를 받쳐주는 성분과 돔의 중심을 향하는 성분으로 나뉘게 되지. 아치나 돔이나 모두 '현수선catenary'을 뒤집어놓은 형태인데…. 근데 현수선이 뭔지 아니?

울리 아뇨~ 처음 들어요.

바리 사슬이나 케이블 같은 것의 양 끝을 고정하고 자체 무게로 늘어지게 했을 때 만들어지는 모양을 현수선이라고 해. 그 모양을 유지한다는 것은 힘의 평형 상태임을 의미하기 때문에 건축에서 현수선 모양을 애용한단다. 현수선 모양의 케이블을 이용한 다리를 현수교라고 하고 말이야. 미국 샌프란시스코의 금문교나 우리나라 부산의 광안대교 등이 현수교라 할 수 있어.

엘리 아하~ 그렇군요. 근데 포물선하고는 다른 건가요? 모양은 비슷해 보이는데요.

바리 수학적 식이 다르지. 좀 어려운 내용이라 몰라도 되니 스트레스

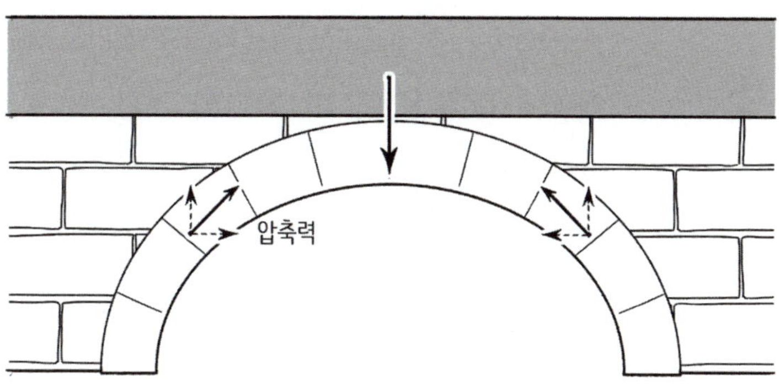

받지는 말고~ 그냥 참고로 말해주면, 현수선은 수학적으로 '쌍곡코사인hyperbolic cosine' 함수로 나타낼 수 있단다.

울리 그냥 잊을게요. 헤헤-

바리 자연에도 현수선 모양이 존재하는데, 알려줄까?

엘리 자연에 저절로 있는 구조예요? 뭐가 있을까요?

바리 우리 발바닥이 현수선 모양이라고 할 수 있지. 가끔 평발인 사람도 있긴 하지만 말이야.

울리 오~ 정말요?

바리 달걀은 더 신기해서 윗부분과 아랫부분이 서로 다른 현수선 모양이야. 왜 달걀을 보면 뾰족한 부분과 좀 더 둥글납작한 부분이 있잖아? 둘 다 현수선 모양으로 되어 있어서, 달걀의 위아래를 눌러 깨려고 하면 꽤 어렵지.

엘리 근데 왜 두 종류의 현수선 모양으로 되어 있을까요?

바리 그래서 자연이 신비로운 건데, 뾰족한 부분이 통통한 부분보다 더 가늘잖아? 그럼 달걀이 굴러갈 때 어떤 일이 일어날까?

울리 $v=r\omega$! 각속력 ω로 굴러갈 때 굵은 쪽이 뾰족한 쪽보다 속력이 빠를 테니까 경로가 휘겠네요. 예전에 기차 바퀴가 레일 위를 안정적으로 굴러갈 수 있게 하는 원리 배웠던 것이 생각나요~ (1권 26화 참조)

바리 맞았어. 잘 기억하고 있구나. 달걀뿐 아니라 대부분의 알이 비슷한 구조인데, 알이 둥지 밖으로 굴러 나가게 되더라도 멀리 가지 못하고 휘어서 다시 둥지 근처로 오게 하려는 종족 보존의 본능이 반영된 구조인 거지. 신비하지 않니?

엘리 와~ 정말 신비롭네요~

바리 교수의 물리노트 3

- 변형력stress: 물체의 변형을 일으키는, 단위면적당 작용하는 외력으로, 단위는 압력과 같다.
- 변형strain: 변형력의 결과로 일어난 물체의 변형(길이, 비틀림, 부피 등) 척도.
- 영률Young's modulus(Y): 변형력에 의해 길이 변화가 일어난 경우, 변형력과 변형 사이의 비례상수.

$$\frac{F}{A} = Y\frac{\Delta L}{L}$$

(F: 외력, A: 단면적, L: 길이, ΔL: 길이 변화)

- 변형력 중 '장력'은 물질의 분자 간 거리를 멀게, '압축력'은 가깝게 한다.
- 현수선catenary: 사슬의 양 끝을 잡고 늘어뜨렸을 때 만들어지는, 평형 상태의 모양으로 '쌍곡코사인hyperbolic cosine' 함수로 표현할 수 있다.

04 거대한 킹콩은 서 있기도 힘들 거라구요?

축척

어느 주말, 엘리는 책상 앞에 앉아도 공부가 잘 되지 않아서 머리도 식힐 겸 TV를 켰다. 채널을 이리저리 돌리다 보니 한 영화 채널에서 <킹콩>이라는 영화를 막 시작하려는 참이라 보게 되었다. 전설적인 야수 킹콩이 있다는 것도, 킹콩이 인간에게 반한다는 것도, 그 거대한 킹콩을 생포해 뉴욕으로 데리고 온다는 것도, 또 킹콩이 엠파이어스테이트 빌딩 꼭대기에서 여인을 지키며 최후를 맞이한다는 것도 모두 말이 안 된다고 생각했지만 엘리는 결국 마지막 장면에서 눈물을 흘리고 말았다. 이때 바리 교수에게 문자가 왔다.

울리 엘리야~ 너도 바리 아줌마 문자 받고 가는 거지? 그냥 오라고 하셔도 신나서 갈 텐데 먹을 걸 준다고 하시니 진짜 신난다. 그렇지? 헤헤-

엘리 그러게~ 배고픈데 얼른 가자~

울리 아줌마~ 아린아~

바리 어서 오렴. 아줌마가 감자구이를 했는데 하다 보니 많아져서 오라고 했어~

울리 마침 라면이나 하나 끓여 먹을까 하던 참이었는데 아줌마 문자를 보고 얼른 나왔어요.

엘리 근데 아줌마는 이런 감자구이도 집에서 하세요? 꼭 레스토랑에서 파는 감자구이 같아요. 마당의 로즈메리도 넣으셨나 봐요?

바리 그래, 마당의 허브들은 이렇게 요리할 때 쓰려고 키우는 거야. 얼른 먹어~ 따뜻할 때 먹어야 바삭하고 맛있어.

울리 이런 감자구이는 어떻게 만들어요? 저도 해 먹고 싶어요.

바리 그래? 감자를 깨끗이 씻어서 껍질째 적당한 크기로 자르고 전자레인지에서 반쯤 익힌 뒤, 올리브오일, 소금, 후추, 로즈메리를 넣고 버무린 후 뜨겁게 달군 팬에 구우면 끝이야.

울리 와~ 말로 들으니 무지 쉽게 느껴지는데요? 실제로 해보면 어렵겠죠? 히히-

바리 하하- 글쎄, 일단 시도해보면 알겠지. 근데 엘리는 공부 방해된 건 아니니?

엘리 아니에요. 공부가 잘 안 돼서 TV로 영화 보고 있었어요. <킹

콩>이요.

울리 뭐? 나 부르지~ 너네 집에 공부하러 간다고 하고 영화 좀 보게. 주말인데 집에서 TV를 못 보게 해. 뭐, 그래도 <킹콩>은 이미 본 거니까 덜 억울하긴 하다.

엘리 넌 몰래몰래 핸드폰으로 볼 거 다 보잖아~

바리 하하- 그만들 하고. <킹콩>을 봤다니, 영화 속에 등장하는 킹콩이 엄청 크지?

엘리 네~ 여주인공이 킹콩 손바닥에 앉을 정도니 진짜 큰 거죠~

바리 그렇게 거대한 킹콩이 과연 영화에서처럼 마구 뛰어다니고 빌딩 위를 쉽게 올라가고 할 수 있을까?

울리 거대하니까 가능한 것 아니에요? 힘이 얼마나 세겠어요?

바리 그럴까? 자, 그럼 오늘은 '스케일링scaling' 얘기를 해줘야겠다.

엘리 스케일링이요? 그건 치과에서 치석 제거하는 것 아닌가요?

바리 그런 뜻도 있지만, 과학에서는 '축척'이라는 의미로 쓰고 있지. 오늘은 물체의 크기와 무게에 관한 얘기를 해보려고. 예를 들어 다음을 생각해봐. 한 변의 길이가 1cm인 주사위들로 한 변의 길이가 2cm인 정육면체를 만들려면 몇 개의 주사위가 필요할까?

울리 음…. 8개요!

바리 그래. 그럼, 한 변의 길이가 2cm인 정육면체의 한 면은 한 변의 길이가 1cm인 주사위의 한 면보다 얼마나 넓을까?

엘리 4배 더 넓죠.

바리 좋아. 정리하면, 주사위 한 변의 길이가 2배 늘어날 때 주사위의 한 면은 4배, 그리고 주사위의 부피는 8배가 늘어난다는 거지? 왜냐하면 면적은 길이의 제곱에 비례하고, 부피(체적)는 길이의 세제곱에 비례하니까 말이야.

울리 당연하죠. 그게 스케일링이에요?

바리 그런 셈이지. 근데 이제 의미를 생각해봐야겠지? 주사위 대신 일반 고릴라의 모든 길이를 10배 늘려서 거대한 킹콩을 만들었다고 생각해볼까? 킹콩의 면적과 부피는 고릴라보다 몇 배나 커졌을지 말이야.

엘리 길이를 10배 늘렸으니 면적은 100배, 부피는 1,000배 커졌겠죠.

바리 그렇지? 근데 체력은 뼈와 근육의 굵기 같은 단면적에 비례하고, 체중은 부피에 비례하거든. 굵은 뼈와 많은 근육으로 팔뚝이 굵은 사람들은 팔 힘이 세잖아?

울리 맞아요. 우리 반 팔뚝왕은 팔씨름할 때마다 지는 적이 없어요.

바리 하하- 그래? 그럼 다시 킹콩을 생각해보면, 일반 고릴라의 키나 뼈 등 모든 길이가 10배 늘어날 때 체중은 1,000배 무거워지는데, 그 몸을 지탱할 팔다리의 단면적은 100배밖에 굵어지지 않은 거잖아?

엘리 아하~ 힘은 100배 세졌지만 체중은 1,000배가 늘어 자기 몸을 가누지도 못할 거란 얘기네요?

울리 헉! 그렇게 되는 거예요?

바리 그렇지. 아무리 팔 힘이 100배나 세졌어도 줄을 타며 나무와 나

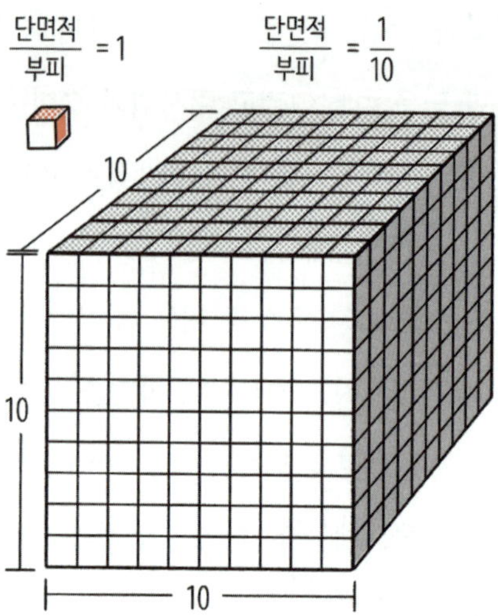

무 사이를 오가기는 힘들 거란 얘기지. 하물며 마구 뛰어다니고 빌딩 외벽을 성큼성큼 올라가고 할 수 있겠니?

엘리 그래서 영화에서 킹콩의 팔을 그렇게 굵게 만들었나 보네요. 근데 다리는 상대적으로 가늘어서 균형이 좀 이상해 보이긴 했어요.

바리 어차피 영화니까. 그래도 요즘은 그래픽기술이 좋아서 과학적으로 그럴듯하게 보완을 많이 하는 것 같긴 하더라.

울리 언젠가 제목도 기억나지 않는 이상한 공상과학영화에서 방사능에 노출된 개미가 무지무지 커져서 사람들을 공격하는 것을 봤는데, 그것도 엉터리겠네요?

바리 개미? 개미는 자기 몸무게의 몇 배나 되는 먹이를 등에 지고 운반할 수 있을 정도로 힘이 세지. 그런데 이런 개미가 만일 사람

정도의 크기로 커진다면 여전히 사람 몇 명을 태울 정도로 힘이 세질 거냐, 하면 그렇지 못할 거야. 개미의 가는 다리나 허리는 현재의 그 크기에서는 충분히 강하지만, 개미의 크기가 사람만큼 커지면 길이의 세제곱에 비례해서 커진 체중을 지탱하기 힘들 테니까 말이야.

엘리 물체가 커지면 무게나 부피가 늘어나는 것만큼 단면적이나 표면적은 늘어나지 못한다는 것의 의미를 잘 알아둬야겠어요.

바리 또는, 물체가 커질수록 $\frac{\text{면적}}{\text{부피}}$이 줄어든다고 할 수도 있지. 만일 큰 사과 30kg과 작은 사과 30kg의 껍질을 벗겼다면 어느 사과의 껍질이 더 많을까?

엘리 같은 질량이니 작은 사과들이 큰 사과들보다 개수는 더 많을 거고, 작은 사과는 큰 사과보다 부피 대비 표면적이 크니까 작은 사과들의 껍질이 더 많겠네요.

바리 아주 잘했어. 이런 축척의 문제는 건축에서도 중요해. 보통 집이나 다리를 짓기 전에 모형부터 만드는데, 모형 건축이 안정적이라고 해서 실제 크기로 지은 건물도 안정적이라고 생각하면 큰일 나거든. 예를 들어 실제의 $\frac{1}{100}$ 크기로 축소된 모형을 만들었다고 해봐.

울리 그럼 실제 건물은 모든 길이가 100배 늘어나니, 건물 기둥의 단면적은 1만 배가 늘어나고 무게는 100만 배나 늘어나네요?

바리 어마어마하지? 그래서 실제 건축에서는 기둥을 더 세우거나 철근을 더 넣도록 설계해야 한단다. 또, 다리를 건설할 경우 모형

다리에서는 다리의 자체 무게에 의해 아래로 처지는 현상이 보이지 않았다 하더라도, 실제 다리에서는 다리 기둥의 단면적보다 훨씬 많이 무거워진 다리의 무게 때문에 아래로 처지기가 쉽고 말이야. 모형은 모형일 뿐이거든.

울리 와~ 모형 건축에 그런 문제가 있군요.

엘리 건축설계사들은 당연히 실제 크기에서도 안정되도록 설계를 하겠죠?

바리 당연하지.

엘리 갑자기 빙수가 떠올랐는데, 빙수가 빨리 녹는 것도 부피 대비 표면적이 커서 그런 것이라 설명할 수 있겠네요?

바리 제대로 된 연상이구나~ 큰 얼음덩어리는 부피 대비 표면적이 작으니 표면적으로 열을 흡수해서 녹으려면 시간이 오래 걸리지만, 빙수처럼 갈아놓으면 표면적이 엄청 커지니 금세 녹아버리는 거지.

울리 아하~ 그래서 엄마가 동그랑땡을 만드실 때 뒤로 갈수록 점점 크게 만드시는 거군요. 처음 만든 것은 도톰하고 작은데, 갈수록 꾹꾹 눌러 납작해지거든요.

바리 울리는 관찰력이 좋다니까. 전을 많이 오래 부치면 힘들어서 빨리 끝내고 싶어지지. 납작하게 누르면 열을 흡수할 표면적이 늘어나서 빨리 익거든. 이제 손가락장갑보다 손모아장갑이 더 따뜻하다든지, 더운 지방에는 활엽수가 많고 추운 지방에는 침엽수가 많다든지 하는 것도 부피와 표면적의 관계를 생각해보면 이해가 되지?

울리 그런데 추운 지방에서는 햇빛을 많이 받기 위해 오히려 잎이 커야 하는 것 아닐까요?

바리 일리 있는 말인데, 햇빛 흡수보다 수분 유지가 좀 더 우선한다고 봐야지. 침엽수가 많은 곳은 대개 짧고 건조한 여름과 길고 추운 겨울 기후여서, 표면적이 작고 두꺼운 바늘 같은 잎이 수분을 유지하는 데 유리하거든.

울리 아, 그렇군요~

엘리 간단한 내용인데 주변에 적용되는 것이 많네요. 더 많은 예를 알려주세요~

바리 교수의 물리노트 4

- 물체의 강도strength는 단면적에 비례하고, 무게weight는 부피에 비례한다.
- 길이가 2배 늘어나면 4배 강해질 수 있지만, 8배 무거워진다.
- 큰 물체일수록 면적과 부피의 비 $\frac{\text{면적}}{\text{부피}}$이 작다.

05 아프리카코끼리의 귀가 특별히 큰 이유가 있다구요?

축척

감자구이를 다 먹은 뒤, 바리 교수는 울리와 엘리를 데리고 마당으로 나가 이야기를 계속 이어나갔다. 웬일인지 아린이가 짖지도 않고 바닥에 느긋하게 엎드린 채 눈동자만 굴리며 엘리와 울리를 번갈아 쳐다보고 있다.

바리 축척은 생물들의 진화에도 영향을 줬는데, 대표적인 예로 아프리카코끼리를 들곤 하지.

울리 아프리카코끼리가 어째서요?

바리 아프리카코끼리는 체중이 6t이나 되고 높이도 3m가 넘는 거구잖아. 이렇게 큰 동물들은 부피 대비 표면적이 작아서 체온 유지가 쉽지 않지. 특히 아프리카처럼 더운 곳에서는 더 큰 문제고 말이야. 보통은 피부로 땀을 분비해서 열을 식히는데, 큰 동물들은 전체 몸의 열을 식히기에는 표면적이 충분히 크지 않다는 거야.

엘리 코끼리는 땀샘이 없지 않아요?

바리 그런 것도 아네? 코끼리는 땀샘이 없어서 몸에 물을 뿌려 열을 식힌단다. 땀샘이 없어도 역시 표면적이 커야 효율적이겠지. 그래서 체중은 별로 늘어나지 않으면서 표면적만 늘어나는 방식으로 진화를 했다고 해.

울리 아하~ 알았어요. 아프리카코끼리가 귀가 엄청 큰 이유를요. 체중은 늘리지 않고 표면적은 많이 늘릴 수 있는 방법이잖아요~ 그럼 귀에 물을 뿌리나요?

바리 귀에도 물이 닿겠지만, 그 큰 귀로 부채질을 한단다. 귀엽지 않니? 6t이나 나가는 코끼리가 덥다고 귀로 부채질을 한다는 것이? 하하- 참, 코끼리는 온몸에 물을 묻혀 체온을 낮추지만, 온몸에 물이 묻으면 치명적인 생물도 있단다.

엘리 물이 묻었다고 치명적이게 돼요? 뭐가 그렇죠?

바리 파리 같은 곤충들이 대부분 그래. 파리는 작으니 부피 대비 표면적이 큰 데다 털까지 있어서 물이 묻을 수 있는 표면적이 아주 크겠지? 실제 물에 젖으면 파리 몸에 붙은 물의 무게가 파리의 몸무게보다 몇 배는 무겁대. 그러니 무거워서 날지도 못하게 되는 거지. 사람이나 코끼리처럼 큰 동물들은 젖어도 몸에 묻은 물의 무게가 체중에 비해 훨씬 가벼우니 물의 무게를 거의 느끼지 못하지만 말이야.

울리 와~ 재미있어요~

바리 그렇지? 축척이 은근 재미있지? 심지어 세포분열이 일어나는 것도 부피 대비 표면적의 축척으로 설명할 수 있거든.

울리 세포분열도요?

바리 축척의 관점에서 보면, 세포가 계속 커질 수만은 없거든. 세포가 커질수록 부피 대비 표면적이 줄어드니까, 커진 세포의 여러 생명현상을 상대적으로 충분히 크지 않은 세포의 표면적에서 모두 감당할 수 없기 때문에 결국은 쪼개져야 하는 것이 세포가 사는 방법인 셈이야.

엘리 아~ 그런 설명도 가능하군요~

바리 생명현상을 얘기하니까 창자가 생각나네. 사람의 창자 길이가 얼마나 되는지 알아?

울리 무지 길다는 것은 알아요. 그래서 배 속에 꼬불꼬불 구부러져 들어 있잖아요.

바리 그래. 사람마다 다르지만 대략 7~8m로, 사람의 표준 신장보다

4배 이상 길다고 해.

울리 헉! 7~8m요? 그렇게나 길어요?

엘리 의사들은 볼 때마다 무섭지 않을까요? 뱃속에 그렇게 긴 창자가 들어 있어서….

바리 해부 훈련을 많이 받으니 당연한 줄 알겠지. 그럼 쥐의 창자 길이는 얼마나 될까?

울리 같은 포유류니까 사람과 마찬가지로 길지 않을까요? 근데 오늘은 생물 시간 같아요. 헤헤-

바리 그런가? 하하- 쥐의 창자 길이는 수십 cm인데, 쥐의 몸통 길이보다 약 2.5배 정도 길다고 해. 뭔가 느낌이 오지 않니? 사람의 창자는 신장보다 4배 이상 긴데, 쥐의 경우는 2.5배 정도라는 것에서 말이야.

엘리 아하~ 이것도 축척과 관련된 진화라고 볼 수 있겠어요. 큰 동물들은 체중이 많이 나가서 영양분도 많이 필요한데, 짧은 창자로는 그것을 공급하기에 충분하지 않다는 거죠?

바리 그렇지! 소화를 마친 영양분을 몸에 공급해야 하는데 짧은 창자로는 안 되니까 창자는 길어지고, 그 긴 창자가 배 속에 들어가기 위해서는 수없이 구부러질 수밖에 없는 거지.

울리 들을수록 재미있어요. 또 다른 예는 없어요?

바리 음~ 우리가 많이 공부했던 운동과 연관 지어볼까? 언젠가 중력에 의해 떨어지는 물체 얘기를 했을 때, 공기저항까지 고려하면 크고 무거운 물체가 작고 가벼운 물체보다 먼저 떨어진다는 것

을 설명한 적 있는데…. (1권 10화 참조)

엘리 물체의 운동은 알짜힘에 의해서 가속도가 정해지는 건데, 무거운 물체는 공기저항을 상쇄하고도 큰 힘이 남아서 빨리 떨어진다는 거였잖아요.

울리 너는 어떻게 그렇게 모두 기억하고 있냐?

바리 늘 공부를 하면 잊고 싶어도 기억이 난단다. 하하- 근데 이것도 바로 축척으로 설명할 수 있거든. 떨어지는 물체가 받는 공기저항은 물체의 단면적에 비례하고, 중력은 물체의 무게니까 부피에 비례하는데, 큰 물체일수록 면적과 부피의 비가 작잖아? 즉 큰 물체는 공기저항과 중력의 비가 작아서 빨리 떨어지고, 반면에 작은 물체는 공기저항과 중력의 비가 커서 천천히 떨어지고 말이야. 물론 큰 것이 무겁기도 한 경우에 말이지.

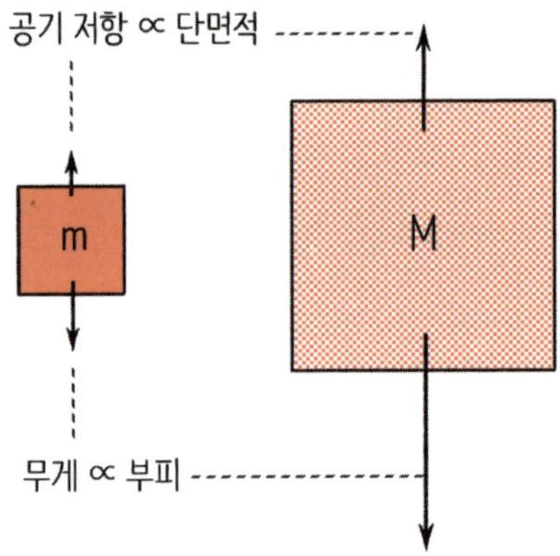

$$\left(\frac{\text{단면적}}{\text{부피}}\right)_m > \left(\frac{\text{단면적}}{\text{부피}}\right)_M$$

울리 어? 정말 그렇네요.

바리 그래서 높은 곳에서 떨어진 생쥐는 살 수 있어도 사람은 살기 힘들다는 것을 이제 축척 개념으로 이해할 수도 있겠지?

울리 음…. 아줌마 집은 겨울에 난방비가 많이 나오겠어요?

엘리 너는 갑자기 생뚱맞게 왜 그런 질문을 해?

바리 오~ 울리의 응용력이 대단한데?

엘리 무슨 소리죠?

바리 아파트와 단독주택의 난방 효율을 얘기하고 싶은 것 같은데?

울리 맞아요! 아파트는 단독주택보다 훨씬 크니까 부피 대비 표면적이 작고, 그에 비해 단독주택은 부피 대비 표면적이 크잖아요. 언젠가 엄마가 우리 집 양옆으로 다른 집이 있어서 우리 집이 겨울에 따뜻하다고 했던 말이 생각났거든요. 헤헤-

바리 그래. 지식은 그런 식으로 연결되는 거야. 요즘은 단열재들도 많이 좋아지긴 했지만 울리 말대로 단독주택은 아파트보다 난방 효율이 떨어지지. 자, 이제 그만 일어나서 아줌마랑 같이 화단에 물 좀 줄까? 오늘은 구름도 많고 아침에 물도 주지 않았거든.

엘리 네~ 좋아요~

바리 울리는 저기 고무호스 좀 풀어주렴. 멀리까지 물을 주려면 좀 많이 풀어야 하거든.

엘리 물은 제가 줄게요~

바리 (잠시 후) 이제 그만 줘도 될 것 같구나. 여기 와서 나뭇잎에 맺힌 물방울들이나 관찰해보자.

울리 흠…. 아줌마, 일부러 화단에 물 주자고 하신 거죠?

엘리 그래? 흠…. 뭘 봐야 하는 거죠?

바리 후후, 물방울의 크기를 비교하며 자세히 봐봐.

울리 작은 물방울들은 아주 동그란 공 같은데, 큰 물방울들은 넓게 퍼진 방석 모양이네요?

엘리 아~ 이것도 부피와 면적의 축척과 관계가 있는 거군요? 그래서 화단에 물을 주자고 하신 거고요.

바리 너희들 무슨 탐정 놀이를 하는 것 같구나. 하하- 근데, 맞아. 물방울이 작을 때는 공 모양을 이루는데 커질수록 넓게 퍼지는 이유를 축척으로 생각해보게 하려고 한 거야.

울리 작은 물방울은 표면적과 부피의 비가 상대적으로 크고, 큰 물방울은 표면적과 부피의 비가 작다는 것은 알겠어요…. 그런데 물방울 모양과는 무슨 관계죠?

바리 물방울과 나뭇잎이 접하고 있는 표면적의 크기는 물방울과 나뭇잎 사이의 응집력과 비례하거든. 작은 물방울은 나뭇잎과 접하고 있는 면적이 작아도 그 응집력으로 충분히 작은 물방울의 무게를 견딜 수 있지만, 물방울이 커지면 표면적이 늘어나는 것보다도 무게가 훨씬 더 늘어나니까 동그란 모양의 물방울이 되어 맺혀 있을 수 없는 거지. 즉 큰 물방울은 큰 면적이 접해져야 훨씬 무거워진 자기 무게를 견딜 수 있다는 거야.

엘리 아하, 그래서 큰 물방울들은 납작하게 찌그러진 타원 모양으로 붙어 있는 거군요~

울리 앞으로는 뭘 보든지 물체의 면적과 부피의 관계를 유심히 살펴 보게 될 것 같아요~

바리 교수의 물리노트 5

- 아프리카코끼리의 큰 귀, 몸집이 큰 포유동물의 (신장 대비) 긴 창자 길이, 세포분열 현상 등을 '부피 대비 표면적의 축척'으로 이해할 수 있다.
- 떨어지는 물체의 부피 대비 면적이 작다는 것은 무게(중력) 대비 공기저항이 작다는 것을 의미한다.

06 수백 개의 못이 박힌 침대 위에 맨살로 누울 수 있다구요?

압력/액체

자전거를 쌩쌩 타며 집으로 달려가던 울리가 갑자기 속도감이 떨어지는 느낌이 들어 자전거에서 내려 타이어를 살펴본다. 아니나 다를까 타이어에 압정이 몇 개 박혀 바람이 많이 빠진 상태였다. 할 수 없이 자전거를 끌고 걸어가는데 누군가 울리 옆으로 자전거를 쌩 타고 지나갔다가 되돌아온다. 울리를 부르며 다가오는데, 엘리였다.

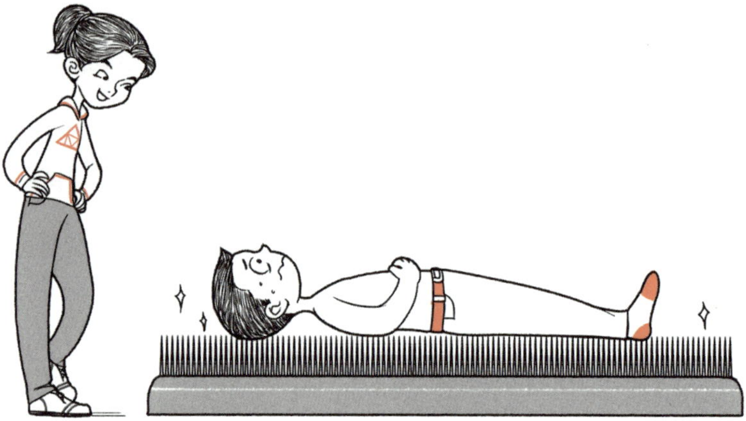

엘리 너 왜 자전거를 타지 않고 끌고 가?

울리 내 자전거 타이어에 어디서 박혔는지 압정이 여러 개 박혔어. 네 자전거는 괜찮아?

엘리 어, 그래? 내 건 괜찮은 것 같은데?

바리 얘들아~ 거기서 뭐 해? 자전거 타이어에 문제라도 생겼니?

울리 아, 아줌마~ 제 자전거 타이어에 압정이 여러 개 박혀 있네요.

바리 이리 와서 펑크패치라도 임시방편으로 붙이고 가렴. 그냥 끌고 가다가 더 망가질 수 있으니 말이야. (작은 공구통을 가져온다.)

울리 그런 것도 갖고 계세요?

바리 이건 미니 공구통이고, 지하창고에는 다른 공구들도 아주 많단다~ 하하-

엘리 와~ 언제 구경시켜주세요~ 전 공구를 사용하는 건 싫어해도 보는 것은 좋아해요.

바리 그래? 그러자꾸나. 이왕 왔으니, 뭐 하나 배워 가야지?

울리 그러실 줄 알았어요. 아줌마가 저희를 그냥 보내실 리가 없죠. 헤헤-

엘리 오늘은 어떤 주제인가요?

바리 타이어에서 뺀 압정 하나만 이리 가져와보련?

엘리 여기요~ 오늘은 압정의 물리인가요?

바리 하하~ 울리는 손바닥 좀 이리 내놔볼래?

울리 압정으로 찌르시려고요?

바리 그래~ 살짝 누르기 시작해서 점점 세게 누를 테니 아파지면 말해.

울리 네~ (잠시 후) 아야! 조금 따가워요!

바리 미안. 그럼 이제 손바닥에 이 공구통을 올려볼게. 이건 전혀 안 아프지?

울리 윽! 아프진 않은데 무거워서 떨어뜨리겠어요.

바리 이 공구통은 한 2kg은 될 테니까 무게가 20N 정도 되는데, 압정으로 내가 누른 힘은 1N밖에 되지 않을 거야. 20N으로 누르는 것은 아프지 않은데 1N으로 누르는 것은 아프다는 것이 이상하지 않아?

엘리 뾰족한 것으로 누르면 당연히 아프다고 생각했죠. 압정을 좀 더 세게 누르면 피도 나잖아요. 타이어도 펑크가 났고요.

바리 그렇지? 그래서 오늘은 압력에 대해 얘기하려고 해. 스트레스를 설명할 때도 잠깐 나왔지만, 압력은 '단위면적당 작용하는 힘'으로 정의된단다. 즉 얼마만한 면적에 얼마만큼의 힘이 작용하느냐를 나타내는 거지. 작용하는 힘이 크면 압력도 크지만, 약한 힘이라 할지라도 아주 작은 면적에 작용하면 압력이 클 수 있다는 것을 의미하고 말이야.

울리 바로 압정의 경우네요? 압정 끝의 단면적은 아주 작으니까 약한 힘으로 눌러도 압력이 크다는 거죠?

바리 그래. 공구통이 누르는 힘은 압정이 누르는 힘보다 훨씬 크지만, 공구통에 의한 압력은 오히려 압정에 의한 압력보다 작거든. 아까는 이 공구통의 넓은 밑면이 손바닥에 닿도록 똑바로 올렸지만, 지금 다시 공구통의 좁은 옆면이 손바닥에 닿게 수직으로 세워서 올려봐. 느낌이 어때? 두 경우를 번갈아 해보고 느낌을 비교해보렴.

엘리 저도 해볼게요. 어디…. 어라? 확실히 좁은 옆면을 손바닥에 세웠을 때가 더 무겁게 느껴지는데요? 무게는 같은데 말이죠.

바리 그렇지? 우리가 압력의 차이를 느끼기 때문이야. 밑면이 넓은 공구통을 똑바로 올렸을 때는 압력이 작고, 좁은 옆면을 올렸을 때는 같은 무게지만 압력이 더 커서 더 무겁다고 느끼지.

울리 근데, 손바닥 면적은 공구통을 어떻게 올리든 똑같잖아요?

바리 우리 울리의 예리함이 번뜩이는구나. 좋은 지적이야. 근데 이 미니 공구통은 옆면이 네 손바닥보다 좁아서 공구통의 무게가 작용하는 면적이 공구통의 옆 면적밖에 되질 않잖아.

울리 아하~ 그렇군요.

엘리 그럼 웃통을 벗고 못이 엄청 많이 박힌 판 위에 눕는 묘기를 보이는 사람들도 사실은 묘기를 하는 것이 아니라 누구나 할 수 있는 것을 하는 거네요?

바리 묘기일 수도 있고, 누구나 할 수 있기도 하고 그렇지. 예를 들어 질량이 50kg인 사람이 250개의 못 위에 눕는다고 생각해볼까? 그럼 몸무게가 500N 정도일 테니 못 하나당 약 2N의 힘이 작용하는 셈이잖아? 못의 굵기나 사람의 피부에 따라 다르긴 하지만, 대략 중간 못에 약 5N 정도의 힘이 작용하면 피부를 뚫고 들어갈 수 있다고 하니까 2N이면 거의 안전하다고 할 수 있는 거지.

울리 그렇게 못 침대에 사용하는 못들은 무지 굵던데 다 이유가 있는 거네요? 그리고 못들이 엄청 촘촘히 많이 박혀 있어서 무서웠는데, 그것도 촘촘히 박혀 있을수록 전체 면적이 늘어나서 압력은 줄어드는 거고 말이죠.

바리 나름 묘기가 필요할 때는 처음 누우려 할 때겠지. 처음 누우려 할 때는 몇 개 안 되는 못들의 작은 면적에 체중이 실리는 거니 압력이 엄청 클 테니까 말이야. 못 침대에 눕는 묘기를 하는 사람들은 등허리 부분에 굳은살이 많이 생겼을 거야. 하지만 누군가 위아래에서 사람의 머리와 다리를 반짝 들어 못 침대 위에 가만히 눕혀준다면 누구나 해볼 만하겠지.

엘리 그렇군요. 수압이나 기압도 압력이니까 정의는 똑같은 거겠죠?

바리 그렇지. 수압은 물속에서의 압력이고 기압은 공기의 압력을 의미할 뿐이지. 그래도 액체 속에서 물체가 받는 압력에 대해서는 좀 더 자세히 살펴볼 필요가 있어.

울리 왜요?

바리 액체 속에서의 압력을 액체의 밀도와 깊이로 나타내면 유용하거든. 물속에서 수평으로 잠수하고 있는 가자미를 생각해보자. 가자미는 아주 납작한 물고기야. 그럼 가자미에 작용하는 수압은 가자미 등 위에 작용하는 수직 물기둥의 무게에 의한 것이겠지? 그리고 가자미가 물속 깊이 있을수록 이 물기둥의 높이가 길어질 테니까 수압은 더 커질 거고 말이야.

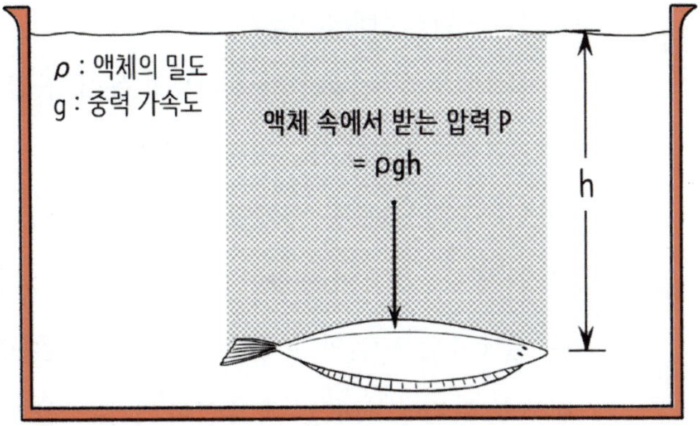

울리 그렇겠죠. 갑자기 가자미 모양의 물기둥이 연상되네요. 수압 때문에 납작하게 찌그러진 가자미의 표정과 함께요. 히히-

바리 그런 연상 좋지. 그럼 가자미에 작용하는 수압은 '가자미 모양 물기둥의 무게÷가자미의 등 면적'인데, 물기둥의 무게는 '물의 밀도×물기둥의 부피×중력가속도'잖아?

엘리 식으로 써보면 더 명확할 것 같아요.

울리 저도요~ 식을 싫어하지만 지금은 말로만 듣는 것이 더 어려울 것 같기도 해요.

바리 그럼 식으로 써볼까? 물의 밀도가 일정하다고 가정하면 다음처럼 쓸 수 있지.

$$
\begin{aligned}
\text{수압} &= \frac{\text{물기둥의 무게}}{\text{면적}} \\
&= \frac{\text{물의 밀도} \times \text{물기둥의 부피} \times \text{중력가속도}}{\text{면적}} \\
&= \text{물의 밀도} \times \text{물기둥의 높이(깊이)} \times \text{중력가속도} \\
&= \text{물의 무게밀도} \times \text{물기둥의 높이(깊이)}
\end{aligned}
$$

울리 면적은 어디로 사라졌어요?

바리 물기둥의 부피는 '밑면적×물기둥의 높이'와 같은데, 분모에도 같은 면적이 있으니 서로 지워진 거야.

엘리 '밀도×중력가속도'를 '무게밀도'라고 불러요?

바리 그래. '밀도×부피'가 질량이듯 '무게밀도×부피'는 무게가 되거든. 결국 수압은 '물의 무게밀도×물기둥의 높이(물의 깊이)'와 같아서 물속 깊이 들어갈수록 수압이 커지는 거지.

울리 물이 아닌 다른 액체에서도 비슷하겠네요?

바리 액체의 밀도가 일정하면 그 액체 속에 있는 물체가 받는 액체에 의한 압력은, '액체의 무게밀도×물체가 있는 곳까지의 깊이'가 되는 거지. 액체의 밀도 ρ(로우rho), 중력가속도 g, 깊이 h의 기호를 사용하면, 액체 속에서의 압력 $P=\rho gh$란다.

엘리 액체의 밀도가 일정하면, 같은 깊이에서는 압력이 모두 같다는 거네요.

바리 맞아. 그리고 액체 속에 있는 물체에 작용하는 압력은 항상 그 물체 표면에 수직하게 작용한단다.

울리 표면에 수직으로만 액체의 압력이 작용한다고요?

바리 그래~ 표면에 비스듬히 작용하는 힘을 표면에 수직한 성분과 수평한 성분으로 분해해보면 수평한 성분은 항상 상쇄되고 수직한 성분만 남거든~

울리 아하~ 그렇군요. 근데 압력의 단위는 뭐예요?

바리 압력의 단위는 '파스칼pascal'을 사용하는데, Pa라고 쓰고

$1\,\mathrm{Pa} = 1\,\mathrm{N/m^2}$야.

울리 파스칼도 사람 이름이죠?

바리 그래~ 블레즈 파스칼Blaise Pascal의 이름을 딴 거야. 파스칼에 관해서는 다음에 다시 알려줄 기회가 있을 거야. (2권 10화 참조)

바리 교수의 물리노트 6

- 압력: 단위면적당 작용하는 힘으로 단위는 Pa(파스칼pascal)이고, $1\,\mathrm{Pa} = 1\,\mathrm{N/m^2}$이다.
- 액체의 밀도(ρ)가 일정한 경우,

  액체 속에서의 압력(P) = 액체의 무게밀도(ρg) × 깊이(h)다.

  $$P = \rho g h$$

- 무게밀도 $= \dfrac{\text{무게}}{\text{부피}} = \dfrac{\text{질량} \times \text{중력가속도}}{\text{부피}} =$ 밀도 × 중력가속도

07 기린의 심장은 특별하다구요?

액체의 압력/부력

오늘은 오랜만에 울리네 온 가족이 모여 저녁 식사를 했다. 식탁 앞 TV에서는 아프리카 밀림에 대한 다큐멘터리가 방송되고 있었다. 코끼리가 등장하자 울리는 TV 화면을 보며 생각했다. '진짜 귀가 크긴 크네….' 다큐멘터리에서는 언제나 귀여운 기린들도 많이 나왔다. 기린 몸의 무늬를 수학적으로 푸는 연구를 하는 과학자들도 있다는 설명이 무척 신기했다. 식사를 마쳐갈 때쯤, 엘리에게서 바리 교수를 찾아가자는 연락이 왔다.

울리 아줌마께 뭘 여쭤보려고?

엘리 그냥 이것저것~

울리 근데 바리 아줌마가 귀찮아하시지 않을까?

엘리 문자로 가도 되는지 여쭤봤지! 얼른 가자~

바리 뭐가 궁금해서 이렇게 저녁에 찾아왔을까요?

울리 저는 얘 때문에 같이 온 건데요…. 참, 저 아까 오기 전에 저녁 먹으면서 TV에 아프리카코끼리와 기린이 나오는 걸 봤어요. 기린 몸의 무늬를 수학적으로 푸는 과학자들도 있다고 하던데 정말이에요?

바리 그런 것을 연구하는 과학자들도 있지. 왜 어떤 동물은 줄무늬만 있고 어떤 동물은 점무늬만 있는지 말이야. 좀 복잡한 식에 동물의 크기나 모양 등을 조건으로 넣어서 푼단다. 그것뿐만 아니라 기린은 특이한 점이 더 많은 동물이야.

울리 목이 긴 것 말고도요?

바리 기린은 땅에 사는 동물 중에서 가장 키가 커서 4~5m는 보통인데, 키가 크니 질량도 1t이나 되지만 풀만 먹고 살잖아. 그래서 종일 먹고, 또 먹은 풀을 소화하느라 창자 길이는 70m나 된다고 하니 어마어마하지?

울리 와~ 70m요? 키의 10배도 넘네요. 목도 길고 창자도 무지 긴 동물이군요.

엘리 근데 그렇게 목이 길면 불편하지 않을까요?

바리 무엇보다도 심장에서 뇌까지의 거리가 너무 먼 것이 문제지.

울리 왜요? 심장하고 뇌하고 멀면 안 되나요?

바리 심장에서 강력하게 펌프질을 해야 중력을 거슬러 머리까지 피가 올라갈 수 있는데, 심장에서 뇌까지의 거리가 너무 멀면 피를 보내기가 그만큼 힘들잖아.

엘리 아, 그렇겠네요. 그럼 기린은 심장도 특별한가요?

바리 그래, 아주 튼튼한 강심장이지. 기린의 심장은 질량 11kg에 길이도 60cm나 된다고 하고, 심장 표피의 두께도 7.5cm나 된대. 맥박수도 사람보다 2배 이상 빠른, 분당 150회고 말이야. 보통 작은 동물들의 맥박수가 빠르고 큰 동물들은 느린데 기린은 예외인 셈이지.

울리 아하~ 그런데 이상한 게 있어요. 아까 본 다큐멘터리 방송에서도 뭐라고 설명한 것 같았는데 잘 이해하지 못했거든요.

바리 뭔데?

울리 기린이 물을 먹으려고 긴 목을 숙이면 피가 뇌로 확 몰릴 것 아니에요? 근데 피도 액체니까 혈압이 기린의 목 길이에 비례할 거고, 뇌의 혈관들은 엄청 높은 혈압을 견뎌야 하잖아요? 그런 것이 어떻게 가능하죠?

바리 예리한데? 그래서 기린 몸속의 혈관들은 아주 탄력이 좋고 매우 복잡한 방법으로 여러 개의 밸브를 조정해 한꺼번에 너무 많은 양의 피가 뇌에 몰리지 않게 하지. 반면에 갑자기 머리를 들었을 때는 혈관이 바로 수축하고 막힘없이 피가 뇌에 공급돼 어지러움을 느끼지 않게 하고 말이야.

엘리 기린의 가는 다리가 받는 혈압은 문제가 되지 않나요? 키가 4~5m면 그 혈압을 다리가 모두 견뎌야 하잖아요? 저만 해도 저녁에는 다리가 퉁퉁 부어 있는데요….

바리 그것도 예리한 질문이네~ 기린의 다리는 가늘지만 다리에 피가 많이 몰리지 않게 하기 위해 아랫부분의 피부가 아주 두껍다는구나. 탄력붕대를 감은 것처럼 말이야.

울리 과학적으로 문제될 만한 것들이 잘 해결되는 방향으로 진화가 된 거네요.

바리 그럼 셈이지. 동물들과 식물들을 잘 관찰하면 모두 다르면서도 하나하나 그렇게 존재할 수 있는 과학적 이유들을 갖고 있어 재미있고 신기하지 않니? 근데 엘리는 뭔가 궁금한 것이 있어서 오자고 한 것 아니었니?

울리 앗, 내가 기린 얘기를 하는 바람에…. 헤헤.

엘리 특별하게 뭐가 있다기보다는, 지난번에 액체의 압력에 대해서 이야기를 들은 후 부력에 대해서도 알고 싶어졌거든요. 대충은 들어봤는데 확실히 아는 느낌은 아니라서요.

울리 부력? 그리스 수학자 아르키메데스Archimades가 목욕하다가 발견해서 발가벗은 채로 뛰어나왔다는 그거?

바리 하하, 그래~ "유레카!" 하고 뛰쳐나왔다지?

울리 근데 '유레카'가 무슨 뜻이에요?

바리 그건 그리스어로 '알아냈다'라는 뜻이라는구나. 아르키메데스의 원리나 부력buoyant force에 대해서는 해주고 싶은 이야기가 많은데 엘리가 말 잘했네~ 아르키메데스의 일화는 금으로 만든 왕관이 진짜 순금으로 만들어졌는가를 알기 위해 왕관의 부피를 구하는 방법을 찾았던 내용이잖아? 왕관의 부피를 알면 '무게÷부피'를 통해 밀도를 구할 수 있고, 익히 알고 있는 순금의 밀도와 비교해서 똑같으면 순금이고, 적으면 순금보다 밀도가 낮은 금속이 섞인 것일 테니까 말이야.

엘리 아르키메데스가 발견한 것은, 왕관을 물속에 넣었을 때 왕관 때문에 넘친 물의 부피가 바로 왕관의 부피라는 거고요.

바리 그렇지! 잘 알고 있네. 물은 압축이 되지 않기 때문에 만일 물이 꽉 찬 용기에 물체를 넣으면 그 물체가 차지한 공간에는 물이 있을 수 없으니 용기 밖으로 넘치게 되지. 그 물의 부피는 바로 물체의 부피와 같을 수밖에 없고 말이야.

울리 근데 부력은 힘 아니에요? 부피가 아니라?

바리 그래, 부력은 힘이지. 이제 그 얘기를 해볼게. 액체 속에 육면체의 물체가 들어 있다고 생각해보자. 그럼 이 물체의 밑면에는 윗면에서보다 더 큰 (액체에 의한) 압력이 작용하겠지? 물체의 높이 때문에 밑면이 더 깊이 있는 거니까 말이야.

엘리 압력차가 생기겠네요?

바리 그게 핵심이야. 압력은 항상 물체의 표면에 수직한 방향으로 물체를 누르고, '압력×면적'은 힘이 되니까 육면체 물체에 작용하는 알짜힘을 구할 수 있겠지? 그럼 이 알짜힘의 방향은 어떻게 될까?

울리 육면체 물체 윗면에 작용하는 압력은 아래쪽이고, 밑면에 작용하는 압력은 위쪽이니까 알짜힘은 위쪽으로 작용하겠네요.

바리 그래. 그게 바로 액체 속 물체가 받는 부력이야. 물체에 작용하는 액체에 의한 압력의 차에 의해서 물체는 항상 위로 작용하는 힘을 받게 되는데, 그것을 부력이라고 부르는 거지.

울리 육면체가 아니라 아주 얇은 형태의 물체라면 윗면과 밑면 간 압력차가 없어서 부력이 없겠네요?

바리 충분히 얇다면 거의 없겠지. 그래서 부력을 확인하기 위해서는 물체의 모양이 중요한데, 좀 더 정확히는 물체의 부피가 중요해.

엘리 부피요? 높이가 아니고요?

바리 부력을 알기 위해서는 결국 물체가 받는 액체에 의한 알짜힘을 구해야 해서 '압력×면적'을 봐야 하는데, 압력은 높이에 비례하니까 부력은 부피에 비례하게 되는 거지.

울리 머리가 복잡해지려고 해요~

바리 하하- 정확한 계산은 내일 오후에 오면 다시 알려줄게. 그 전에 간단한 예를 하나 들 테니 생각해보렴. 세 변의 길이가 각각 1cm, 1cm, 8cm인 직육면체와 한 변의 길이가 2cm인 정육면체가 밀도가 일정한 액체 속에 들어 있을 때 두 물체에 작용하는 부력을 비교해봐. 직육면체는 윗면과 밑면 사이가 8cm가 되도록 길게 들어 있다고 가정하고 말이지.

엘리 직육면체의 높이가 8cm니까 위아래 압력차는 '액체의 무게밀도×8', 정육면체의 높이는 2cm니까 위아래 압력차는 '액체의

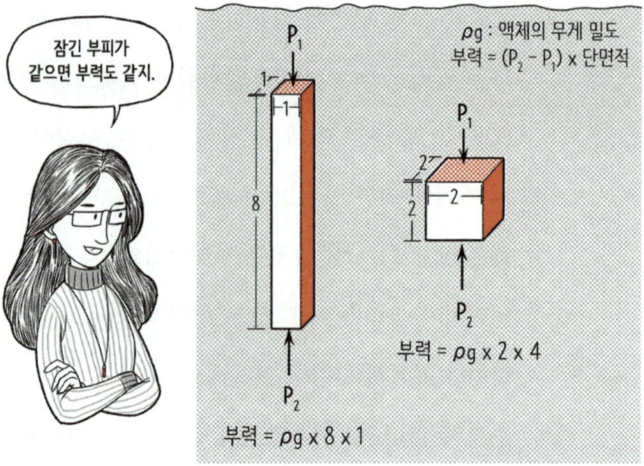

무게밀도×2'네요. 근데 이 경우 부력은 '압력차×단면적'이니까….

울리 그럼 직육면체의 밑면적은 $1cm^2$, 정육면체의 밑면적은 $4cm^2$니까 직육면체에 작용하는 부력은 '액체의 무게밀도×8×1'이고, 정육면체에 작용하는 부력은 '액체의 무게밀도×2×4'고…. 어? 직육면체와 정육면체에 작용하는 부력이 똑같네요?

엘리 아하~ 직육면체와 정육면체의 부피가 모두 $8cm^2$라서 그런 거군요. '부피가 같으면 부력이 같다'는 것을 보여주시려고 한 거죠?

울리 근데 부피가 같은 스티로폼과 금속을 물속에 깊이 넣으면 금속은 가라앉고 스티로폼은 떠오르잖아요? 부력이 같은데 왜 그렇죠?

바리 지금까지는 부력만 얘기한 거고, 물체의 운동을 보려면 모든 힘을 고려해야 하는데, 부력 외에도 늘 중력이 있잖아. 부력이 중력보다 작으면 가라앉고 크면 떠오르는 거지.

울리 그렇겠군요. 부력 계산에 대해서도 더 듣고 싶지만, 오늘은 늦었으니 내일 오후에 다시 와서 들을게요~

바리 그래~ 부력에 대해서도 알려줄 이야기가 많으니 내일 다시 오렴.

바리 교수의 물리노트 7

- 물을 꽉 채운 용기에 물체가 잠기도록 넣었을 때, 넘친 물의 부피는 물체의 부피와 같다.
- 육면체에 작용하는 부력buoyant force: 액체에 잠긴 육면체의 윗면과 밑면에 작용하는 액체의 압력차에 의한 힘으로, 물체의 부피에 비례한다.
- 물체에 작용하는 부력이 물체의 무게보다 작으면 물체가 물속으로 가라앉고, 크면 물 위로 떠오른다.

08 날씬한 몸매를 위해서는 체중 말고 부피를 줄이라구요?

아르키메데스의 원리

오늘 울리는 학교에서 어찌나 졸리던지, 점심시간 외에는 비몽사몽간에 하루를 보냈다. 하도 졸아서 벌로 청소까지 하게 되어 툴툴거리고 있는데, 복도 끝에서 엘리가 울리를 기다리고 있었다. 그제야 울리는 바리 교수가 오늘 집에 가는 길에 엘리와 함께 들르라고 한 말이 생각나 서둘러 청소를 끝낸 후 기다리고 있는 엘리에게로 갔다.

물성·파동·열역학

엘리 너 오늘 왜 청소했어?

울리 수업 시간에 졸다가 걸렸어. 어제 새로 나온 게임 좀 하느라 잠을 못 잤거든. 바리 아줌마랑 공부하고 온 날은 괜히 놀아도 될 것 같은 거 있지? 히히-

엘리 으이그~ 그렇다고 밤새 놀면 되냐? 배운 걸 자꾸 생각해봐야 안 까먹지.

울리 넌 그러냐? 그게 공부 잘하는 비결인가?

엘리 그럼~ 따로 공부 시간을 내기도 하지만, 보통 때 배운 것들을 혼자 생각해보면 뭘 모르고 뭘 아는지 알 수 있거든. 이삼 일은 대충 기억이 나니까, 이삼 일 내에 길 가면서도 한번 생각해보고, 밥 먹으면서도 생각해보고, 그러면 기억이 오래가거든.

울리 흠…. 특이해…. 어? 저기 아줌마가 벤치에 앉아 계시네. 아~줌~마~ 저희 왔어요~

바리 그래~ 기다리고 있었어. 배고프지? 이 빵 좀 먹으렴~

울리 와~ 우리 배고플지 어떻게 아셨어요?

바리 너희 때는 종일 배고프지 않니? 하하-

엘리 그렇긴 한데 체중이 늘까 봐 겁나요.

바리 체중 좀 늘면 어때? 건강하기만 하면 되지. 마르고 건강하지 않은 사람보다 낫잖아? 그리고 날씬한 것은 체중이 적게 나간다는 의미라기보다는 부피가 작다는 의미니까 부피를 줄여야지.

울리 그게 그 말이죠. 체중이 줄면 부피도 줄고, 부피가 줄면 체중도 줄잖아요?

바리 밀도가 일정하다면 그렇지. 하지만 우리 몸은 크게 근육과 지방으로 되어 있다고 할 수 있는데, 근육과 지방의 밀도가 같지 않아서 우리 몸의 밀도는 일정하지 않거든.

울리 아하~ 고깃국에서 고기는 가라앉아 있고 기름은 떠 있는 것과 비슷한 거네요.

엘리 그럼 근육인 고기는 밀도가 높고, 지방인 기름은 밀도가 낮은 건가요?

바리 울리의 고깃국 비유는 정말 훌륭한데? 실제 근육의 밀도는 평균적으로 물의 밀도(4°C에서 1g/cm^3)의 110% 정도인데, 지방의 밀도는 물의 밀도의 90%밖에 안 되거든. 즉 같은 부피의 근육과 지방이라면 지방이 더 가볍다는 뜻이고, 같은 무게의 근육과 지방이라면 지방의 부피가 더 크다는 뜻이지.

엘리 아~ 그래서 부피를 줄인다는 것은 지방을 줄인다는 것을 뜻한다는 건가요? 지방이 줄면 여전히 체중도 주는 건 맞잖아요?

바리 물론 그렇긴 하지. 근데 운동을 하면 지방이 빠지고 근육이 생겨서 실제 체중은 별로 줄지 않거든. 그래도 분명 부피는 줄어서 날씬해 보이지.

울리 에고, 결론은 몸짱이 되려면 운동을 하라는 거네요. 히히-

엘리 근데 우리 몸의 부피는 어떻게 잴 수 있어요? 원통도 아니고 육면체도 아닌데….

바리 그래서 내가 부력에 대해서 알려줄 게 많다고 한 거야.

엘리 아~ 아르키메데스처럼 물속에 들어가 넘친 물의 부피를 재면 되겠군요.

울리 넘친 물 받기가 어려울 것 같은데요?

바리 그 방법만 있는 것은 아니고, 물속에서 체중만 한 번 재도 부피를 구할 수 있어.

울리 어떻게요?

바리 먼저 물속에서 잰 체중은 공기 중에서 잰 체중보다 클까 작을까?

엘리 중력과 반대 방향으로 부력을 받으니 작겠죠.

바리 그렇지? 그럼 공기 중에서 잰 체중과 물속에서 잰 체중의 차이가 물의 부력이겠지? 물에 의한 부력만큼 물속에서 가벼워진 거니까 말이야.

울리 음…. 그렇겠죠. 근데 부력은 부피에 비례하니까, 그래서 부력을 알면 부피를 구할 수 있다는 거군요?

바리 바로 그거야! 액체 속의 물체가 받는 부력을 정확히 구해보기 위해 다시 육면체 물체를 생각해보자. 단면적이 A고, 높이가 H인 육면체가 액체에 잠겨 있고, 액체 표면으로부터 육면체의 윗면까지의 거리는 L이라고 하고 말이야. 이왕 기호로 표시했으니, 액체의 밀도는 $\rho_{액체}$라고 쓰면, 액체의 무게밀도는 $\rho_{액체}g$로 쓰면 되겠지?

엘리 그럼 윗면에는 $\rho_{액체}gL$만큼의 액체 압력이 작용하겠네요.

울리 밑면에는 $\rho_{액체}g(L+H)$의 압력이 작용할 거고요.

바리 기호를 써서도 잘하는데? 그럼 부력은 '압력차×단면적'이니까,

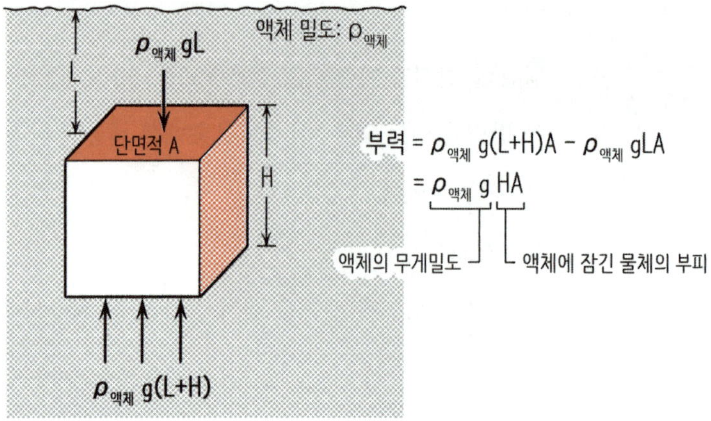

윗면에서 아래 방향으로 작용하는 힘은 밑면에서 위 방향으로 작용하는 힘에 의해 모두 상쇄되고, 결과적으로 위의 방향으로 $\rho_{액체}g(L+H)A-\rho_{액체}gLA=\rho_{액체}gHA$만 남게 되겠지? 근데 '높이 $H\times$면적 A'는 물체의 부피($V_{물체}$)가 되니까, 액체 속에 잠긴 물체에 작용하는 부력은 결국 $\rho_{액체}gV_{물체}$가 된단다.

엘리 '액체의 무게밀도×물체의 부피'네요.

바리 말로 풀면, '액체 속에 잠긴 물체가 받는 부력은 물체의 부피에 해당하는 액체의 무게와 같다'는 뜻이겠지?

울리 물체의 부피에 해당하는 액체의 무게! 아르키메데스가 얘기한 넘친 물의 무게가 결국 왕관이 물속에서 받은 부력과 같다는 거군요~

바리 맞아. 단, 액체에 잠긴 부분에 대한 물체의 부피라는 것을 주의해야 해. 지금까지는 액체 속에 완전히 잠긴 육면체 물체를 예로 들어서 물체의 전체 부피에 해당하는 액체의 무게가 부력이 라고 했지만, 만일 육면체 물체가 액체에 떠서 물체의 반만 잠긴 상태라면, 이때의 부력은 육면체 물체 부피의 반에 해당하는 액체의 무게가 되는 거지.

엘리 아하~ 그러니까 부력은 액체의 밀도, 그리고 물체의 잠긴 부피에 비례하는 거네요.

바리 그렇지. 그래서 사람 몸처럼 모양이 단순하지 않은 물체의 부피를 구할 때는 물속에 잠긴 채 체중을 재기만 하면 된다고 한 거야. 공기 중에서의 체중과 물속에서의 체중 차이를 물의 무게밀도로 나누면 사람의 부피가 나오니까 말이지.

엘리 물의 밀도와 중력가속도는 잘 알고 있는 값이니까 문제없겠네요.

바리 맞아. 4°C 물의 밀도는 $1g/cm^3$ 또는 $1,000kg/m^3$고 지구 표면에서 중력가속도는 $9.8m/s^2$니까 말이야.

울리 근데 물이 엄청 무겁네요? 밀도가 $1,000kg/m^3$라는 것은 한 변이 1m인 정육면체에 꽉 찬 물의 질량이 1t이란 거잖아요?

엘리 보통 물의 밀도를 1이라고만 생각해서 큰 줄 몰랐는데, 단위를 생각하니 정말 아주 무거운 거네요.

바리 단위를 유심히 살펴보고 제대로 해석한 울리가 대단하네~ 어젯밤 기린의 다리 걱정을 했는데, 피의 밀도는 물보다 조금 더 높다는 것을 알면 걱정할 만하지?

엘리 갑자기 기린이 불쌍하다는 생각이 드네요.

울리 그래도 알아서 잘 진화했잖아~ 근데 그럼 바다에서 수영할 때

몸이 더 잘 뜨는 것도 바닷물의 밀도가 수영장 물보다 높아서 그런 거겠네요? 액체의 밀도가 높으면 부력도 크니까요.

엘리 철 덩어리는 물에 가라앉지만 그 철을 얇게 펴서 배를 만들면 물체의 잠긴 부피가 늘어나서 뜰 수 있는 거고요. 물체의 잠긴 부피가 커도 부력이 클 테니까요.

바리 둘이서 아주 주거니 받거니 잘하는구나. 하하-

울리 히히, 근데 물속에서 체중을 재면 실제로 얼마나 나올까요? 부피는 얼마나 되고요? 감이 잡히질 않네요.

바리 실험 한번 해볼까? 울리가 한번 잠수해볼래?

울리 아, 아니에요~ 헤헤-

바리 사람마다 다르지만, 물속에서의 체중은 대략 공기 중에서의 체중의 $\frac{1}{6}$ 정도로 줄어든다고 하는데, 중력가속도를 계산하기 편하게 대충 10m/s^2라고 하고, 공기 중에서의 체중이 600N인 사람의 부피를 구해볼까? 물속에서는 체중이 100N이라고 하고 말이야.

엘리 그럼 부력은 500N이네요.

울리 '부력÷물의 무게밀도'를 하면 부피가 나올 텐데 단위가 복잡하네요.

바리 물의 밀도 1g/cm^3를 사용하려면 단위를 조심해야지. 중력가속도와 부력은 kg, m로 나타냈으니까 말이야. 단위를 맞춰가며 부력을 물의 밀도와 중력가속도로 나누면 부피가 5만 cm^3로 나올 거야.

울리 여전히 그게 어느 정도인지 느낌이 오질 않아요.

바리 5만 cm^3는 대충 한 변의 길이가 36.8cm인 정육면체의 부피와 같단다. 이제 질량 60kg 정도인 사람의 부피가 어느 정도인지 감이 잡히지 않니?

엘리 그렇게 생각하니 그리 큰 부피는 아닌 것 같기도 해요~

울리 그 정도 크기의 박스에 들어갈 수 있나 제가 한번 시도해볼까요? 히히-

바리 교수의 물리노트 8

- 액체에 의한 부력 = 액체의 무게밀도 × 물체의 잠긴 부피
- 물체의 부피 = $\frac{\text{공기 중에서의 무게} - \text{액체 속에서의 무게}}{\text{액체의 밀도} \times \text{중력가속도}}$
- 4°C의 순수한 물의 밀도는 약 $1\,g/cm^3 = 1,000\,kg/m^3$다.

09 수영장에서 우주비행사 훈련을 한다구요?

잠수함의 원리

'뭔가를 배우면 며칠 내로 그 내용을 다시 생각해보라'고 한 엘리의 말이 떠오른 울리는 문득 부력에 대해 바리 교수에게 배운 내용을 생각해보았다. 그러다 어린 시절 수영을 배우던 때의 기억으로 이어졌다. 지금은 물에서 즐길 정도로는 수영을 할 줄 알지만 처음 배울 때는 왜 그렇게 몸이 가라앉기만 하는지, 한참 동안 킥보드를 사용했던 기억도 났다. 궁금한 것이 많이 생겨서 엘리의 수업이 끝나기를 기다렸다가 함께 바리 교수를 찾아갔다.

바리 궁금한 게 많이 생겼다고? 듣던 중 반가운 소리인데?

엘리 전 오늘 집에 일찍 가야 하는데 얘가 저 때문에 궁금한 게 많이 생겼다고 책임지라며 당장 아줌마한테 가자고 했어요. 히히-

바리 그래? 뭐가 궁금한데? 하나씩 들어보자.

울리 일단 물체가 물에 뜨고 가라앉고 하는 문제는 부력과 중력의 관계에 대한 문제잖아요? 부력이 중력보다 크면 물체가 떠오르고, 부력이 중력보다 작으면 가라앉고요.

바리 그렇지. 부력과 중력의 크기가 같아질 때까지, 아니 좀 더 정확하게 말하면 물체에 작용하는 알짜힘이 0이 될 때까지 위로 올라가든 아래로 내려가든 하는 거지.

엘리 물속에서 부력과 중력 말고 또 다른 힘이 작용해요?

바리 부력이 중력의 크기보다 커서 떠오를 때는 부력과 중력이 같아질 때까지 떠오르지만, 부력보다 중력의 크기가 더 커서 가라앉을 때는 바닥까지 내려갈 테고, 바닥에 닿으면 수직항력이 작용하잖아? 그래서 물체에 작용하는 알짜힘은 0이 되고 말이야.

울리 부력은 액체의 밀도와 물체의 부피에만 비례하니까 액체의 밀도만 일정하면 물체가 액체 속 어디에 잠겨 있든 받는 부력은 같은 거죠?

바리 물론 같지. 그리고 액체 속에서 물체의 운동은 밀도만 비교해도 알 수 있는데, 어떤 물체를 액체 속에 완전히 잠기게 손으로 누른 뒤 가만히 손을 치웠다고 생각해봐. 아까 얘기한 대로 물체가 받는 부력의 크기와 물체의 무게를 비교해봐야 물체의 운동

방향을 알 수 있겠지? 실제 비교해볼래? 물체의 밀도($\rho_{물체}$)를 이용해서 말이야.

울리 부력의 크기는 '액체의 무게밀도×물체의 부피'니까 부력은 $\rho_{액체} g V_{물체}$인데….

엘리 물체의 무게는 '물체의 무게밀도×물체의 부피'니까 무게는 $\rho_{물체} g V_{물체}$네요.

바리 그렇지! 물체가 액체에 완전히 잠겨 있을 때는 잠긴 부피가 바로 물체의 부피니까 부력과 무게에 똑같은 부피가 들어가지. 그럼 부력과 무게를 비교하는 것이 결국은 액체의 밀도와 물체의 밀도를 비교하는 것과 같은 것이 되고 말이야.

울리 아하~ 물체를 손으로 눌러 액체 속에 완전히 잠기게 한 뒤 손을 뗐을 때, 물체의 밀도가 액체의 밀도보다 높으면 가라앉고, 같으면 그대로 액체 속에 잠긴 채로 떠 있고, 낮으면 위로 떠오를 거란 얘기네요?

바리 바로 그거야.

울리 그럼 우리 몸의 밀도는 물보다 높아요, 낮아요?

바리 사람마다 다르겠지. 지난번에 말했듯이 근육의 밀도는 물의 밀도보다 높고, 지방의 밀도는 물의 밀도보다 낮은데 사람마다 갖고 있는 근육량과 지방량이 다르니까 말이야. 그런가 하면 우리 몸의 60% 이상이 물이니 평균적으로는 물의 밀도와 비슷하다고 할 수 있지.

울리 그럼 대체로 사람은 물에 떠 있을 수 있어야 하는데 처음 수영을 배울 때는 왜 그렇게 가라앉는 거죠? 뜨려고 해도 쪼르륵 가라앉곤 했던 기억이 있어요.

엘리 저도요~ 근데 수영을 몇 달 배운 뒤에는 가라앉으려 해도 가라앉질 않고 자꾸 떠올라서 잠수하기가 힘들었어요. 이유가 뭘까요?

바리 그 이유는 처음 배울 때 몸에 힘이 많이 들어가서 그런 거라 볼 수 있어. 겁이 나니까 근육이 긴장하여 수축해서 부피가 약간 줄어드는 효과가 나타나는 거지. 무게는 그대로인데 부피가 줄어드니 밀도가 늘어나서 가라앉는 거야. 그런데 자기 몸이 저절로 뜨는 체험을 한번 하고 나면 이제 몸에 힘이 들어가지 않으니, 반대로 가라앉는 것이 어렵게 되는 것이고 말이야.

울리 가라앉는 것이 더 어려운 거네요? 지방 없이 근육만 있는 사람은 뜨기 어렵겠지만요.

바리 그런 셈이지. 그래도 수영장에서 잠수를 잘할 수 있는 방법이 있긴 하지.

울리 어떻게요? 몸에 억지로 힘을 막 주나요?

바리 하하- 그럴 수도 있겠네~ 아줌마가 쓰는 방법은, 일단 허파에 있는 숨을 전부 내쉰 상태에서 잠수를 하는 거야. 그러면 쉽게 바닥에 앉을 수 있는데, 숨을 모두 내쉬면 배가 들어가며 몸의 부피가 줄어들게 되잖아. 결과적으로 몸의 밀도는 증가하는 거지.

엘리 잠수하면 숨이 찰까 봐 미리 숨을 크게 들이마시고 배를 빵빵하게 부풀린 뒤 잠수하는 것은 오히려 잠수를 방해하는 거군요.

부피가 늘어나서 밀도가 오히려 줄어드는데, 전 늘 그렇게 했으니 물속에 가라앉는 것이 그렇게 힘들었던 거네요. 헤헤-

울리 그럼 물고기가 위아래로 이동하는 데 쓰인다는 부레는 몸의 밀도를 조정하는 역할을 하는 건가요?

바리 좋은 질문이야. 부레는 꽤 큰 공기주머니로 물속에서 물고기들의 상하운동을 조절하는 기관이지. 공기를 채워 부피를 늘리면 밀도가 줄어서 위로 올라갈 수 있고, 반대로 공기를 빼내며 부레를 압축해 부피가 줄어들면 밀도는 늘어나서 아래로 내려갈 수 있고 말이야.

울리 잠수함의 원리도 부레와 같은 거죠?

바리 밀도를 조정한다는 의미에서는 같다고 할 수 있지만, 부레는 부피를 조정해서 밀도를 조정하는 거고, 잠수함은 무게를 조정해서 밀도를 조정하는 거지. 철로 된 잠수함의 부피를 조정하기는 힘드니까, 잠수함 속에 탱크를 만들어서 가라앉을 때는 탱크에 물을 채워 무겁게 하고, 올라올 때는 탱크 속의 물을 모두 밖으로 내보내 가볍게 하는 방식으로 말이야. 부력에 대한 얘기를 충분히 했으니 이제 점검 문제를 하나 내볼까?

엘리 좋아요!

바리 똑같은 배가 강, 바다, 수은 위에 떠 있다면 어디서 가장 큰 부력을 받을까? 참고로 수은은 밀도가 물보다 13.6배나 높은 액체 금속이야.

엘리 그럼 액체의 밀도가 수은, 바닷물, 강물 순으로 높단 얘기고, 똑같은 배라고 했으니까 밀도가 가장 높은 수은에서 가장 큰 부력을 받을 것 같아요.

바리 그럴까?

울리 흠…. 근데 배가 떠 있다는 것이 마음에 걸려요. 아무 힘도 받고 있지 않으니까 가만히 떠 있는 거잖아요?

엘리 어? 그렇네? 그럼 세 경우 모두 부력이 배의 무게와 같다는 뜻인데, 어떻게 된 거죠? 분명 부력은 액체의 밀도에 비례하고 수은의 밀도가 가장 높은데요?

바리 부력이 액체의 밀도에만 비례하는 것이 아니고, 다른 요소도 있잖아. 부력에 대해 다시 읊어보렴.

울리 '부력은 물체의 잠긴 부피에 해당하는 액체의 무게와 같다'…. 아하~ 같은 무게의 배가 떠 있는 거니까 부력의 크기는 모든 경

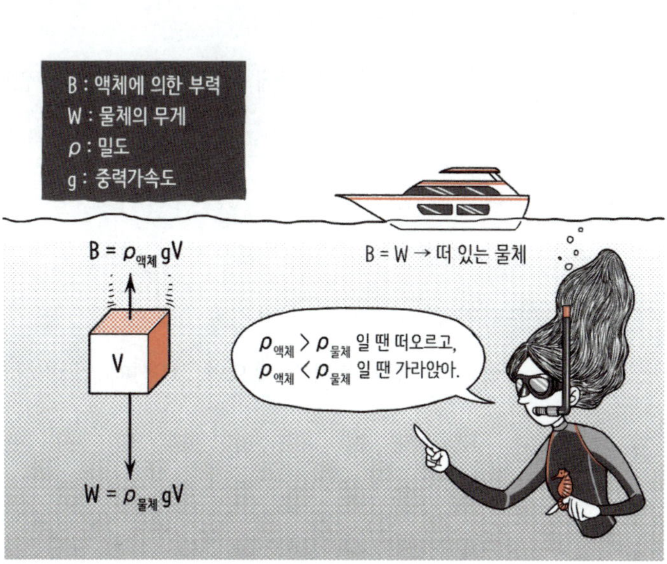

우에 배의 무게와 같은데, 액체의 밀도가 모두 다르니까 각각 배의 잠긴 부피가 다르겠네요!

엘리 아, '액체의 밀도×물체의 잠긴 부피'가 모두 같아야 하니까 수은에서는 배가 조금만 잠기고, 바닷물에서는 조금 더 잠기고, 강물에서는 많이 잠기겠네요.

바리 모두 잘했어. 액체 위에 떠 있는 물체가 받는 부력은 항상 그 물체의 무게와 같지. 잘 알고 있듯이 얼음은 항상 물에 뜨잖아? 얼음의 밀도는 물의 밀도의 90% 정도거든. 그럼 물속에 잠긴 부분의 얼음 부피는 원래 얼음 부피의 얼마나 될까?

엘리 90%요~ 부력과 얼음의 무게가 같아야 하니까요.

바리 맞았어. 그럼 솟아 있는 빙산의 위를 깎아버려도 빙산은 다시 솟아오를 거라는 것도 이해되지? 얼음은 물에서 항상 90%만 잠겨 있어야 하니까 말이야.

울리 와~ 그렇군요. 이제 부력에 관해서 궁금한 것이 많이 풀렸어요~

바리 재미있는 것을 하나 더 알려줄까? 수영장에서 우주유영 실험을 한다는 거야.

울리 오잉? 수영장에서요? 어떻게요?

바리 부력의 크기가 중력의 크기와 같도록 만드는 거야. 물속에서 중력과 부력의 크기가 같으면 그냥 떠 있는 상태가 되니 무중량weightless 상태와 같은 거지. 이런 부력을 '중성부력neutral buoyancy'이라고 한단다. 따라서 우주로 나가기 전에 수영장에서 적응 훈련을 할 수 있는 거고 말이야.

엘리 와~ 멋져요. 부력이 그렇게도 이용되네요.

바리 최근 영국의 한 민간회사가 수심 50m, 폭 40m의 수영장을 2023년까지 만들어 우주비행사들의 우주유영 훈련과 해저탐사로봇 실험에 이용하겠다는 계획을 발표했는데, 민간인 우주여행 시대를 맞아 우주유영 훈련 수요가 늘어날 것으로 예측한 거지.

울리 쿨~~

바리 교수의 물리노트 9

- 액체 속에 완전히 잠기게 밀어 넣은 물체는 물체의 밀도가 액체의 밀도보다 높으면 가라앉고, 같으면 그대로 떠 있고, 낮으면 떠오른다.
- 액체에 가만히 떠 있는 물체가 받는 부력의 크기는 그 물체의 무게와 같다.
- 중성부력neutral buoyancy: 물체에 작용하는 중력과 같은 크기의 부력으로, 중성부력을 받고 있는 물체는 무중량weightless 상태다.

10 32평에 공기가 300kg이나 들어 있다구요?

대기압

1평짜리 방 안에 눈에 보이지도 않는 공기가 약 10kg이나 들어 있다는 내용을 우연히 읽은 울리는 그저 신기했다. 울리는 집에서 꽤 큰 방을 차지하고 있는데, 문득 자기 방이 몇 평이나 되는지도 궁금했고, 공기가 생각보다 무거운데 왜 자신이 공기의 무게를 느끼지 못하는지도 궁금했다. '우리 주변이 공기로 꽉 차 있으니 액체처럼 공기에 의한 부력도 있어야 하는 것 아닌가?' 하는 생각도 들었다. 궁금한 것이 많아지자 엘리에게 연락해서 바리 교수 집 앞으로 오라고 했다.

엘리 요즘 너 부쩍 궁금한 것이 많아지는 것 같네?

울리 네가 자꾸 되새겨보라고 하는 바람에 그렇잖아!

엘리 뭐~어?

바리 어서들 오렴.

울리 아줌마, 공기가 꽤 무겁다고 하는데 정말이에요?

바리 보기 나름이지. 온도가 10°C일 때 공기의 밀도는 약 $1.25kg/m^3$니까 무겁다고 생각하면 무겁고, 물의 밀도 $1{,}000kg/m^3$와 비교한다면 아주 가볍다고도 볼 수 있지.

엘리 전 여전히 물의 밀도가 1이라고만 기억돼요. 단위를 함께 기억해야겠어요.

바리 그래. 단위를 함께 기억하는 것은 아주 중요하지. 앞으론 꼭 $1g/cm^3$로 기억하렴.

울리 물보다 공기가 훨씬 가벼운 것은 느껴지는데, 1평은 얼마만 한 거예요? 1평에 들어 있는 공기가 약 10kg이나 된다고 해서 엄마한테 여쭤봤더니 제 방은 4평 정도라고 하시더라구요.

바리 1평이 약 $3.3m^2$니까, 4평이면 $13.2m^2$ 정도 되네. 꽤 큰데?

엘리 울리는 집에서 특별대우를 받고 있어서 방도 큰 방을 쓰고 있대요. 히히- 이제 네 방 높이만 알면 공기가 얼마나 들어 있는지 알겠네. 그게 궁금했던 것 아니야?

울리 아, 방 높이를 재서 왔어야 하는 건데….

바리 보통 아파트의 방 높이는 2.3m 정도야. 요즘 새로 짓는 아파트들은 좀 더 높게 만들기도 하지만. 그럼 방 높이가 2.3m

라고 치고 계산해보면, 울리 방 안에 있는 공기의 총 질량은 $13.2\,m^2 \times 2.3\,m \times 1.25\,kg/m^3 = 37.95\,kg$이네.

울리 진짜 1평에 약 10kg의 공기가 들어 있는 거네요. 제 방에는 거의 40kg이나 있는 거고, 32평 아파트에는 약 300kg의 공기가 들어 있다는 거고요.

엘리 와~ 공기가 꽤 무겁게 느껴지는데요?

바리 이렇게 계산해보니 그렇지? 말이 나온 김에 대기압에 대한 얘기를 좀 해볼까? 눈에 보이지도 않는 공기의 압력이 얼마나 센가를 실험한 사람이 있거든.

울리 어떤 실험인데요?

바리 1654년에 물체 속 공기를 빼낼 수 있는 진공펌프를 발명한 독일 과학자 오토 폰 게리케Otto von Guericke가 1657년에 아주 유명한 실험을 했대. 공의 반쪽 모양인 지름 50cm의 반구 2개를 만들어서 공 모양이 되도록 봉합하고, 진공펌프로 이 공 안의 공기를 빼낸 뒤, 공 양쪽에 각각 8마리의 말을 연결해 묶은 거야.

울리 뭘 하려고요?

바리 말들을 서로 반대 방향으로 달리게 해서 공을 다시 2개의 반구로 분리시켜보려 한 거지.

엘리 왜 사람이 하지 않고요? 그것도 말을 16마리나 동원하다니요.

바리 사람의 힘으로는 2개의 반구를 분리시킬 수 없어서 말을 이용한 거야. 근데 양쪽에서 각각 8마리가 잡아당겨도 결국 공은 꿈쩍하지 않아서 분리에 실패했대.

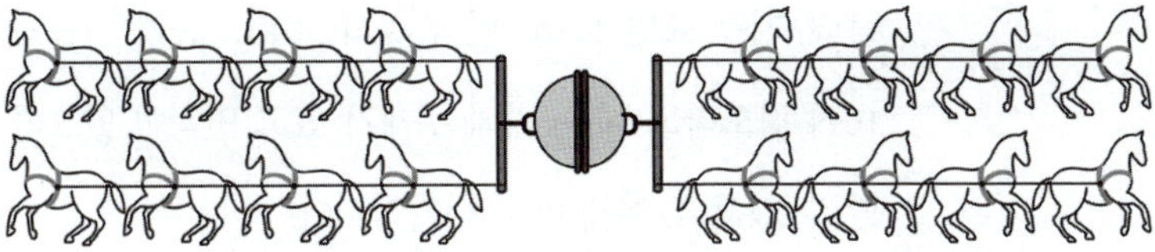

울리 정말요? 공 안의 공기를 뺀 것뿐인데 왜 그렇게 힘든 거죠?

엘리 공 안에는 공기가 없는데, 밖에는 공기가 있어서 공기가 공을 누르고 있는 거라는 것은 알겠어요. 2개의 반구를 분리시키려면 공 밖의 공기가 누르는 힘을 극복할 만큼의 힘이 필요하다는 거죠?

바리 그래~ 근데 말을 16마리나 동원했는데도 분리할 수 없었다는 것은, 곧 공기의 압력이 굉장히 세다는 것을 보여준 실험이라고 할 수 있지. 공 안에 다시 공기를 주입한 후 양쪽에서 당겼을 때는 아주 쉽게 2개의 반구로 분리되었으니 당시에는 이 실험의 결과가 얼마나 신기했겠니.

울리 아하, 공 안에 공기를 채우면 그 공기의 압력은 대기압과 같아서, 결국 공 안쪽 표면에 작용하는 공기의 압력과 공 바깥쪽 표면에 작용하는 공기의 압력이 같은 거니까 서로 상쇄되겠네요?

엘리 그래서 이때 공을 양쪽으로 잡아당기면 큰 힘이 아니더라도 쉽게 분리시킬 수 있었던 거고요.

바리 둘이서 분석하며 설명을 잘하네. 하하-

엘리 근데 공기의 압력을 어떻게 구해요? 공기는 중력에 의해서 지구 표면 근처에는 많이 분포하지만 위로 올라갈수록 줄어들잖아요.

바리 지구 주변에 있는 공기의 약 99%는 해발 30km 내에 들어 있는데, 지구 표면 $1cm^2$ 면적 위의 30km 공기 기둥의 무게는 약 10N 정도라고 해. 공기의 무게가 있고 면적이 있으니 압력을 구할 수 있잖아. 이게 바로 대기압이야.

울리 $10N \div 1cm^2$!

바리 여기서도 단위가 중요하니 자세히 살펴볼까? $10N/cm^2$에서 cm를 m로 바꿔주면 $10N/cm^2 = 100{,}000N/m^2$가 되겠지? 그래서 대기압은 약 10만Pa 또는 100kPa(킬로파스칼kilopascal)이라고 하지. 좀 더 정확하게는, 우리가 1기압이라고 부르는 대기압은 101.3kPa이란다.

엘리 참, 저번에 파스칼에 관해서 나중에 얘기해주겠다고 하셨는데….

바리 지금 하려고~ 파스칼은 프랑스의 수학자, 물리학자, 발명가, 작가이자 철학자기도 한 천재였어. '정지한 유체 내의 한 곳에서 생긴 압력의 변화는 유체 안의 모든 곳으로 변함없이 전달된다'라는 '파스칼의 원리Pascal's principle'로 유명하지.

엘리 천재들은 한 가지만 잘하는 것이 아니라 뭐든지 잘하나 봐요. 하나도 잘하기 힘든데, 저렇게 많은 일을 잘해냈다니요. 세상이 참 공평하지 않네요.

바리 하하- 나도 그렇게 생각해.

엘리 '인간은 생각하는 갈대'라고 말한 사람도 파스칼이죠?

바리 맞아. 파스칼의 유고집 『팡세*Pensées*』에서 그랬다지. 아무튼 파스칼의 원리를 이용하면, 1kg짜리 물체로 10kg짜리 물체도 받칠

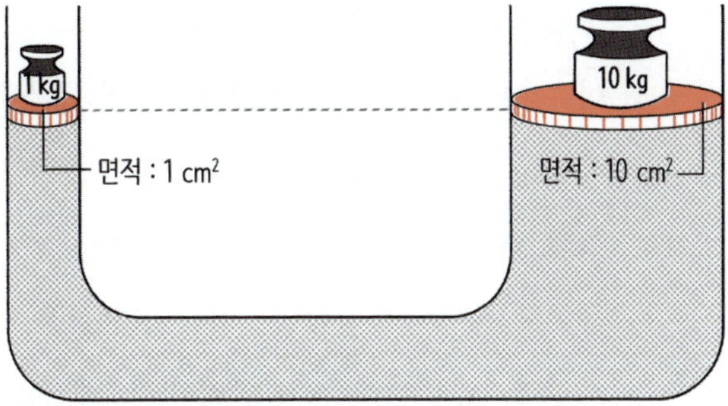

수 있단다.

울리 무슨 뜻인지 잘 모르겠어요.

바리 왼쪽 관의 단면적보다 오른쪽 관의 단면적이 10배 큰 U자형 관을 생각해보자. 이 관에 물을 붓고, 좌우 관의 단면적과 같은 면적의 아주 얇은 원판들을 수면 위에 각각 올린 후, 면적이 작은 왼쪽 원판 위에 1kg짜리 물체를 올린다고 상상해봐. 어떤 일이 일어날까?

엘리 물에 압력이 가해지겠죠. '물체의 무게÷원판의 면적'만큼이요.

바리 그렇겠지? 파스칼의 원리는 이 압력이 U자형 물속 모든 점에 똑같이 전달된다는 거야. 그럼 단면적이 왼쪽보다 10배나 큰 오른쪽 원판에도 같은 압력이 가해질 게 아니겠어?

울리 그 압력 때문에 오른쪽 원판이 위로 올라가겠네요.

바리 맞아. 근데 만일 이때 오른쪽 원판 위에 10kg짜리 물체를 올려놓으면 어떻게 될까?

엘리 10배 넓은 원판에 10배 무거운 물체를 올렸으니 왼쪽 원판 위

물체에 의한 압력과 크기가 같아지겠네요.

울리 아, 그럼 오른쪽 원판은 평형을 이루어 움직이지 않겠군요. 그래서 1kg으로 10kg을 받칠 수 있다고 하신 거고요.

바리 그래. 캠핑장에서 사용하는 에어매트가 울퉁불퉁한 바닥 위에 놓여도 매트 위의 사람이 그 울퉁불퉁함을 느끼지 못하는 이유도 매트 내부에서의 유체 압력이 골고루 몸에 전달되기 때문이야. 물침대도 비슷한 원리고.

엘리 아하~ 근데 유체가 뭐예요? 액체와 다른 건가요?

바리 '유체'는 흐르는 특성을 가진 것을 통칭하는 말로, 액체나 기체를 모두 포함하는 거야. 앞에서 부력에 대해 공부할 때 액체에 의한 것만 얘기했는데, 실은 기체에도 똑같이 적용할 수 있단다. 다시 대기압에 대해 얘기해볼까? 너희, 집에서 혹시 고무 빨판으로 붙이는 비누 받침대나 수세미 걸이 같은 거 쓰지 않니?

울리 저는 욕실에 강력 빨판 2개로 벽에 붙여 놓은 샴푸 받침이 있어요. 근데 이것도 대기압과 관계가 있어요?

바리 물론이지. 고무 빨판은 가운데부터 바깥쪽으로 공기를 싹 밀어내면서 붙여야 잘 떨어지지 않는데, 이 경우 빨판 안쪽에는 공기가 적고, 바깥쪽에서는 대기압이 밀어주고 있어서 빨판이 잘 떨어지지 않는 거거든.

울리 아, 그런 원리였네요.

바리 음료수를 빨대로 빨아 먹을 수 있는 것도 대기압 때문이야.

엘리 정말요?

바리 사실 우리는 빨대 속의 공기만 빨아들이는 거지. 대기압이 음료수에 작용하고 있는데, 이때 빨대 속에 공기가 없으면 압력차가 생겨서 음료수가 빨대 속으로 들어오면서 올라오게 되는 거거든. 오래전에 우리 할머니, 할아버지들이 사용하셨던 물펌프도 같은 이치로 관 속의 공기를 빼내는 기구인 셈이고 말이야.

울리 눈에 보이는 것이 전부가 아니라는 것을 오늘 또 느꼈어요~

바리 교수의 물리노트 10

- 10°C 공기의 평균 밀도는 약 $1.25\,kg/m^3$이고, 4°C의 순수한 물의 밀도는 약 $1,000\,kg/m^3 = 1g/cm^3$다.
- 지구 표면에서의 평균 대기압(1기압)은 101.3kPa(킬로파스칼kilopascal)이고, $1\,kPa = 1,000\,Pa$(파스칼pascal), $1\,Pa = 1\,N/m^2$다.
- 파스칼의 원리Pascal's principle: 정지한 유체 내의 한 곳에서 생긴 압력 변화가 유체 안 모든 곳으로 변함없이 전달되는 원리.

11 공기 밀도와 같은 밀도의 물체는 공기 중에 떠 있을 수 있다구요?

기체의 부력

울리네 가족이 할머니 댁에 다녀오는 길, 주말이라서 그런지 도로를 달리는 차들 중 풍선으로 장식된 차들이 여럿 보였다. '방금 결혼했어요'를 온몸으로 알리며 공항으로 향하는 차들이었다. 어떤 풍선은 벌써 바람이 빠진 것도 있지만 대부분 빵빵하게 부풀어서 공중에 떠 흔들거리고 있었다. 그 모습을 보며 울리 엄마가 "요즘 젊은이들은 참 좋겠다~" 하고 이야기하는 사이, 울리는 '저 풍선들의 줄을 끊으면 재미있겠다'는 생각을 했다. 집에 돌아온 울리는 책상 서랍을 뒤져 잡동사니 속에서 풍선 몇 개를 찾아냈다. 풍선을 열심히 불어서 공처럼 튕기며 놀던 울리가 잠시 뒤 엘리와 바리 교수에게 문자를 보내 일정을 물었다.

바리 어서 와~ 울리가 풍선에 대한 궁금증이 있다고? 잘됐네. 우리가 부력에 대해 많이 다루면서 정작 기체의 부력에 대해서는 이야기하지 못했는데, 오늘 풍선을 살펴보며 같이 이야기해보자.

울리 우리가 놀이동산 같은 곳에서 사는 풍선은 손에서 놓치면 하늘로 날아가잖아요? 근데 제가 입으로 분 풍선들은 왜 모두 바닥에 가라앉을까요?

바리 액체 속에 완전히 잠긴 물체의 운동에 대해서 얘기한 것 아직 기억하고 있지? 물체의 밀도가 액체의 밀도보다 높으면 가라앉고, 같으면 떠 있고, 낮으면 떠오른다는 것 말이야.

울리 그럼요. 그리고 물체가 액체 표면에 떠 있는 것은 물체의 무게와 액체에 의한 부력이 같기 때문이란 것도 알고 있어요. 히히-

엘리 아줌마, 울리가 점점 똑똑해지는 것 같아요~ 저러다가 저보다 더 공부를 잘하게 되는 것은 아닐까요? 헤헤-

울리 나 중성부력도 기억하고 있어~ 히히-

엘리 이거 보세요. 복습도 열심히 한다니까요~

바리 하하, 반가운 현상이네. 그리고 울리의 성적이 엘리만큼, 혹은 엘리보다 좋아지면 둘 다에게 아주 의미 있는 경험일 테고 말이야. 아무튼 깊이 생각을 하면 누구나 점점 똑똑해진다니까 얼마나 좋아.

울리 제가 엘리보다 성적이 잘 나오면 우리 엄마랑 엘리 엄마가 기절하실 거예요. 엄마들의 건강을 위해 그런 일이 일어나지 않도록 해야겠죠? 헤헤-

바리 하하- 자, 그럼 이제 본격적으로 기체에 의한 부력을 알아보자. 액체와 마찬가지로 기체도 물체에 압력을 가하는데, 공기 중에 있는 우리나 주변의 물체들은 모두 공기에 잠긴 상태잖아? 따라서 공기 중에 있는 물체의 밀도가 공기의 밀도보다 높다면 그 물체는 떠오르지 못하고 바닥에 떨어질 테고, 공기 밀도보다 낮다면 떠오르겠지.

울리 아하~ 우린 모두 공기 중에 잠긴 상태로 사는 거네요. 그럼 놀이동산에서 파는 풍선에는 공기보다 밀도가 낮은 기체가 들어 있는 거군요? 제가 내쉰 숨의 밀도는 공기의 밀도보다 높고요?

엘리 아, 놀이동산에서 파는 풍선에는 헬륨을 넣은 것이라고 들은 적 있어요.

바리 그래. 헬륨 기체는 공기보다 밀도가 낮아서, 헬륨을 넣은 풍선을 놓치면 하늘 높이 날아가버리지. 공기에 의한 부력은 공기 밀도에 비례하고 풍선의 무게는 헬륨 기체의 밀도에 비례하니까, 부력이 풍선의 무게보다 더 크잖아.

울리 우리가 내놓는 숨(날숨) 속에는 이산화탄소가 많아서 무거운 건가요? 산소를 마시고 이산화탄소를 내놓는 거니까요.

바리 맞아. 사실 우리가 마시는 공기에는 질소가 가장 많고, 다음이 산소이고 이산화탄소는 조금만 있어. 그리고 우리가 숨을 내쉴 때 그 숨 속에는 더 줄어든 산소와 더 늘어난 이산화탄소가 있는 거란다. 저번에 공기의 밀도가 1.25kg/m^3 정도라고 했잖아? 근데 이산화탄소의 밀도는 약 1.98kg/m^{3}니까 날숨의 밀도가 공기 밀도보다 높아지지.

엘리 공기 성분을 얘기하시니까 생각나는데, 공기 중에는 수증기도 있잖아요? 수증기가 너무 적어 건조해도 안 좋고, 너무 많아 습해도 안 좋다고 하고요. 근데 물의 밀도는 공기 밀도보다 1,000배 가까이 높으니까 물이 모두 바닥에 가라앉아 있어야 하는 것 아니에요?

울리 어? 그럴 듯하기도 하고 아닌 듯하기도….

바리 물과 수증기의 밀도가 같을까? 모두 물분자(H_2O)로 되어 있어도 물은 액체 상태고 수증기는 기체 상태인데?

엘리 아~ 그렇군요. 제가 착각했어요. 그럼 수증기의 밀도는 어느 정도인가요?

바리 물의 밀도는 지난번에 얘기했듯이 4°C에서 1,000kg/m^{3}지만, 수증기의 밀도는 공기의 밀도보다도 낮은 0.8kg/m^3 정도여서 가라앉을 수 없단다.

엘리 아, 그 정도로 낮군요~

울리 저도 상태 변화 좀 할 수 없을까요? 그럼 제가 공기 중에 둥둥 뜨는 공중부양 묘기도 할 수 있을 텐데요. 헤헤-

바리 하하- 네 모양의 풍선을 만들어 그 안에 주변 공기와 헬륨가스를 잘 섞어서 넣어 풍선의 밀도가 공기 밀도와 같도록 하면 네가 공중부양을 한 것처럼 보이겠지? 진짜 공중부양과 관련된 얘기는 나중에 또 할 기회가 있을 거야. (3권 17화·19화 참조)

울리 와~ 정말요? 재미있겠어요! 그런데 대기 중에서 위로 올라간 풍선은 점점 커지다가 결국은 터진다고 하는데 정말 그래요?

바리 '위로 높이 올라갈수록 대기압이 어떻게 변할까'를 생각해보면 알겠지?

엘리 높이 올라갈수록 공기가 적으니까 대기압도 약해지겠죠.

바리 그렇지? 근데 풍선 속의 압력은 지구 표면에서의 대기압과 같잖아. 지구 표면에서 풍선 속의 기체 압력과 대기압은 같았을 테니까 말이야.

울리 아하~ 그래서 높이 올라가면 풍선 속의 압력이 주변 공기의 압력보다 커져서 풍선도 점점 커지겠군요?

바리 실제로 6km 정도씩 올라갈 때마다 대기압이 반 정도씩 줄어든다는데, 위로 올라갈수록 풍선 밖의 압력이 줄어드니 풍선이 점점 커지다가 고무가 그 크기를 견디지 못하면 결국 찢어지게 되는 거지. 그럼 높이 올라갈수록 부력은 어떻게 될까?

울리 높이 올라갈수록 풍선이 커지니까 부력도 커지겠네요.

엘리 잠깐! 공기 밀도는 줄어들잖아?

울리 아 참, 그렇지! 부력은 풍선 부피에 해당하는 공기의 무게인데, 풍선 부피는 늘어나고 공기 밀도는 줄어들면 결국 부력은 변하지 않는 것 아닌가요?

바리 그래. 풍선이 높이 올라가도 부력은 크게 변하지 않아. 기온이 낮아져서 풍선 부피에 영향을 조금 주긴 하지만, 온도 효과를 무시한다면 압력이 낮아지는 비율만큼 부피가 늘어나기 때문에 부력은 변하지 않는단다. 공기를 '이상기체ideal gas'라고 가정한다면 말이야.

울리 이상기체가 뭐죠? 이상한 기체인가요, 아니면 이상적인 기체인가요? 히히-

엘리 너는 참…. 이상적인 기체겠지!

바리 그래~ 'ideal gas', 즉 이상적인 기체를 이상기체라고 하는데, '기체를 이루고 있는 분자들 사이에 작용하는 힘이 전혀 없는 상태'를 의미해. 그런 기체는 실제로는 없으니까 '이상적'이라고 표현하는 거고, '이상기체의 압력×부피'는 온도에 비례한다는 특성을 가지고 있지. 공기처럼 밀도가 낮은(희박한) 기체들을 이상기체라고 가정하고 물리 현상들을 설명하면 꽤 잘 맞기도 하고 말이야.

울리 이상한 기체 맞네요. 그런 기체는 없다면서요? 히히-

바리 하하- 그렇게 볼 수도 있겠네~ 이제 공기에 의한 부력도 공부했으니, 질문 2개만 더 하고 부력은 끝낼게. 먼저, 공기 중에서 무게가 똑같은 스티로폼과 쇠구슬이 있다고 하면, 이 둘의 무게를 진공에서 잴 경우 무게는 여전히 같을까, 아니면 달라질까?

울리 진공이어도 중력은 같을 거고…. 뭔가 부력과 관련된 질문일 텐데 말이죠….

엘리 흠…. 쇠구슬과 같은 무게의 스티로폼이라면 엄청 크겠네요? 그럼 공기 중에서 쇠구슬보다 큰 부력을 받을 테고요.

울리 아하~ 공기 중에서 부력을 더 많이 받았는데 무게가 같다는 것은 스티로폼의 질량이 쇠구슬의 질량보다 크다는 거니까, 진공

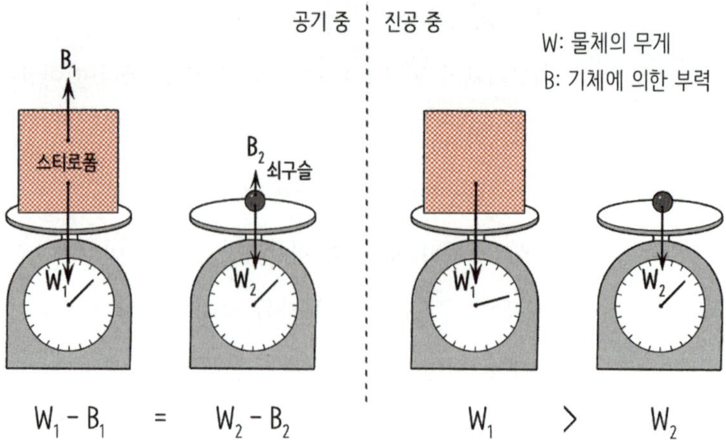

에서는 스티로폼이 더 무겁겠군요?

바리 잘했어! 그럼 다음 질문~ 너희 '늪에 빠지면 절대 빠져나오지 못하고 늪으로 빨려들어 간다'는 얘기 들어봤니? 두 번째 문제는 '정말 늪에 빠지면 절대 빠져나오지 못할까' 하는 거야.

엘리 영화 같은 데서 보면 늪에 빠진 사람들은 주인공 빼고는 다 죽던데요. 주인공도 운 좋게 주변에서 누군가가 도와줘서 늪에서 빠져나올 수 있고요.

울리 부력을 생각해야 해…. 늪은 사람보다 밀도가 높겠죠? 그럼 사람은 늪 속에서 뜰 수 있는 거고요.

바리 그게 바로 질문의 요지였어. 늪에 빠지면 보통 당황해서 허우적거리다가 밑으로 빨려 들어가지. 진흙이나 모래 같은 것들이 붙어 순식간에 몸이 무거워지니까 말이야. 이때 당황하지 않고 늪에 누워서 몸무게에 의한 압력이 작아지게 하고, 배영하듯 팔을 살살 저어주면 나올 수도 있단다. 이론적으로는 말이야.

엘리 근데 막상 빠지면 아무 생각도 안 날 것 같아요.

바리 나도 그럴 것 같긴 해. 하하-

바리 교수의 물리노트 11

- 공기 중의 모든 물체는 공기에 잠긴 상태로 공기에 의한 부력을 받고 있다. 물체의 밀도가 공기 밀도보다 높으면 가라앉고, 같으면 떠 있고, 낮으면 떠오른다.
- 지표면에서 높이 올라갈수록 공기 밀도가 줄어들어 대기압도 줄어든다.
- 이상기체ideal gas: 기체분자 간의 상호작용이 없는 기체로, '이상기체의 압력×부피'는 온도에 비례한다.

12 우산 안팎의 공기 압력차 때문에 우산이 뒤집힌다구요?

베르누이의 원리

종일 비가 오더니 오후에는 바람도 거세게 불어, 울리가 방과 후 집에 가는 길에는 비바람이 몰아쳤다. 울리는 비 때문에 자전거를 집에 두고 나왔는데, 우산을 써도 몰아치는 세찬 비바람에 교복이 그만 흠뻑 젖어버렸다. 그나마 아침에 학교로 걸어갈 때 젖은 교복이 학교에 있는 동안 거의 말랐다가, 집으로 가는 길에 다시 젖어버린 것이다. 주택단지에 들어서는데 저 앞에 훌렁 뒤집힌 우산을 들고 쩔쩔매는 엘리가 보였다.

울리 엘리야, 잠깐 내 우산 쓰고 있어봐. 내가 뒤집힌 우산을 똑바로 해줄 테니~

엘리 어? 울리구나. 고마워~ 비바람이 너무 세네.

울리 자, 다 됐다. 근데 우산이 뒤집히는 것도 압력의 차이 때문 아닐까? 뭔가 변화가 생기면 원인이 있을 것 아니겠어?

엘리 흠…. 그러게~ 앗! 저기 바리 아줌마가 차에서 내리신다! 아줌마~

바리 이제 오니? 비바람이 엄청 세서 옷이 다 젖었구나. 엘리는 머리까지 다 젖었는데? 감기 걸리겠다. 우리 집에 가서 머리랑 옷들 좀 말리고 가렴.

엘리 그래도 돼요? 전 우산까지 뒤집혀서 비를 홀딱 맞았거든요.

울리 전 신발이 새는지 발도 다 젖었어요.

바리 얼른 들어가자~ 자, 신발에는 이 종이수건 좀 잔뜩 넣어놓고 들어오렴~

울리 네~ 근데 아줌마, 우산은 왜 뒤집히는 거죠? 비바람이 치면 꼭 뒤집히는 것 같아요.

바리 자세히 이해하려면 복잡하겠지만 간단히는 '베르누이의 원리Bernoulli's principle'로 설명하곤 하지.

엘리 아, 어릴 때 무슨 과학교실에서 깔때기에 탁구공을 넣고 띄우는 실험을 하면서 들어본 이름인데 무슨 원리였는지 정확히는 기억이 안 나네요.

바리 다니엘 베르누이Daniel Bernoulli라는 스위스 수학자이자 물리학자의 이름을 딴 원리야. '유체의 속력이 빨라지면 압력이 약해지고 위치에너지가 줄어들고, 유체의 속력이 느려지면 압력이 세지고 위치에너지가 늘어난다'는 거지.

울리 아, 베르누이도 수학자면서 물리학자네요?

바리 수학과 물리학은 떼려야 뗄 수 없는 사이거든. 하하-

울리 근데 속력이 빨라진다는 것은 운동에너지가 커진다는 뜻이죠? 운동에너지가 커지면 위치에너지가 줄어든다? 이거 에너지 보존법칙과 비슷한데요? (1권 20화 참조)

바리 오~ 놀라운데? 맞아. 베르누이의 원리는 일종의 유체에너지 보존법칙이거든. 베르누이의 원리를 좀 더 구체적으로 표현하면, '유체의 압력+단위부피당 운동에너지+단위부피당 위치에너지'가 일정하다는 거야. 근데 위치에너지가 같은 곳에서 베르누이의 원리를 적용하면, 간단히 유체의 속력이 빨라지면 유체의 압력이 약해지고, 유체의 속력이 느려지면 유체의 압력이 강해진다고 설명할 수 있단다.

엘리 어? 압력과 단위부피당 에너지를 더할 수 있다는 것은, 곧 압력의 단위가 J/m^3와 같다는 거잖아요?

바리 그렇지. 단위만 따져보면 압력은 $\frac{힘}{면적}$인데, '$\frac{힘}{면적}=\frac{힘\times 길이}{면적\times 길이}=\frac{에너지}{부피}$'니까 압력의 단위와 $\frac{에너지}{부피}$의 단위는 같은 거지.

울리 그럼 이 베르누이의 원리가 우산이 뒤집히는 상황에는 어떻게 적용되나요?

바리 우산의 모양을 생각하며 비바람이 몰아치는 것을 상상해봐. 몰아치는 비바람과 직접 닿고 있는 우산 바깥쪽의 공기는 아주 빠르게 흐르는 반면에 우산 안쪽의 공기는 그렇게 빠르게 흐르지 않겠지? 이 상황에 베르누이의 원리를 적용해볼래? 우산의 바깥쪽과 안쪽의 압력이 어떨지 말이야.

울리 공기가 빨리 움직이는 우산 바깥쪽의 압력이 작고, 천천히 움직이는 우산 안쪽은 공기 압력이 크겠네요. 아하, 그래서 우산이 안에서 바깥쪽으로 뒤집히는 거로군요~

바리 맞아. 그럼 태풍이 불 때 왜 지붕이 날아가는지도 비슷한 원리로 이해할 수 있겠지?

울리 지붕이 마치 우산 같은 거군요. 태풍 때문에 지붕 밖의 기압은 아주 약한데 집 안의 기압은 1기압일 테니까요. 알고 보니 신기하네요.

바리 그렇지? 태풍이 심할 때는 창문들을 조금씩 열어 바깥 공기가 집 안을 통과하게 하면 안팎의 압력차가 줄어서 지붕이 날아가는 것을 막을 수도 있단다.

엘리 아줌마! 깔때기 실험 기억났어요! 깔때기에 탁구공을 넣고 탁구공을 공중에 띄워보라고 했던 것 같아요. 우리 모두 깔때기 대롱 밑을 열심히 불었는데 실패했고요.

바리 아~ 그런 실험이었구나. 여기 헤어드라이어도 있는데 우리도 해볼까? (깔때기와 종이 몇 장을 갖고 나오며) 탁구공 대신 이렇게 종이를 동그랗게 구겨서 넣고 말이지.

울리 헤어드라이어로 어떻게 하시려고요?

바리 헤어드라이어로 바람을 보낼 건데, 어디에서 보내야 이 종이공

이 깔대기 위로 뜰 것인지 생각해봐. 종이공이 위로 뜨려면 아래에서 위로 밀어주는 힘이 있어야 가능하잖아? 다시 말하면 종이공 위쪽의 압력이 아래쪽보다 약해야 하겠지?

엘리 그럼 종이공 위쪽 공기가 빨리 지나가도록 해야겠네요~

울리 아하~ 이렇게 헤어드라이어 바람이 깔때기 위를 지나가게 하면 되겠군요. 와~ 정말 종이공이 깔때기 위까지 올라오네요!

엘리 이제 완전히 이해했어요. 그때는 제가 너무 어려서 잘 이해하지 못했던 것 같아요. 헤헤-

바리 자, 그럼 다른 실험을 하나 더 해볼까? 여기 이 A4 용지의 한쪽 끝을 두 손으로 잡고 들면 반대쪽 끝이 중력 때문에 아래로 처지지? 너희도 한 장씩 들어봐~ 그리고 입으로 바람을 불어서 처진 종이가 올라오게 해볼래?

울리 위로 올라와야 한다는 것은 종이 위쪽 공기 압력이 아래쪽보다 약해야 한다는 거고, 공기의 압력을 약하게 하려면 공기가 빨리 움직이게 해야 하니까, 종이 위를 이렇게 세게 후우~

엘리 저도 이렇게 종이 위를 후우~ 히히-

바리 그래~ 종이 끝이 정말 올라오지? 혹시 너희 집 욕실에서 샤워커튼을 쓰니?

엘리 저희 집 욕실에 샤워커튼 있어요. 근데 왜요?

바리 샤워할 때 커튼이 자꾸 다리에 붙지 않아?

엘리 맞아요! 샤워커튼이 제 오른쪽에 있는데 샤워할 때 진짜 커튼이 다리 쪽으로 와서 붙어요. 근데 이것도 베르누이의 원리 때문이에요?

울리 물 때문에 샤워커튼 안쪽 공기가 빨리 움직여서 압력이 약해지기 때문이군요. 커튼 바깥쪽 압력은 그대로니까요.

바리 그렇지. 또 우리가 보통 경험하는 공기나 물과 같은 유체들은 좁은 곳을 통과할 때는 넓은 곳을 통과할 때보다 속력이 빨라지는 성질도 갖고 있어. 왜 여름에 교실 창문을 모두 열어놓고 교실 출입문은 하나만 열어놓으면 출입문 근처에 갔을 때 시원한 경험해본 적 없니? 아줌마 어릴 때는 에어컨이 뭔지도 모를 때여서 자연스럽게 경험했는데….

울리 아~ 창문을 모두 열었으니 창문으로 들어온 공기는 많은데, 나갈 문은 작은 출입문 하나밖에 없으니 공기들이 출입문 근처에서 빨리 지나간다는 것으로 이해해도 될까요?

바리 경험은 못 했어도 이해는 잘하는데~ 골목 같은 곳을 지날 때 바람이 더 세게 부는 것 같다든지 하는 것도 마찬가지 현상이야.

엘리 언젠가 도랑에 물이 흐르는 것을 봤는데, 도랑이 좀 좁아지는 부분에서는 물이 더 빨리 흐르는 것 같았어요.

바리 자세히 봤구나. 그것도 같은 현상이야. 이렇게 공기나 물 같은 유체가 같은 높이에서 넓은 곳으로부터 좁은 곳으로 지나갈 때 빨라진다는 것은 운동에너지가 증가한다는 것인데, 이 에너지가 어디서 왔는가를 설명해주는 것이 바로 베르누이의 원리라고 할 수 있어.

울리 유체가 좁은 곳을 지날 때는 빨라지는 대신 압력이 줄어든다는 뜻이겠죠? 근데 사실 압력에 대해 명확하게는 모르겠어요. 빨리 흐르는 강물이나 태풍 때문에 다치고 날아가고 하는 것은 압력이 커서 그런 것 아닌가요? 근데 빨리 흐르면 압력이 작다고 하니….

바리 좋은 질문이야. 베르누이의 원리에서 말하는 압력은 '정적압력static pressure'이라고 하는 '유체 내부의 압력'이고, 부딪쳐서 다치게 하는 압력은 '동적압력dynamic pressure'이라고 하는 '유체에 의한 압력'이지. 속력이 빠른 유체가 다른 물체와 부딪치면 큰 동적압력을 가하고 말이야.

엘리 아, 압력도 다양한 거군요.

바리 그렇지. 재미있게도 베르누이의 원리는 물속에 생기는 기포들의 크기에도 영향을 준단다.

엘리 어떻게요?

바리 물이 좁은 곳에서는 빨리 흐르기 때문에 물속의 정적압력이 약해서 큰 기포가 생기고, 넓은 곳에서는 천천히 흐르기 때문에 물속의 정적압력이 커서 작은 기포가 생기거든. 기포가 보인다는 것은 기포 안팎의 압력이 같다는 거니까 말이야.

울리 정말이지 물리는 양파 같아요. 알면 알수록 알아야 할 것이 계속 나와요. 매워서 눈물이 나는 것처럼 어려워서 눈물이 나기도 하고요~ 헤헤-

바리 교수의 물리노트 12

- 베르누이의 원리Bernoulli's principle: 이상유체ideal fluid에서 내부 압력, 단위부피당 운동에너지, 단위부피당 위치에너지의 합은 일정하다는 원리.
- 같은 높이에서 흐르는 이상유체의 속력이 빠를수록 유체 내 압력은 약해진다.
- 유체 내의 압력은 '정적압력static pressure', 유체가 다른 물체에 가하는 압력은 '동적압력dynamic pressure'이라고 한다. 유체의 속력이 빠를수록 정적압력은 작고, 동적압력은 크다.

13 비행기가 뜨는 이유를 작용·반작용의 법칙으로 알 수 있다구요?

베르누이의 원리/양력

베르누이의 원리를 배운 엘리는 흥미가 생겨 관련된 내용을 더 찾아보기 위해 어릴 때부터 갖고 있던 과학책들을 뒤적거리기 시작했다. 그러다가 한 책에서, 비행기가 하늘을 날 수 있는 것도 베르누이의 원리에 의한 것이라는 내용을 읽게 되었다. 이제야 조금 이해가 되는 것 같은 느낌이 들기도 했지만, 여전히 이해가 안 되는 부분도 있었다. 엘리는 울리를 불러 바리 교수를 찾아가기로 했다. 집 근처에 가니 아린이 짖는 소리가 들렸다.

바리 너희가 비행기에 대해서 언제 궁금해하나 기다리고 있었는데…. 비행기가 뜰 수 있는 것은 중력과 반대 방향의 '양력lift'이 생기기 때문인데, 이 양력이 생기는 원리에 대해 정확하지 않은 설명들이 많이 돌아다녀서 꼭 알려주고 싶었거든.

울리 저희가 더 늦게 찾아왔으면 실망하셨겠어요.

바리 실망은 무슨~ 올 때가 되었다 싶은데도 오지 않으면 내가 불렀겠지. 하하-

엘리 근데 비행기가 뜰 수 있는 것이 베르누이의 원리로 설명된다는 내용을 책에서 봤거든요. 비행기 위로는 공기가 빨리 지나가고 밑으로는 천천히 지나가서 위는 압력이 약하고, 아래는 압력이 강하니까 비행기가 위쪽으로 힘을 받는 거라고요.

바리 비행기 위로 공기가 왜 빨리 지나간다고 되어 있는데?

울리 그게 저희가 잘 이해하지 못하는 부분인데요…. 엘리가 책에서 본 내용에 의하면, 비행기가 지나갈 때 비행기 앞의 공기가 비행기 때문에 위아래로 갈라지는데, 비행기 꼬리 부분에서는 다시 만나야 하니까 비행기의 불룩한 위쪽을 지나는 공기가 평평한 아래쪽을 지나는 공기보다 빨리 흘러야 한다더라고요. 근데 공기가 다시 만나야 해요? 왜죠?

바리 와~ 대단한데? 그런 의문점이 생겼어? 바로 그 질문이 핵심이거든. 게다가 글라이더처럼 위아래의 경로차가 거의 없는 경우에도 양력이 생기고, 심지어 비행기의 윗면 경로보다 아랫면 경로가 더 길어도 양력이 생겨서 비행기가 뜰 수 있단다.

울리 어? 그럼 베르누이의 원리가 틀린 거예요?

바리 베르누이의 원리가 틀렸다는 것은 아니고, 갈라진 공기가 다시 만나야 한다는 유체의 '동시통과equal transit time' 이론이 틀렸다는 것이지. 기체인 공기가 갈라져서 흐르다가 비행기 꼬리 부분에서 다시 만날 이유가 없거든. 실제 실험을 해보니까 날아가는 비행기 위쪽의 공기가 아래쪽의 공기보다 빨리 흐르는 것은 맞는데, 훨씬 빨리 흘러서 위아래로 갈라진 두 공기의 흐름이 꼬리에서 만나지 않고 위쪽을 흐르는 공기가 더 먼저 비행기 꼬리 부분을 지나갔다고 해.

엘리 그럼 결국 비행기 윗부분의 공기는 빨리 흐르고 아랫부분의 공기는 천천히 흐르니까 위쪽 방향의 알짜힘이 생기는 거네요? 베르누이의 원리에 의해서요.

바리 근데 좀 더 정확히 뜯어보면, '베르누이의 원리를 적용할 수 있는 상황인가' 하는 문제가 생기기도 하지.

울리 그건 또 무슨 뜻이에요?

바리 내가 지난번에는 자세히 설명하지 않았는데, 베르누이의 원리가 적용되는 유체의 특성이 있어. 가장 대표적인 특성이 '압력에 의해 밀도가 변하지 않는 유체'라는 거야. 이런 유체를 '비압축성 유체'라고 부르는데, 이 비압축성 유체에서만 베르누이의 원리를 적용할 수 있다는 거지.

엘리 어? 기체는 압력을 가하면 부피가 줄어 밀도가 높아지잖아요?

바리 그렇지. 액체들은 대체로 비압축성을 갖고 있어서 베르누이의 원리를 적용하는 데 큰 문제가 없지만, 기체의 경우는 유속이 그리 빠르지 않은 경우에만 적용할 수 있다고 알려져 있거든. 그래서 한동안 베르누이의 원리를 적용하여 비행기의 양력을 설명하는 것이 틀렸다고 주장하는 사람들이 있었고 말이야.

울리 그럼 어떻게 비행기가 뜰 수 있는 거죠?

바리 사실은 굉장히 어려운 유체역학 방정식을 풀어야 하는 문제라서 전혀 간단하지 않지만, 베르누이의 원리로 설명하는 것이 적합하지 않다고 주장하는 사람들은 뉴턴의 운동법칙으로 양력을 설명하지. 예전에 잠깐 설명했는데…. (1권 14화 참조)

엘리 아~ 그때 비행기가 뜨는 것도 작용과 반작용으로 설명할 수 있다고 하신 것 같아요.

바리 뉴턴의 운동법칙으로 설명하기 전에 나왔던 원리 중에는 '물수제비'처럼 비행기 밑면에 부딪친 공기가 되튕겨 나가며 비행기에 힘을 가했다는 것이 있는데, 물수제비 원리는 비행기 밑면에만 적용되어 비행기가 받는 실제 양력의 크기를 예측하지는 못하기 때문에 틀린 이론으로 결론 내려졌어.

울리 비행기가 물수제비처럼 날아가면 웃길 것 같아요. 히히-

엘리 저희도 뉴턴의 운동법칙을 모두 배웠으니 오늘 비행기가 뜨는 원리를 제대로 이해할 수 있겠네요.

바리 그렇지~ 먼저 간단하게 비행기 위아래의 기류 변화를 생각해보자. 비행기가 날아갈 때 날개의 앞면이 수평 진행 방향에 대해 약간 위쪽으로 들려 있는데, 이런 경우 비행기 앞부분에서의 공기 흐름은 살짝 위쪽 사선 방향인 반면에, 꼬리 부분에서의 공기 흐름은 아래쪽 사선 방향이 되지. 즉 공기가 비행기 앞에서 뒤로 흘러가는 동안 방향이 바뀌었다는 것인데, 흐름의 방향이 바뀌었으니 가속운동이잖아?

울리 뉴턴의 두 번째 운동법칙!

바리 그렇지. 공기 흐름의 방향이 위쪽 사선에서 아래쪽 사선으로 바뀌었다는 것은 공기가 비행기 때문에 아래쪽 방향으로 힘을 받아 가속운동을 했다는 뜻이고 말이야. 이처럼 비행기가 공기에 아래 방향으로 힘을 가했으면 어떤 일이 일어나지?

엘리 작용·반작용의 법칙?

울리 아하~ 비행기가 공기에 아래쪽 방향으로 힘을 가한 것이 작용이라면, 그 반작용으로 공기가 비행기에 위쪽 방향의 힘을 가한다는 거군요?

바리 바로 그거야. 비행기 아래쪽 기류의 방향 변화를 보더라도, 공기

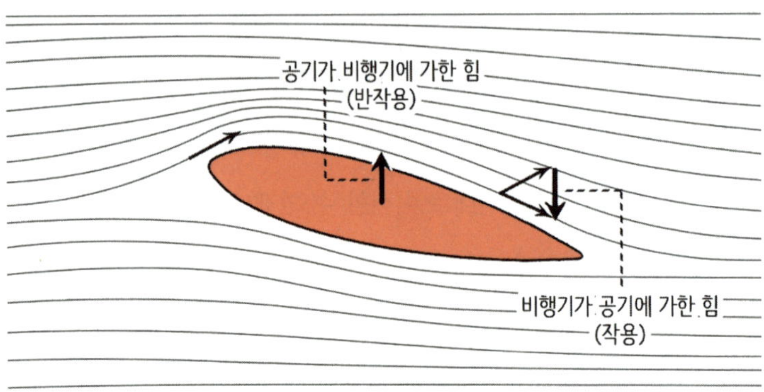

가 비행기를 위로 미는 반작용이 나타날 수 있어서 비행기 위쪽이나 아래쪽 모두에 양력이 발생할 수 있는 거고 말이야.

엘리 그럼 베르누이의 원리로 양력을 설명하는 것은 틀린 거네요? 공기가 비압축성 유체도 아니고, 뉴턴의 운동법칙으로 양력을 설명할 수 있으니까요.

바리 아까 얘기했듯이, 그렇게 간단한 문제는 아니야. 비행기가 빨리 날아서 공기의 흐름도 빨라지니, 비록 공기가 비압축성 유체는 아니지만 압축의 효과가 그리 크지 않다는 계산 결과도 있어. 그래서 전문가들은 비행기의 양력에 대해 설명할 때 베르누이의 원리를 적용하는 것이나 뉴턴의 운동법칙을 적용하는 것이나 비슷한 정도로 맞는 설명이라고들 한단다. 무슨 말이냐 하면, 베르누이의 원리로만 설명하는 것, 혹은 뉴턴의 운동법칙으로만 설명하는 것 모두 완벽하진 않다는 거지.

울리 그럼 비행기가 왜 뜨냐고 하면 뭐라고 설명해야 해요?

바리 나 같으면 뉴턴의 운동법칙으로 우선 설명할 거야. 힘이 작용하면 가속운동을 한다는 것과, 모든 작용에는 반작용이 있다는 것만으로 양력이 어떻게 생길 수 있는지 설명이 되니까 말이지.

울리 아하, 뉴턴의 작용과 반작용으로 먼저 설명하고, 베르누이의 원리로 추가 설명을 하면 되겠군요.

바리 베르누이의 원리를 적용할 때 항상 함께 나왔던, 비행기 앞부분에 부딪쳐 갈라진 공기가 꼬리 부분에서 만나야 한다는 주장은 잘못된 것이라는 것도 잊지 마렴. 실험 결과만을 이용해서, 비행기 위쪽의 기류는 빠르고 아래쪽의 기류는 느려 압력차가 생긴다는 설명이 적절한 거니까 말이야.

엘리 책에 있는 것이 항상 옳은 것은 아니군요.

바리 그럼~ 단순 오류가 있을 수도 있고, 책을 쓸 시점에서는 맞는다고 생각한 과학적 내용들이 더 연구해보니 잘못되었다고 밝혀지기도 하니까 말이야.

울리 근데 비행기는 오르락내리락을 어떻게 조정해요? 양력을 늘렸다 줄였다 할 수 있어요?

바리 아까 뉴턴의 운동법칙으로 설명할 때 비행기가 수평 방향으로부터 약간 위쪽으로 각도를 이루며 날아가는 상황으로 주변 기류의 방향 변화를 얘기했잖아? 이 각도가 중요한데, 전문가들은 이 각을 '받음각angle of attack'이라고 해. 이 받음각이 커지면 비행기 주변 기류의 방향 변화도 커져서 양력이 늘어나고, 수평 방향 아래쪽의 각도를 가지면 양력이 줄어들어서 비행기의 상하운동을 조정할 수 있는 거지.

울리 아하, 그렇군요.

엘리 근데 비행기의 양력을 정확히 다루는 것이 그렇게 어려워요?

바리 그럼. 기체의 흐름을 제대로 다루려면 기체의 질량, 에너지, 운동량이 동시에 보존되게 하면서 기체의 점성에 의한 저항까지 고려해야 하거든. 베르누이의 원리는 에너지 보존만 본 것이고, 뉴턴의 운동법칙은 운동량 보존만 본 셈인데, 저 모든 것을 다 고려하려면 운동방정식이 매우 복잡해지고 풀기도 어려워져서 컴퓨터를 이용해야만 하고 말이야.

엘리 아, 생각할 것들이 진짜 많은 문제로군요.

바리 그래도 늘 기본적인 원리로부터 자연현상의 핵심을 어느 정도 이해할 수 있으니 복잡한 것보다는 단순한 것을 먼저 이해하는 것이 중요하단다.

바리 교수의 물리노트 13

- 양력lift: 물체가 중력을 극복하고 뜰 수 있게 하는 힘.
- 양력의 발생 원리는 양(+)의 '받음각angle of attack'으로 날아가는 비행기로 인해 기류의 방향이 아래쪽으로 휘게 됨에 따라 그 반작용으로 비행기가 위쪽 방향의 힘을 받는다는 뉴턴의 작용·반작용의 법칙으로 이해할 수 있다.
- 양력의 발생 원리로 베르누이의 원리를 적용할 수는 있으나, 비행기로 인해 갈라진 기류가 꼬리 부분에서 만나야 한다는 '동시통과equal transit time' 이론은 잘못된 것이고, 실제로는 비행기의 윗면을 따라 흐르는 기류가 아랫면을 따라 흐르는 기류보다 먼저 꼬리 부분에 도달한다.

14 체온계가 작아야 하는 과학적 이유가 있다구요?

온도/열원

바리 교수는 많이 바쁠 때는 출퇴근 시간도 아끼느라 집에서 일하곤 한다. 집에서 일하다가 뭔가 잘 풀리지 않을 때는 잠시 마당에 나가서 바람을 쐬며 생각에 잠기기도 하고, 아린이와 놀아주며 기분전환을 하기도 하는데, 그러다가 기발한 아이디어나 문제를 해결할 실마리가 퍼뜩 떠오르기도 한다. 오늘도 바리 교수는 커피를 한 잔 들고 집 앞 벤치에 앉아 멍하니 생각에 잠겨 있었다. 그런데 저 앞에서 아는 모습이 눈에 들어왔다.

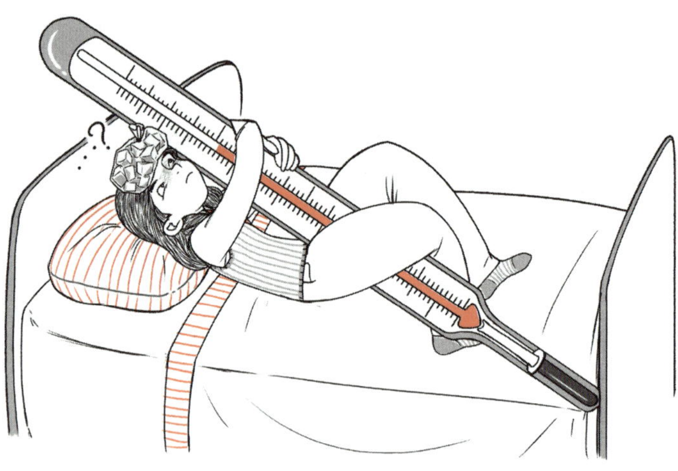

바리 어머? 엘리 아니니? 이렇게 이른 시간에 웬일이야? 어디 아픈 것 같은데?

엘리 열이 많이 난다고 양호선생님이 조퇴하라고 하셔서요….

바리 약은 먹었니? 이리 와봐. (이마를 짚으며) 에쿠, 열이 많이 나네~

엘리 선생님이 해열제 주셔서 방금 먹고 나왔어요. 집에 가서 자려고요.

바리 집에 아무도 없잖아? 엄마는 늦게 퇴근하실 거고.

엘리 네…. 걱정하실까 봐 연락 안 드려서 저녁에나 만날 것 같아요.

바리 그럼 아줌마 집에 들어가 한숨 자고 엄마 오실 때쯤 가렴~ 아줌마 집에도 아무도 없어. 아줌마는 그냥 일하면 되니까 말이야.

엘리 그래도 돼요? 사실 지금 걸을 기운도 없어요. 머리도 아프고 눈도 아프고 온몸이 다 쑤셔요….

바리 되고 말고! 어서 들어와~ 아줌마가 얼음주머니도 준비해줄 테니.

엘리 감사합니다~

바리 일단 유자차 한 잔 타줄 테니 마시고, 얼음주머니를 머리에 올리고 좀 자렴.

울리 (한참 후) 아줌마~ 저 왔어요. 엘리는 아직도 자요?

엘리 (잠이 깨서 나오며) 어? 울리 넌 여기 웬일이야? 학교 끝났어?

바리 내가 오라고 했어. 너랑 같이 가라고 말이야. 이리 와봐. 열 좀 재보게.

엘리 정신없이 잤더니 열도 내리고 몸도 좀 덜 아픈 것 같아요.

바리 약기운 때문에 그렇겠지. 그렇게 금세 낫겠니?

엘리 정말이에요. 열 재보세요.

바리 그래, 지금은 체온이 정상으로 나오는구나. 뭐 좀 먹고 약 한 번 더 먹고 가렴~

울리 감사합니다! 헤헤-

엘리 왜 네가 더 좋아해?

바리 너희는 진짜 좋은 친구 사이 같구나. 보기 좋다~ 참, 근데 이 체온계가 왜 이렇게 작은 줄 알아?

울리 아줌마~~ 엘리가 아픈데도 저희 공부시키시려는 거예요?

엘리 난 괜찮아. 괜히 내 핑계 대지 마. 근데 아줌마, 이 체온계 전혀 작지 않은데요? 양호실 체온계 크기도 그만 했어요.

바리 그런 뜻이 아니고, '왜 체온계는 작게 만들어야 하는가' 하는 질문이었어. 체온계를 작게 만들어야 하는 과학적 이유가 있거든. 언제 우리가 함께 체온계를 살펴볼 일이 있겠니? 본 김에 설명해줘야지. 하하-

울리 체온계가 크면 불편하잖아요. 만드는 비용도 많이 들고 갖고 다니기도 불편하고요.

바리 그것은 과학적 이유라기보다는 경제적 이유겠지?

엘리 흠…. 과학적 이유가 뭘까요?

바리 체온계를 작게 만들어야 하는 과학적 이유는, 체온계 자체의 온도가 체온에 영향을 주면 안 되기 때문이야.

울리 체온계가 작으면 체온 측정에 영향을 안 준단 말인가요? 체온계를 냉장고에 넣었다가 사용해도요?

바리 아주 좋은 질문이야. 그것을 확인하려면 직접 한번 해보는 것이 좋은데…. 이 체온계를 잠시 냉장고에 넣어두자. 차가워질 동안 우리는 사고실험을 해볼까?

울리 무슨 사고를 쳐볼까요? 헤헤-

엘리 그렇게 치면 네가 하는 실험은 대부분 사고실험이잖아? 접시 돌리기 한다고 접시를 깨먹지를 않나, 장난감 분해했다가 다시 조립을 못 해서 망가뜨리질 않나….

바리 하하- 그렇지만 그런 사고를 치더라도 실험을 해보는 것은 중요해. 오늘의 사고실험은 이런 거야. 교실에 작은 얼음덩어리나 아주 뜨겁게 달궈진 쇠구슬이 하나 있다고 생각해봐. 시간이 지나면 이게 어떻게 될까?

울리 얼음은 점차 녹을 거고, 쇠구슬은 점차 식겠죠.

바리 그렇겠지? 그럼 교실의 온도는 어떻게 될까?

엘리 얼음의 경우라면 얼음이 녹는 데 필요한 에너지를 교실에서 가져왔을 테니까 교실의 온도는 조금 내려갔을 거고, 달궈진 쇠구슬의 경우라면 쇠구슬이 식으면서 에너지를 교실에 내놓았을 테니까 교실의 온도는 조금 올라갔겠죠.

바리 근데 실제 온도계를 보면 교실의 온도는 전혀 변하지 않는단다. 얼음이 녹았든 쇠구슬이 식었든 간에 말이야.

울리 어떻게 그럴 수가 있어요? 그건 에너지가 보존되지 않는 거잖아요?

바리 에너지는 보존돼.

울리 아악~ 무슨 말인지 머리가 빙빙 돌아요!

바리 하하- 그럼 또 다른 경우를 살펴본 뒤 뭐가 핵심인지 얘기할게. 뜨거운 물 한 컵과 미지근한 물 한 양동이가 있다고 생각해봐. 이 중 에너지가 더 큰 것은 어느 것일까?

엘리 그야 뜨거운 물의 에너지가 더 큰 것 아니에요?

바리 온도가 높다고 해서 반드시 에너지가 큰 것은 아니야. 왜냐하면 물체의 온도는 그 물체를 이루고 있는 원자나 분자 하나가 갖는 평균 에너지를 의미하거든. 즉 온도가 높더라도 물체를 이루고 있는 원자나 분자의 수가 적으면 물체의 에너지는 작을 수 있어. 반대로 온도가 낮아도 원자나 분자의 수가 많으면 전체 에너지는 클 수 있고 말이야.

울리 마치 각각 1만 원을 가진 사람 10명 집단과 각각 5,000원을 가진 사람 100명 집단의 재산을 비교하는 것 같은 거네요? 한 명이 가진 돈의 액수가 큰 첫 번째 집단의 총액은 10만 원이고, 한 명이 가진 돈의 액수가 작은 두 번째 집단의 총액은 50만 원이니까요.

바리 와~ 대단한 비유인데? 맞아. 그렇게 한 명이 가진 돈이 온도 개념인 셈이야.

엘리 아하, 그럼 미지근한 물이 들어 있는 양동이의 에너지가 뜨거운 물 한 컵의 에너지보다 클 수 있겠군요? 양동이에는 물분자의 수가 컵과는 비교되지 않을 만큼 많을 테니까요.

바리 그렇지. 이제 튀김을 할 때 180°C 정도의 기름방울이 튀어도 크게 다치지 않지만, 80°C의 기름에 손을 담그면 온통 화상을 입게 될 거라는 것도 알겠지? 다치는 것은 에너지 크기에 의해 결정되는 거니까 말이야.

엘리 뜨거운 기름방울이 튀었을 때는 손에 닿는 기름분자의 수가 적어서 전체 에너지도 작지만, 그보다 덜 뜨거운 온도의 기름에 손을 담그면 손에 닿는 기름분자의 수가 많아서 전체 에너지의 크기도 크고, 따라서 오히려 더 위험한 거군요.

바리 맞아. 그럼 '어떤 물체의 온도가 변한다'는 것은 '그 물체를 이루는 모든 구성원의 에너지가 변한다'는 것과 같다는 것도 이해되지? 그래서 구성원의 수가 많을수록 더 큰 에너지의 출입이 있어야 온도가 변한다는 것도 말이야.

엘리 첫 번째 사고실험과 관계있는 얘기인가 보네요?

바리 그래~ 교실에 놓인 작은 얼음덩어리를 생각해보면, 교실은 얼음덩어리보다 훨씬 커서 분자수도 훨씬 많고 따라서 총 에너지도 훨씬 큰데, 작은 얼음을 녹이는 데 필요한 에너지를 조금 줬다고 해서 교실 안에 있는 모든 분자의 개별 에너지가 측정될 만큼 줄지는 않는다는 거야.

울리 100명 집단의 50만 원에서 100원을 줬다고 해도 각자가 가진 돈이 눈에 띄게 줄지는 않는다는 뜻이군요. 1인당 가진 돈은 5,000원에서 겨우 1원이 줄어들 뿐이니까요.

바리 오늘 울리의 비유가 계속 빛을 발하는구나~ 마찬가지로 뜨거운 쇠구슬이 식으면서 에너지를 교실에 내놓아도 교실 안 모든 분자의 개별 에너지가 올라갈 정도는 아니라는 거고 말이야. 이렇게 '에너지를 받거나 주어도 온도가 변하지 않는 물체나 계system'를 '열원heat reservoir'이라고 정의한단다.

울리 열원은 일단 크기가 크겠네요?

바리 그런 셈이지. 크기가 큰 것들은 구성요소의 수도 대체로 많으니까 말이야. 이제 냉장고에서 체온계를 꺼내 체온을 재볼까? (잠시 체온을 잰다) 36.50°C…. 정상이네.

엘리 아하~ 우리 몸은 열원이라 차가운 체온계에 열을 조금 뺏겨도 체온이 낮아지지는 않는 거군요. 체온계가 작기 때문에요.

울리 작은 체온계는 작은 에너지에도 쉽게 온도 변화를 일으킬 수 있는 거고요~

바리 이해를 잘한 것 보니 그새 엘리 몸이 많이 좋아진 것 같은데? 그래도 집에 가서 오늘은 푹 쉬렴~

바리 교수의 물리노트 14

- 물체의 온도는 물체의 총 에너지를 물체를 이루는 원자나 분자 등 모든 구성원의 수로 나눈 값에 비례한다.
- [보충] 온도는 '에너지 변화에 따른 엔트로피 변화의 역수'다. (엔트로피: 2권 28화 참조)
- 열원heat reservoir: 에너지의 출입에도 온도가 변하지 않는 물체나 계system.
- 온도가 높은 물체의 총 에너지는 온도가 낮은 물체의 총 에너지보다 작을 수 있다.

15 온도를 무한히 낮출 순 없다구요?

절대온도

엘리의 감기 몸살이 많이 낫기는 했지만 당분간 안정을 취하기 위해 며칠은 학교만 가고 방과 후 저녁 시간에는 집에서 쉬기로 했다. 마침 급한 숙제도 없어서 게임도 하고 친구들과 메시지도 주고받으며 놀고 있는데, 엘리와 울리, 그리고 바리 교수가 함께하는 단체 대화방에 메시지 하나가 '띵동' 하고 떴다.

바리 엘리야, 열 좀 내렸니?

엘리 네~ 많이 좋아졌어요. 그래도 저녁에는 집에서 쉬어요.

바리 다행이구나. 다시 열이 나지 않을 때까지 푹 쉬어야 해.

엘리 네~ 엊그제만 해도 밤에 잘 때 열이 38°C도 넘었는데, 어제부터는 미열만 약간 있어요.

울리 근데도 학교를 왔어? 나 같으면 핑곗김에 잘됐다 하고 집에 있었을 텐데.

바리 38°C였으면 화씨로는 100°F가 넘는 건데…. 너희들 섭씨를 화씨로 바꿀 줄 아니?

엘리 음…. 기억은 못 해요.

울리 미국에서는 화씨를 쓴다죠? 거긴 왜 그렇게 다른 단위를 쓰죠?

바리 사실 화씨는 1724년에 만들어진 온도 측정 표준이라 가장 먼저 정해진 온도 단위야.

울리 정말요? 근데 왜 화씨예요? 화씨라는 성이 있는 건 아니죠?

바리 하하- 화씨는 독일의 물리학자 다니엘 가브리엘 파렌하이트Daniel Gabriel Fahrenheit의 이름을 중국어로 음역한 데에서 유래했다고 해. 섭씨도 마찬가지로 스웨덴의 물리학자이자 천문학자인 안데르스 셀시우스Anders Celsius의 중국 음역어에서 유래한 것이고 말이야. 셀시우스가 1742년에 섭씨 개념을 발표하고 현재의 섭씨 단위는 1744년에 정리되었으니, 화씨보다 20년 뒤에 나온 거지. 지금은 대부분의 나라에서 섭씨를 사용하고 있지만 말이야.

엘리 둘의 차이가 정확하게 뭐죠?

바리 둘 다 물의 어는점과 끓는점을 기준으로 삼는 것은 같은데, 화씨(°F)는 어는점을 32°F에서 시작해 끓는점까지 180등분하여 눈금을 매긴 것이라 끓는점이 212°F야. 섭씨의 정의는 잘 알지?

울리 물의 어는점이 0°C고 끓는점이 100°C인 거죠?

바리 그래. 처음에 셀시우스는 어는점을 100으로 하고 끓는점을 0으로 정해서 발표했다고 하는데, 2년 뒤에 지금 우리가 사용하듯이 어는점을 0, 끓는점을 100으로 바꿔 정의했다고 해.

엘리 어는점이 100°C고 끓는점이 0°C면 더 낮은 온도에서 물이 끓는 것 같은데, 바꿔서 정의한 것은 잘한 거네요~

울리 근데 아줌마, 이렇게 메시지 창에서도 물리 공부를 시키시네요?

바리 엉? 싫어? 아줌마 들어갈까? 하하-

엘리 놀면서 공부하는 것 같고 좋은데 울리 너 왜 그래?

울리 아, 저도 좋아요~ 그저 틈만 나면 물리 얘기를 하시는 아줌마가 신기해서요~

바리 아줌마는 그게 직업인 사람이잖아~ 하하- 그럼 계속해볼까? 섭씨와 화씨의 관계에 대해서 말이지. 똑같이 물의 어는점과 끓는점을 기준으로 하는데, 화씨는 눈금을 180개로, 섭씨는 100개로 매긴 거니까, 1°C 차이는 1.8°F 차이인 셈이겠지? 1°마다 눈금을 하나씩 매긴다면 말이야.

울리 아하~ 그렇네요. 섭씨가 1° 변할 때 화씨는 1.8° 변한다는 건 기억하기도 좋고요.

엘리 근데 영점이 다른 것도 생각해야죠? 0°C가 32°F니까요.

울리 그럼 38°C는 0에서 눈금이 38개 올라간 것이니 화씨로는 38×1.8=68.4인데, 영점이 32니까 32를 더해서 100.4가 되는 거죠? 38°C=100.4°F!

바리 그렇지. 그렇게 화씨와 섭씨의 차이를 이해하면 외울 필요가 없겠지? 거꾸로 화씨를 섭씨로 바꾸려면, 먼저 32를 빼고 1.8로 나눠주면 되고 말이야.

엘리 네~ 무조건 외우면 금세 까먹는데, 이해를 하니 오래 기억할 수 있어 좋아요.

바리 근데 섭씨나 화씨는 우리 일상생활에서의 온도를 측정하는 데 사용하지만, 과학에서는 섭씨나 화씨를 거의 사용하지 않아. 생물학에서는 정상 체온에서의 실험 연구를 많이 하기 때문에 섭씨를 사용하긴 하지만 말이야.

울리 그럼 다른 온도가 또 있어요?

바리 '절대온도absolute temperature' 또는 '열역학적 온도thermodynamic temperature'라고 불리는 온도 척도가 있단다.

울리 와~ 뭔가 절대적인 느낌이 막 드네요.

바리 하하- 절대온도에는 영국의 수리물리학자이자 공학자인 제1대 켈빈 남작 윌리엄 톰슨William Thomson, 1st Baron Kelvin의 이름을 딴 '켈빈온도'와 스코틀랜드의 공학자이자 물리학자인 맥콘 랭킨Macquorn Rankine의 이름을 딴 '랭킨온도'가 있는데, 랭킨온도는 '란씨(°R)'라고도 하지.

엘리 절대온도도 1개가 아니에요? 그리고 켈빈은 이름이 엄청 기네요?

바리 원래 이름은 '톰슨'인데 남작 작위를 '켈빈'으로 받아서 둘 다 사용하게 된 거래. 물리학에서 사용하는 절대온도의 단위도 켈빈 kelvin(K)이란다. 절대온도의 개념을 이상기체를 통해 살펴보려 하는데, 이상기체 기억나니?

울리 이상적인 이상한 기체요? 히히-

바리 하하- 다시 얘기하면, '이상기체'는 기체분자 간의 상호작용이 전혀 없고, '압력×부피'가 온도에 비례하지. 이를 '보일-샤를의 법칙'이라고도 하고, '이상기체법칙ideal gas law'이라고도 한단다. 그럼 만일 압력을 일정하게 하면 이상기체의 부피는 온도에 비례하겠지?

울리 이상기체법칙에 따라 당연히 그렇겠죠.

바리 그렇게 압력을 일정하게 한 뒤 온도를 0°C에서 1°C로 올리니 이상기체의 부피가 0°C 부피의 $\frac{1}{273}$만큼 증가했고, 영하 1°C에서는 0°C 부피의 $\frac{1}{273}$만큼 감소했어. 또, 10°C를 올리니

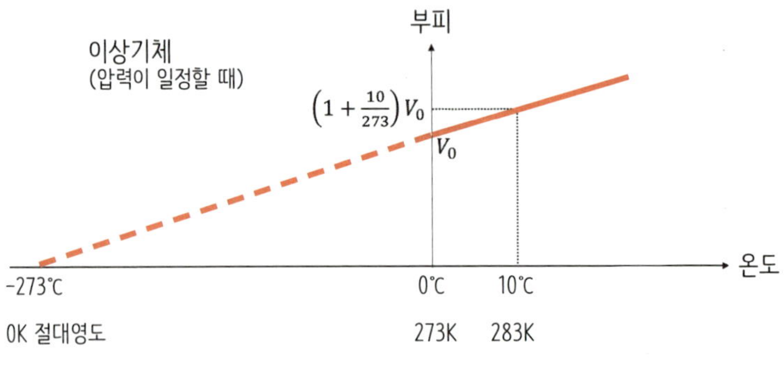

0°C일 때 부피의 $\frac{10}{273}$만큼 증가하고, 영하 10°C에서는 $\frac{10}{273}$만큼 줄어들고 말이야.

울리 오, 신기한데요? 273이라는 이상한 숫자가 나오네요?

바리 좀 더 정확히는 273.15지만 편의상 273이라고 해도 큰 문제는 없어. 그보다는 온도를 계속 낮춰서 영하 273°C가 되면 부피가 어떻게 될지를 생각해보렴.

엘리 어? 부피가 0이 되는데요? 부피가 어떻게 0일 수가 있죠? 기체 분자들은 모두 어디 가고요?

바리 그래서 그 온도를 '절대영도absolate zero'라고 부르는데, 절대영도는 실험적으로 도달할 수 없는 온도고, '절대영도보다 더 낮은 온도는 존재할 수 없다'는 의미로 사용한단다. 사실은 절대영도에서 기체 상태로 있을 수 없고 얼어버린 고체 상태로 존재하게 돼서 실제와 다르기는 하지만, 이론적으로 온도의 최고극한upper limit은 없지만 최저극한lower limit이 있다는 것을 의미하는 거라고 이해하면 돼.

울리 그럼 켈빈온도나 랭킨온도는 뭐예요?

바리 절대온도는 제일 낮은 온도를 0K으로 정의하는데, 켈빈온도(K)는 섭씨온도에 273(정확히는 273.15)을 더한 것이고, 랭킨온도는 화씨온도에 약 460(정확히는 459.67)을 더한 거야. −273°C가 0K과 같고, −460°F가 0°R과 같다는 의미지. 아까도 언급했지만, 과학에서는 주로 켈빈온도를 사용하고 말이야.

엘리 영하 273°C에서 기체 상태로 있지도 않는데 부피가 0이라고

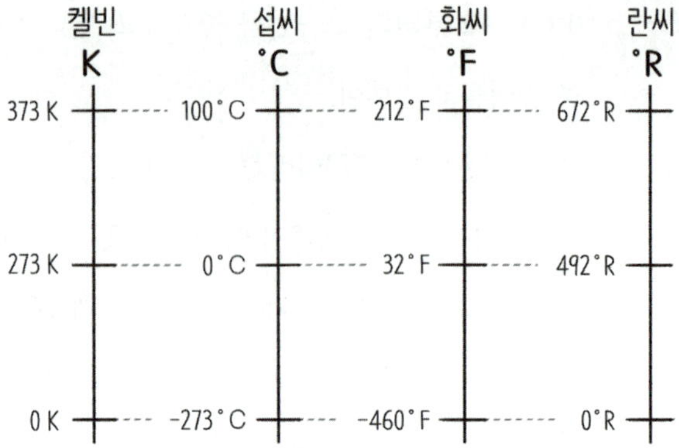

하는 것은 조금 이상해요.

바리 그렇긴 한데 절대영도를 −273.15°C라고 정의해서 쓰고 있어. 그리고 실제 온도의 개념은 지난번 얘기한 것처럼 '물질을 이루고 있는 구성원의 평균 에너지' 개념인데, 이런 개념은 엔트로피와 연관되어 있고 '열역학적 온도'라고 하지.

울리 아까 절대온도도 열역학적 온도라고 부른다면서요?

바리 맞아. 같은 개념으로 볼 수 있어서 열역학적 온도를 K으로 나타내거든. 온도의 정의도 계속 새롭게 정하기 때문에 자꾸 변하긴 하지만 말이야.

엘리 그게 무슨 뜻이에요? 정의가 변해요?

바리 '국제도량형총회'에서 물의 삼중점 온도를 273.16K으로 보고, '1K은 물의 삼중점 온도의 $\frac{1}{273.16}$과 같다'라고 정의했다가 2018년에 새로운 기준으로 1K을 정의했거든.

울리 잠깐만요. 물의 삼중점이 뭐예요?

바리 '얼음, 물, 수증기가 동시에 존재하는 상태'를 '삼중점triple point' 이라고 하는데 온도 0.01°C에서 가능한 상태야. 이 온도가 아주 정확하다고 생각해서 기준으로 삼았는데, 최근에는 다른 기준이 더 정확하다고 밝혀져 온도 정의를 새롭게 정한 거란다.

엘리 새 기준은 어떤 것이길래….

바리 나중에 엔트로피에 대해서 설명할 때도 나오겠지만, 새로운 기준은 '볼츠만상수Boltzmann constant'라는 거야. (2권 28화 참조) 볼츠만상수 $k_B = 1.380649 \times 10^{-23}$ J/K인데, 즉 1K은 '열에너지가 1.380649×10^{-23} J만큼 변할 때의 온도 변화'라고 정의한다는 거야. 나중에 이 정의가 또 변할지는 모르겠지만 현재로서는 가장 최근에 합의된 정의지.

엘리 왜 정의를 그렇게 바꿔야 하는 거죠?

바리 아까 얘기했듯이 가능하면 오차가 작은 정확한 값을 기준으로 정의하고 싶은 거지. 중요한 것은 과학에서 사용하는 여러 법칙에 나오는 온도는 모두 K을 사용한다는 거야. 이상기체법칙을 적용할 때 역시 온도는 섭씨도, 화씨도, 란씨도 아닌 K을 써야 해.

울리 섭씨에 항상 273을 더해서 풀라는 거죠? 물리 문제를 풀 때는요. 헤헤-

바리 그렇지. 절대온도만 사용하는 과학자에게 20°C 커피의 온도를 2배 올려달라고 하면, 313°C가 돼서 불가능하다는 답변이 돌아올 수도 있다는 거지.

엘리 어? 계산이 빨리 안 되는데요….

바리 20℃는 293K이고, 2배를 하면 586K이 되는데, 다시 섭씨로 바꾸려면 273을 빼야 하니까 313℃가 되잖아.

울리 오~ 카페에서 손님의 저런 요구 사항을 거절할 때 써먹기에 유용한 개념이네요. 싸움 나려나요? 히히- 근데 아줌마는 메시지도 빨리빨리 잘 치시네요? 거의 실시간 같아요~

엘리 나도 같은 생각했는데…. 히히- 그리고 이렇게 메시지로 공부하는 것도 괜찮은데요?

바리 그래? 그럼 가끔 이용하자. 오늘은 엘리 안부를 묻다가 메시지가 길어졌는데 이제 그만 나갈게~

바리 교수의 물리노트 15

- 섭씨(°C)는 물의 어는점을 0°C, 끓는점을 100°C로 한다.
- 화씨(°F)는 물의 어는점을 32°F, 끓는점을 212°F로 한다.
- 섭씨와 화씨의 관계:

$$°C = (°F - 32) \div 1.8$$

$$°F = °C \times 1.8 + 32$$

- 란씨(°R): 랭킨온도

$$°R = °F + 459.67$$

- 켈빈(K): 켈빈온도로, 열역학적 온도의 측정 표준이다.

$$K = °C + 273.15$$

- 절대영도absolute zero: 열학적 온도의 최저극한lower limit으로 $0K = -273.15°C = -459.67°F$

16 사과파이의 속이 뜨거운 것은 물 때문이라구요?

열용량/비열

아빠가 과음하고 오신 다음 날이면 울리네 아침 식탁에는 영락없이 각종 해장국이 올라온다. 해장국과 밥은 그래도 괜찮은데, 심할 때는 밥 대신 죽이 올라오기도 해서 울리는 늘 찬밥이 있으면 찬밥을 먹겠다고 한다. 근데 오늘은 찬밥도 없어서 할 수 없이 뜨거운 죽에 찬물을 붓고 후딱 먹고는 학교에 갔다. 학교에서 만난 엘리가 열도 떨어지고 컨디션도 정상으로 돌아왔다며, 오늘 집에 가는 길에 같이 바리 교수를 찾아가자고 했다.

울리 엘리 넌 이제 다 나은 거야?

엘리 응~ 완전 다 나았어. 기운이 펄펄 나는데? 히히-

울리 나는 아침에는 죽 먹고, 오늘 점심 급식 때는 식당에 좀 늦게 갔더니 음식이 별로 없어서 조금밖에 못 먹었어. 그래서 그런지 기운이 하나도 없네.

바리 어서 와~ 마침 사과파이를 구웠는데, 함께 먹자~

엘리 와~ 저는 사과 마니아라서 사과가 들어간 것은 뭐든 좋아해요.

울리 저는 사과는 싫어하지만 사과파이는 좋아해요. 히히~

바리 그래? 잘됐구나. 방금 오븐에서 나와 뜨거우니 조심해서 먹어.

울리 감사합니다~ 그렇지 않아도 배고팠거든요. (덥석 한입 깨물더니) 앗! 뜨거워!

바리 에쿠, 뜨거우니 조심히 먹으라고 했는데…. 입천장 다 데었겠는데?

엘리 그러게요. 껍질은 안 뜨거워서 저도 확 깨물려고 했는데….

울리 껍질은 안 뜨거운데 속은 왜 이렇게 뜨거운 거죠? 오븐에서 나왔으면 온도는 같은 것 아닌가요?

바리 흠…. 여기에는 아주 중요한 물리 개념이 들어 있지. 새로운 용어도 정의해야 하는데…. 답부터 알려주면, 파이의 겉과 속의 온도가 다른 건 물의 비열이 크기 때문이야.

엘리 비열이 뭔데요?

바리 비열 얘기를 하려면 물질의 온도를 변화시키기 위해서 필요한 에너지가 얼마인가부터 알아야 하는데, '물질의 온도를 1°C (또는 1K) 변화시키는 데 관여하는 열량'을 '열용량heat capacity'이라고 하거든. 열량이 에너지긴 하지만 여기서는 단위를 줄joule(J) 대신 칼로리calorie(cal)를 사용해서 열용량의 단위는 cal/K이란다.

울리 너무 막연한 것 같아요. 물질이 클 수도 있고 작을 수도 있는데 무조건 1°C 변화시키는 데 필요한 열량이라고 하면요.

바리 그래서 물질 1g에 대한 열용량을 '비열specific heat'이라고 정의하고, 단위는 cal/g·K을 사용하지. 지난번에 문자로 얘기했듯이 온도의 단위는 K(캘빈kelvin)을 사용하고 말이야.

울리 근데 온도 변화에 관여하는 열량이라는 게 무슨 의미죠?

바리 물질의 온도를 높이려면 에너지를 줘야 하고, 물질의 온도를 낮추려면 에너지를 빼앗아야 하잖아? 이런 에너지가 얼마냐 하는 것을 의미하는 거야. 즉 열용량이나 비열이 크다는 것은 온도를 높이기 위해 많은 열량을 공급해야 한다는 거고, 동시에 온도를 낮출 때도 많은 열량을 빼앗아야 한다는 거야.

엘리 그럼 열용량의 정의는 같은 물질도 질량에 따라 열용량이 변한다는 것을 의미하네요? 그래서 물질의 온도 변화에 필요한 열량을 비교하려면 비열을 비교해야 하고요?

바리 그렇지. '철 1g과 물 1g의 온도를 각각 1°C 높이기 위해서 어느 것이 더 큰 에너지가 필요한가' 하는 질문에 답을 하려면 철과 물의 비열을 비교해야 하는 거지.

울리 철의 비열이 물의 비열보다 작죠? 금속들은 조금만 가열해도 금세 만질 수도 없이 뜨거워지잖아요. 한편 물은, 라면이라도 끓여 먹으려고 찬물을 불 위에 올리면 한참 기다려야 하니까요. 심리적 요인도 있는 것 같지만요. 헤헤-

바리 아주 좋은 관찰이야. 실제 물은 굉장히 비열이 큰 물질이어서 철의 비열보다 9배 이상이나 크거든. 즉 물의 온도를 1℃ 올리려면 철보다 9배 이상 많은 열량을 공급해야 한다는 거지. 식히려 해도 많은 에너지를 빼앗아야 하니 철보다 잘 식지 않는다는 의미고 말이야.

엘리 비열이 큰 물질은 쉽게 온도가 변하지 않는다는 뜻이네요? 반대로 비열이 작은 물질은 쉽게 온도 변화를 일으킬 수 있다는 뜻이고요?

바리 바로 그거야.

울리 물의 비열은 수치로 얼마나 되는 건데요?

바리 온도나 기압에 따라 다르긴 하지만 25℃, 1기압에서 물의 비열은 1cal/g·K이야. 금의 비열이 약 0.03cal/g·K이고, 은의 비열은 0.06cal/g·K, 철의 비열도 0.11cal/g·K밖에 안 되니 물의 비열이 정말 큰 거지.

엘리 갓 구운 사과파이의 속이 뜨거운 것은 바로 사과가 수분을 많이 갖고 있어서 그런 거군요?

바리 그래. 이 사과파이의 껍질은 밀가루 반죽인데 구우면 수분이 거의 증발해서 바삭해지지만, 파이 속의 사과는 구워도 여전히 수분이 많잖아. 오븐 밖으로 꺼내면 수분이 없는 파이 껍질은 비열이 작아서 빨리 식지만, 사과는 그 자체의 수분 때문에 상대적으로 비열이 커서 잘 식지 않는 거지. 오븐 안에서는 같은 온도였다 하더라도 말이야.

울리 아하! 죽이 그렇게 뜨거운 것도 같은 원리군요! 오늘 아침에도 툴툴거리면서 죽을 먹었거든요. 찬물을 부어서요.

바리 죽은 대표적으로 잘 식지 않는 음식이지. 그래서 죽을 먹을 때는 표면부터 살살 긁듯이 떠먹어야 하잖아. 아니면 속까지 한참 저어서 충분히 식힌 후 먹든지 말이야. 찬물을 부어 식히면 맛이 없어질 수 있으니 좋은 방법은 아니지.

울리 전 그래서 죽이 싫어요. 많이 먹은 것 같은데 금세 배고파지기도 하고 말이죠. 히히-

엘리 엄마가 뭐 식힐 때 싱크대에 찬물을 가득 받아 그 속에 담가놓으시는 것도 물의 비열이 커서 가능한 거라고 할 수 있죠?

바리 그렇지. 예를 들어 뜨거운 주전자를 찬물에 담갔다면, 주전자는 빨리 식고 물은 천천히 덥혀지니까 물이 냉각수 역할을 하는 거지. 찬물을 두세 번 갈아주길 반복하면 주전자는 금세 찬물의 온도만큼 내려가거든. 또, 고무주머니에 얼음물이나 뜨거운 물을 넣고 냉찜질이나 온찜질을 할 수 있는 것도 물의 비열이 크기 때문이야. 피부의 온도 변화에 비해 물의 온도 변화는 크지 않다는 걸 이용하는 것이지. 자동차엔진의 열을 식히는 데도 같은 이유로 물을 사용하고 말이야.

울리 와~ 물의 높은 비열을 이용하는 생활 속 예들이 무지 많네요?

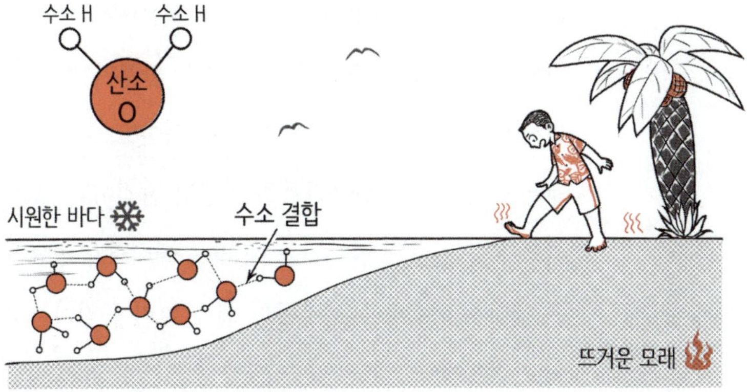

바리 어디 그것뿐이겠니? 아주 더운 여름에 바다에 가면 낮에는 모래가 너무 뜨거워 밟을 수도 없는데 바닷물은 시원하잖아?

엘리 그것도 모래는 수분이 없어서 햇빛에 의해 금세 온도가 올라가 뜨거워지지만, 햇빛이 같은 에너지를 주고 있어도 비열이 큰 바닷물은 천천히 온도가 올라가기 때문이군요~

바리 맞아. 그럼 밤에는 어떨까?

울리 밤에는 햇빛이 없으니까 낮에 올라갔던 온도가 다시 떨어지겠죠. 근데 다시 모래는 온도 변화가 빨리 일어나니까 빨리 식고, 바닷물은 온도 변화가 천천히 일어나니까 천천히 식겠네요. 아하~ 그래서 밤에 수영하는 사람들이 물속이 물 밖보다 오히려 따뜻하다고 하는 거군요. 근데 물은 왜 그렇게 특별히 비열이 큰 건가요?

바리 그건 다시 온도에 대해서 생각해봐야 하는데, 온도가 높다는 것은 물질을 이루고 있는 구성원들의 평균 에너지가 큰 거라고 했잖아? 근데 평균 에너지가 크다는 것은 빨리 움직인다는 뜻이기도 해. 즉 물의 온도가 높다는 것은 물분자들의 운동에너지가 커서 빨리 움직이고 있는 상태라는 것이고, 물의 온도가 낮다는 것은 물분자들이 평균적으로 천천히 움직이고 있다는 거지. 그리고 온도 변화를 일으키는 데 많은 에너지가 필요하다는 건 많은 에너지를 줘도 물분자들이 쉽게 빨리 움직이지 않는다는 의미고 말이야.

울리 어? 에너지를 주는데 물분자들은 왜 빨리 움직이려 하지 않는 거죠?

바리 액체 상태의 물분자들은 서로서로 얽혀 있는 상태인데, 이렇게 물분자들이 얽힐 수 있게 해주는 것이 '수소결합'이라는 거야. 물분자의 산소와 다른 물분자의 수소는 전기력으로 결합하는데, 여기에 에너지를 주면 바로 물분자들의 운동에너지가 되는 것이 아니라 이 수소결합을 끊어야 물분자가 자유롭게 움직일 수 있게 되거든.

엘리 아하~ 에너지가 들어오면 수소결합을 끊는 데에 우선 쓰인다는 거군요.

바리 그래~ 수소결합이 충분히 많이 끊어지면 공급된 에너지는 비로소 물분자의 운동에너지로 사용되어 물의 온도가 올라갈 수 있는 거야. 그러니 비열이 클 수밖에 없지. 반대로 물의 온도가 조금 떨어지면 다시 수소결합을 하면서 에너지를 내놓기 때문에 물의 온도는 쉽게 낮아지지 않고 말이야.

울리 와~ 물속에서 그런 일들이 일어난다는 거군요? 보이진 않지만 붙었다~ 떨어졌다~

엘리 역시 자연은 신비로워요~

바리 교수의 물리노트 16

- 열용량heat capacity: 물질의 온도를 1°C (또는 1K) 변화시키는 데 필요한 열량으로, 단위는 cal/K이다.
- 비열specific heat: 물질 1g의 온도를 1°C (또는 1K) 변화시키는 데 필요한 열량으로, 단위는 cal/g·K이다.
- 비열이 큰 물질은 온도를 변화시키기 어렵고, 비열이 작은 물질은 온도를 변화시키기 쉽다.
- 물은 실온에서 가장 비열이 큰 액체로, 25°C, 1기압에서 물의 비열은 1cal/g·K이다.

17 고체의 열팽창은 모든 길이가 늘어나는 방향으로 일어난다구요?

열팽창

엘리는 아침 식사로 늘 빵과 우유를 먹는다. 엄마가 출근 준비를 하시느라 아침에는 늘 바빠 간편하게 챙겨 먹이려고 하기 때문이다. 주로 샌드위치 재료를 엄마가 전날 저녁에 미리 준비해놓지만, 재료거리가 없을 때는 그냥 토스트에 땅콩버터와 딸기잼만 발라서 먹기도 한다. 그런데 오늘은 딸기잼의 병뚜껑이 쉽게 열리지도 않고, 나가야 할 시간도 촉박해 땅콩버터만 발라서 입에 물고 집을 나섰다.

울리 엘리야~ 뭘 그렇게 먹으면서 가냐?

엘리 딸기잼 병뚜껑을 열다가 시간이 다 가서 늦었거든. 우리 엄마가 대충 먹더라도 아침은 꼭 먹어야 한다는 주의인 거 알잖아~

울리 그래서 맨빵만 먹으며 가는 거야?

엘리 땅콩버터는 발랐징~ 근데 병뚜껑이 어쩜 그렇게 안 열리는지…. 엄마랑 낑낑대다가 포기했어. 고무판으로 해도 안 되고 말이지.

울리 그럴 때 우리 할머니는 뜨거운 물에 병을 뚜껑까지 잠기도록 넣어서 한참 있다가 여시던데, 그렇게 해봤어?

엘리 아니~ 뜨거운 물 때문에 병뚜껑이 늘어나나?

울리 그럴 수도. 이따 바리 아줌마한테 들러서 여쭤보자~

바리 (엘리와 울리의 질문을 들은 후) 그건 '열팽창'에 관한 질문이네. 대부분의 물질은 온도가 올라가면 부피가 커지는데, 온도의 의미를 설명할 때 이야기했듯이, 물질을 이루고 있는 분자들의 운동에너지가 커져서 그 운동 범위가 넓어지기 때문이지. 이런 현상을 열팽창이라고 부르고 말이야.

엘리 그럼, 물질마다 늘어나는 정도가 전부 다르겠네요?

바리 그렇지. 물질마다 늘어나는 정도가 달라서 아주 유용하지.

울리 유용해요? 그런 성질을 어디에 쓰는데요?

바리 여러 군데에 아주 많이 쓰지. 제일 대표적인 것이 자동 온도 조절기야. 자동 온도 조절기에는 '바이메탈bimetal'이라는 것이 들어 있는데, 바이메탈은 '열을 가했을 때 늘어나는 정도가 다른 두 금속판을 겹쳐놓은 것'을 말해. '바이bi'는 2개란 뜻이고, '메탈metal'은 금속이란 뜻이거든.

울리 아, 들어봤어요. 작동 원리를 자세히 알지는 못하지만요.

바리 예를 들어 놋쇠와 철로 만든 바이메탈을 가열한다고 생각해봐. 같은 온도 변화를 줬을 때 놋쇠는 철보다 길이 변화가 더 크거든.

울리 그럼 가열했을 때 놋쇠가 철보다 더 많이 늘어나겠네요?

바리 맞아. 그래서 바이메탈은 덜 늘어난 철 쪽으로 휘게 되지. 이때 놋쇠 쪽에 전원 연결 장치가 있다면 전원 연결이 끊어지는 거고 말이야.

엘리 아하~ 온도가 너무 올라가면 그렇게 전원 연결이 끊어지게 할 수 있군요. 그럼 온도가 내려가면 어떻게 돼요?

바리 반대로 온도가 내려가면 놋쇠는 철보다 더 많이 줄게 되어 바이메탈이 놋쇠 쪽으로 휘게 되는 거지. 그래서 놋쇠 쪽에 있는 전원 연결 장치와 닿게 되어 전원이 연결되는 거야.

울리 아주 간단하네요. 그런데 온도가 올라갔을 때 더 많이 늘어나는 물체가 온도가 내려갔을 때 더 많이 줄어드는 것이 당연한 것 같기도 하고 신기한 것 같기도 해요.

바리 그렇지? 잘 늘어나는 것은 덜 줄어드는 거라고 착각하기도 하는데, 울리가 당연한 것 같다는 생각이 드는 것은 온도와 분자의 운동에너지를 제대로 이해했기 때문일 거야.

엘리 아까 같은 온도 변화를 줬을 때 놋쇠가 철보다 길이 변화를 많이 일으킨다고 하신 것이 바로 '더 많이 늘어나는 물질은 더 많이 줄기도 한다'는 의미였네요.

바리 그렇지. 바이메탈에서는 길이 변화만 얘기했는데, 정확히는 부피가 변하는 거고 온도 변화에 따른 물질의 부피 변화는 '열팽창계수'로 나타낸단다. 놋쇠는 철보다 열팽창계수가 큰 물질이고 말이야.

울리 근데 딸기잼 뚜껑 같은 경우 가열하면 늘어나서 더 꽉 조여지는 것 아니에요? 뚜껑의 두께가 있으니까 바깥쪽은 바깥쪽으로, 또 안쪽은 안쪽으로 늘어나야 하잖아요? 그래서 두께가 두꺼워지고요.

엘리 그럼 이상하잖아? 할머니가 병뚜껑을 뜨거운 물에 담갔다가 꺼내서 쉽게 여셨다며?

울리 그러니까…. 어떻게 된 거지?

바리 차근히 생각해봐. 고리 모양의 금속을 가열하면 고리의 안쪽이 중심 쪽으로 늘어날 거라고 생각하는 거지? 근데 만일 중심 쪽으로 늘어난다면 그게 진짜 늘어난 것일까?

울리 그게 무슨 뜻이에요? 늘어난 것이 진짜 늘어난 것이냐고 물으시면….

바리 중심 쪽으로 늘어난다는 것은, 다시 말해 고리 안쪽의 둘레는 줄어들게 된다는 거잖아. 중심 쪽으로 늘어난다고 표현했지만 실제 줄어든 것이니 모순이지. 분자들의 운동에너지가 커져서 평균 간격이 늘어나는 것이니 모든 길이가 늘어나야 하잖아.

엘리 아~ 고리의 안쪽 둘레도 늘어나야 하니까 고리의 안쪽이든 바깥쪽이든 모두 고리 중심에서 멀어지는 방향으로 늘어나는 거군요.

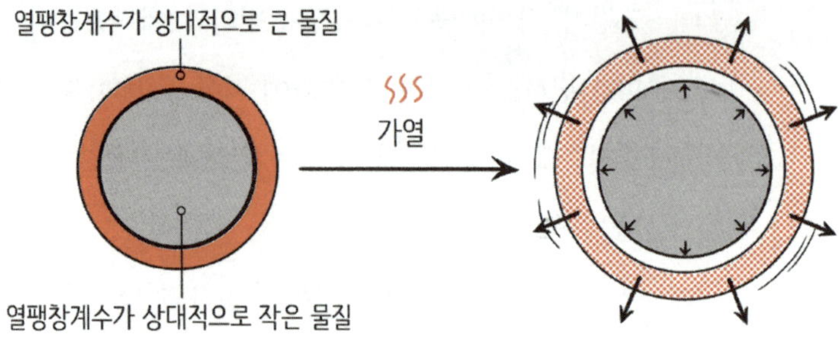

울리 아하, 그래서 금속 병뚜껑이 뜨거운 물속에서 헐거워질 수 있는 거구요.

바리 그렇지. 그리고 잼 같은 것이 병뚜껑에 묻어 굳어버리면 더 열기 힘들게 될 텐데, 이런 경우에도 뜨거운 물에 담그는 게 도움이 되겠지. 뜨거운 물은 금속으로 된 뚜껑이 조금 늘어나게도 하고, 굳은 잼이 녹게도 하는 효과를 내니까 말이야.

엘리 이제 정확히 이해했어요~ 헤어드라이어를 사용하다 보면 뜨거워진 노즐 부분이 쉽게 빠져버리거나 빙빙 돌아가서 불편한데, 이것도 병뚜껑처럼 뜨거운 바람으로 노즐이 팽창해서 그런 거였네요.

울리 아~ 어? 근데 노즐도 늘어나지만 노즐 끼우는 부분도 늘어날 텐데 왜 노즐이 쉽게 빠지지? 재질이 다른가?

바리 그런 것들이 기술이지. 온도가 올라갔을 때 노즐이 빠진다는 것은 노즐이 드라이어 본체보다 더 많이 팽창한다는 거잖아. 노즐의 재질과 드라이어 본체 재질의 열팽창까지 고려해서 만들지 않았다는 건데, 경제적 측면에서 그랬을 수도 있어.

엘리 그럼 아주 비싼 드라이어라면 더운 바람을 사용하는 중에 노즐이 빠지지 않을 수 있겠네요? 한번 써보고 싶네요. 헤헤-

바리 나도 사용 중에 노즐이 종종 빠지는 드라이어를 쓰고 있는데, 그러려니 하지. 하하- 플라스틱이 금속보다도 열팽창계수가 훨씬 클 거라는 것은 쉽게 예측되지?

울리 네~ 플라스틱은 열에 약하니까요. 근데 유리 그릇에 뜨거운 물을 부으면 금이 쫙~ 가는 것도 열팽창 때문인가요?

바리 그래. 유리는 금속만큼 잘 늘어나진 않지만 그래도 찬 유리 그릇에 뜨거운 물을 부으면 물이 닿은 곳은 온도 변화를 일으켜 팽창하게 돼. 하지만 뜨거운 물이 닿지 않은 부분은 거의 팽창하지 않아서 유리 그릇에 변형이 오는데, 그게 금이 가는 현상으로 나타나는 거야.

엘리 주방에서 쓰는 파이렉스 유리는 잘 안 깨지던데요?

바리 실험실이나 주방에서 사용하는 파이렉스 유리는 실리콘산화물과 보론산화물 등을 사용해서 열팽창계수를 작게 만든 거야. 열팽창계수가 보통 유리보다 거의 $\frac{1}{3}$ 정도로 작으니 온도가 변해도 길이나 부피가 거의 변하지 않아서 잘 깨지지 않지.

울리 와~ 과학자들은 쉴 새가 없겠어요. 사람들의 생활을 편리하게 하기 위해 필요하다면 뭐든 개발해야 하잖아요. 근데 금속들이 그렇게 잘 늘어나면 한여름에 철로는 어떡해요?

바리 철로뿐 아니라 도로도 마찬가지야. 무더운 여름에는 워낙 온도가 높이 올라가니까 모두 많이 늘어나거든. 철이나 아스팔트 모두 비열이 작아서 온도 변화가 쉽게 일어나니까 말이야. 그래서 철로나 도로를 만들 때 팽창에 대비한 특별한 구조의 연결 조인트를 중간 중간에 넣어 만든단다. 늘어나거나 줄어들어도 위험하지 않도록 말이야.

울리 아~ 그렇군요.

엘리 근데 열팽창이 고체에서만 일어나는 것은 아니죠?

바리 물론이지. 열을 가했을 때 고체보다는 액체가, 액체보다는 기체가 더 잘 팽창해. 기체 안의 분자들은 액체나 고체 안의 분자들보다, 액체 안의 분자들은 고체 안의 분자들보다 훨씬 자유로워서 열에너지를 받으면 쉽게 운동에너지가 커지거든.

울리 온도의 개념으로 생각하니 역시 이해가 잘 되네요~

바리 그렇지? 이렇게 열팽창 차이가 엄청 큰 고체와 액체를 이용하면 아주 유용한 발명품이 나오는데, 대표적인 것이 수은온도계야. 수은온도계는 화씨를 처음 고안한 파렌하이트가 발명한 건데, 온도가 올라가면 액체인 수은이 고체인 유리보다 훨씬 더 많이 팽창하니까 수은기둥의 높이에 따라 온도가 얼마만큼 변했는지 측정할 수 있는 거거든.

울리 와~ 멋지네요~

엘리 바이메탈도 그렇고 뭔가 성질이 다른 물질들을 이용하면 유용한 발명품이 되는군요~

바리 하하- 그렇네. 너희는 아직 운전을 하지 않지만…. 자동차 연료인 휘발유도 액체라서 여름에는 연료를 가득 채우지 않는 것이 좋단다. 무더운 여름에는 아주 많이 팽창하거든.

울리 오~ 저희 부모님도 알고 계실까요? 근데 물은 얼면 팽창하지 않아요? 줄어드는 것이 아니라요.

바리 물은 4°C일 때가 가장 부피가 작은 매우 특이한 물질이거든. 오늘 늦게까지 있어도 되면 물의 열팽창에 대한 설명도 듣고 가렴. 그리고 이상기체의 열팽창은 지난번에 얘기했다고 봐야겠지? 일정한 압력에서 이상기체의 부피와 절대온도는 비례한다는 것 말이야. (2권 15화 참조)

엘리 0°C에서 1°C씩 올라갈 때마다, 부피는 0°C에서의 기체 부피의 $\frac{1}{273}$만큼씩 증가한다는 거죠?

울리 헉! 넌 또 복습했구나?

바리 교수의 물리노트 17

- 열팽창: 온도가 변할 때 물질의 부피가 변하는 현상으로, 이때 부피가 변하는 정도는 '열팽창계수'로 정의한다.
- 열팽창계수가 큰 물질은 온도 변화에 따른 부피 변화가 크다.
- 일반적으로 고체보다는 액체, 액체보다는 기체의 열팽창 효과가 크다.

18 온도가 낮을수록 물의 부피가 줄어든다면 바닥부터 얼 거라구요?

물의 열팽창

이제 아린이는 엘리와 울리를 봐도 그리 많이 짖지 않는다. 가끔 간식을 주며 조금씩 친해진 덕이다. 엘리와 울리는 조금 출출하던 차에 바리 교수가 군만두를 구워줘서 배불리 맛있게 먹었다. 다 먹고 나니 바리 교수가 별 모양 얼음틀을 꺼내 식탁에 올려놓고는 주스를 한 잔씩 건넸다.

엘리 와~ 별 모양 얼음이네요~

바리 이쁘지? 자, 이제 시원한 주스 한 잔씩 마시며 물의 열팽창에 대해 계속 얘기해볼까?

울리 이 얼음틀에서도 얼음들이 틀 위로 모두 올라와 있네요. 부력을 공부할 때 나왔듯이(2권 9화 참조), 얼음의 밀도가 물의 90% 정도라서 물보다 얼음의 부피가 크기 때문이죠?

바리 그래~ 아까도 말했듯이 물은 4°C에서 밀도가 가장 높아서 같은 질량의 물이라면 4°C에서 부피가 가장 작지. 그래서 물의 부피는 4°C보다 높은 온도에서도 증가하지만, 4°C보다 낮은 온도에서도 증가하는 특이한 현상을 보이는 거고 말이야.

엘리 근데 왜 하필 4°C죠?

바리 그것은 아무도 정확히 모르지만 왜 그런 분기점이 생기는지는 대충 설명해줄 수 있어. 물분자는 수소 2개와 산소 1개로 되어 있잖아? 액체 상태의 물분자들은 산소와 옆에 있는 물분자의 수소가 전기적으로 결합한 상태인데 이것을 수소결합이라고 한다고 이야기한 것 기억나지?

엘리 그럼요~ 수소결합 때문에 물의 비열이 크다고 알려주셨잖아요~

바리 좋았어~ 근데 그렇게 액체 상태에서는 물분자들이 서로 가까이 있는데, 얼기 시작하면 물분자들이 각각 육각형 모양으로 결합하여 전체는 벌집 구조를 이루는 거야. 즉 얼음 속의 물분자들은 물속에서보다 평균적으로 더 많은 공간을 차지하게 되는 거지. 육각형 속에는 물분자가 없으니까 말이야.

울리 그것 참, 이상한 애들이네요. 추우면 떨어질 것이 아니라 더 붙어 있어야죠. 히히-

바리 하하- 보통 물질들은 그래~ 물이 아주 특이한 물질인 거지. 어쨌든 이렇게 넓은 공간을 차지하고 있는 물분자 구조의 얼음을 가열하면 육각형 모양의 구조가 무너지기 시작하면서 물분자가 육각형의 안쪽에도 들어갈 수 있게 되어 부피가 줄어드는 효과가 나타난단다.

울리 그런데 열을 가했으니 온도가 올라가서 물분자들의 운동에너지도 커지지 않나요? 그럼 부피가 늘어나야 하잖아요?

바리 맞아. 부피가 줄어드는 효과와 늘어나는 효과가 동시에 나타나기 때문에 특정 온도에서 부피가 최소가 되는 상황이 생기는 거란다.

엘리 얼음에 열을 가했을 때 부피가 줄어들려는 효과와 늘어나려는 효과가 동시에 있으면 부피가 변하지 않는 것 아니에요?

바리 두 효과의 크기가 완전히 같다면 부피가 변하지 않겠지만, 실제는 그렇지 않거든. 대신 설명한 대로 특정 온도에서 부피가 최소가 되는데, 이 온도가 바로 4°C인 거야.

울리 와~ 신기해요. 이런 이상한 성질도 뭐 도움이 되는 것이 있나요? 물의 비열이 크다는 것을 이용하여 냉찜질이나 온찜질을 하는 것처럼 말이에요.

바리 냉찜질이나 온찜질과 비교도 안 될 만큼 중요한 것이 있지. 만일 물의 부피가 4°C에서 가장 작지 않고 다른 액체들처럼 온도가 내려갈수록 계속 줄어든다면 너는 수영복을 입고 스케이트를 타야 할걸?

울리 무슨 뜻인지 전혀 이해되지 않아요.

바리 물은 항상 표면에서부터 얼지? 왜 그럴까? 바닥에서부터 얼지 않고 말이야.

엘리 그거야 물의 표면과 닿고 있는 공기가 차가우니 표면의 물분자들이 먼저 얼음을 만들어서 그런 것 아니에요? 물속까지 온도가 내려가려면 오래 걸릴 테니까요.

바리 그럴듯하지만 차근하게 물이 어는 과정을 따져보면 그렇지 않다는 것을 알거야. 물의 온도가 10°C인 호수를 생각해보자. 바깥 기온은 영하 5°C라고 가정하고 말이야. 엘리 말대로 표면에 있는 물의 온도가 떨어지겠지. 만일 표면의 온도가 10°C에서 9°C로 떨어졌다면 9°C의 물은 계속 표면에 있으면서 온도가 더 떨어질 수 있을까?

엘리 흠…. 불가능한가 보네요…. 왜 그렇죠?

바리 물의 부피 대신 밀도를 생각하면 이해가 쉬운데, 9°C의 물은 10°C의 물보다 밀도가 높거든. 물의 밀도는 4°C에서 제일 높고, 온도가 4°C에서 멀어질수록 밀도는 낮아지니까 말이야. 그럼 9°C의 물은 10℃ 물 위에 있지 못하고 내려가지. 그럼 표면은 다시 10°C 물이 되고 찬 공기 때문에 9°C가 되면 또 밑으로 내려가고 말이야.

울리 아~ 그럼 호수 전체의 온도가 9°C가 될 때까지 이 과정이 반복되겠네요?

엘리 그럼 9°C 물은 다시 영하 5°C의 바깥 공기 때문에 표면의 물이 8°C가 되고, 8°C 물은 9°C 물보다 밀도가 높아서 9°C 물 아래로 내려가고요. 호수 전체가 8°C가 될 때까지요.

바리 그렇지. 그런 식으로 계속 호수의 온도가 내려가 전체가 4°C가 되겠지? 그럼 어떤 일이 벌어질까? 호수의 평균온도는 계속 4°C에서 3°C로 떨어질까?

울리 음…. 4°C에서 물의 밀도가 가장 높으니까 호수 표면의 온도가 3°C로 내려가도 이제는 4°C 물 밑으로 내려가지 못하겠네요. 3°C 물의 밀도는 4°C보다 낮으니까요.

바리 바로 그거야. 호수의 온도가 모두 4°C가 되면 호수 표면의 온도만 3°C, 2°C, 1°C로 계속 내려가서 결국 0°C가 되면 얼기 시작하는 거지. 만일 물의 온도가 4°C보다 낮을 때도 계속 밀도가 늘어난다면 결국은 호수 바닥부터 얼게 될 텐데 말이야.

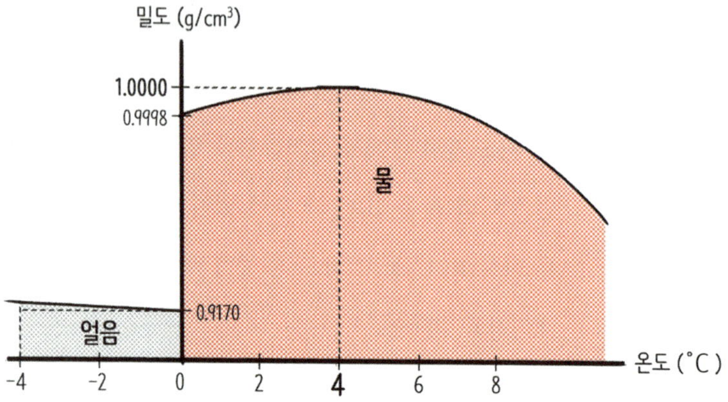

엘리 아하, 그래서 바닥부터 생기는 얼음 위에서 스케이트를 타려면 수영복을 입고 타야 할 거라고 하신 거군요. 천만다행인데요.

울리 우왕~ 호수 바닥부터 얼음이 얼기 시작하면 물고기들은 어떻게 되는 거예요? 겨울에는 물고기들이 모두 위로 떠오르겠네요? 낚시할 것도 없이 그냥 잡을 수 있게요. 헤헤-

바리 그러면 물고기들은 이미 멸종하지 않았을까? 얼음 속에서 동면할 수 있게 진화를 했든지 말이야. 하하-

울리 아, 그럴 수도 있겠네요~

바리 실제로는 물이 표면부터 어니까 겨울이면 물고기들이 더 깊이 들어가겠지.

엘리 그건 왜요?

바리 밑바닥에 가까울수록 물이 따뜻할 테니까 말이야. 밀도가 가장 높은 4°C 물은 바닥에 있고, 위로 올라올수록 물의 온도가 낮게 되잖아. 여름에는 표면으로 올라올수록 물의 온도가 높고, 겨울에는 표면으로 올라올수록 물의 온도가 낮겠지.

울리 근데 한강보다는 우리 동네 호수가 먼저 어는 것 같은데 맞나요? 강물이 훨씬 많아서 그런 걸까요? 물 전체가 4°C가 되어야 표면이 얼기 시작하니까 강물처럼 물이 많으면 표면이 어는 데 시간이 오래 걸려서요?

바리 그렇기도 하고, 강물은 계속 흐르고 있어서 쉽게 얼지 않는 거야. 하지만 진짜 추운 날이 오래 계속되면 강물도 얼겠지. 왜, 뉴스에도 나오잖아. 한강이 얼었다고 하면 진짜 추운 겨울이라는 뜻이니까 말이야.

엘리 0°C에서 물이 얼기 시작하지만, 만일 온도가 더 떨어지면 어떻게 되죠? 얼음의 부피는 계속 늘어나나요?

바리 그렇지 않고 오히려 영하에서의 얼음 부피는 0°C에서의 얼음 부피보다 약간 줄어든단다. 참, 근데 바닷물은 언제 어는지 알아? 0°C에서 얼까?

울리 엇! 0°C가 아닌가 보네요? 소금기 때문인가요?

바리 하하- 눈치 빠른데? 바닷물 1kg에는 약 35g의 소금이 들어 있다는데, 이 소금 때문에 바닷물은 약 영하 2°C가 되어야 얼기 시작하지. 근데 영하 2°C의 바닷물은 밀도도 높아서 계속 가라앉는다고 해.

엘리 그럼 바닷물은 바닥에서부터 어는 거예요?

바리 다행히 그건 아니고, 바닷물이 모두 영하 2℃ 가까이 돼서 얼음이 생기려 할 때 소금이 일부 빠져나가 아래쪽 바닷물의 소금 농도를 높여준대. 아래쪽 바닷물의 소금 농도가 높아졌으니 밀도도 높아진 것이고, 동시에 아래쪽 바닷물의 어는점은 낮아지는 효과를 줘서 표면에 얼음이 생기게 되는 거지.

울리 와~ 바닷물이 얼면서 소금이 물과 함께 얼지 않고 빠져나간다고요? 왜 그렇죠?

바리 얼음의 물분자들은 육각형 벌집 구조인데 소금은 정육면체 구조라서 결합하기 어려워 그렇다는구나. 그렇다고 바닷물 얼음을 녹이면 마실 수 있을 정도로 짜지 않은 물이란 뜻은 아니지만 말이야.

울리 육각형 벌집에서 정육면체가 빠져나오는 것이 마치 게임의 한 장면을 연상시키는데요? 히히-

바리 교수의 물리노트 18

- 순수한 물은 4℃에서 밀도가 가장 높아서(부피가 가장 작아서) 온도가 4℃보다 높아질수록, 또는 낮아질수록 밀도가 줄어든다(부피가 늘어난다).
- 4℃의 순수한 물의 밀도는 약 $1\,g/cm^3$, 0℃의 순수한 물의 밀도는 $0.9998\,g/cm^3$다.
- 소금 농도가 높은 바닷물일수록 어는점이 낮다.

19 사우나 탕의 온도가 100℃나 된다구요?

열전도도

오랜만에 울리와 엘리네 가족이 모두 함께 찜질방에 갔다. 엄마들은 뜨거운 방에서 몸을 좀 지진다고 들어가시고, 아빠는 안마의자에 앉아 TV를 보시고, 엘리와 울리는 더워서 한 군데에 오래 있기 힘들어 여러 종류의 사우나 탕을 들락날락했다. 그러다가 결국 나와서 냉식혜와 구운 달걀을 먹고 있는데 찜질방 안으로 바리 교수가 들어오는 모습이 보였다.

엘리 아줌마~ 아줌마도 사우나 좋아하세요?

울리 아줌마도 이 사우나를 다니시다니~

바리 여기가 우리 동네에서 제일 크고 깨끗하잖아. 아줌마는 목욕하고 배고파서 밥 먹으러 들어왔어. 너희끼리 온 거야?

엘리 그럴 리가요. 가족 모두 왔는데 엄마들은 방에서 주무시고, 울리 아빠도 저기서 주무시네요. 호호-

울리 우리는 사우나를 들락날락하다가 너무 더워서 나와 있는 거예요. 근데 어떤 사우나 탕은 온도계가 100℃를 나타내던데, 아무래도 잘못된 것 같아요.

바리 그건 잘못된 게 아닐 거야.

울리 그럼 정말 온도가 그렇게 높은 거예요? 근데 왜 화상을 안 입죠?

바리 흠…. 그것을 이해하려면 물질의 '열전도도'라는 개념을 알아야 하는데…. 사우나에 와서 물리 공부를 해도 될까? 하하-

울리 저흰 문자메시지로도 물리 공부를 했는데요. 히히- 찜질방에서의 물리 공부는 나중에 추억거리가 될 것 같네요.

바리 그래? 그럼 같이 간식 좀 사서 야외 식탁으로 나가자. (잠시 후) 자, '열전도thermal conduction'부터 설명해볼까? 열전도는 열 전달 방식 중 하나인데, '물질 내 분자, 원자, 전자들의 충돌에 의해 온도가 높은 곳에서 낮은 곳으로 열이 이동하는 것'을 의미해. 열은 온도차가 클수록 더 잘 전달되지만, 물질에 따라 전달되는 정도가 다르기 때문에 '열전도도thermal conductivity'라는 물리량을 통해 물질마다 얼마나 열이 잘 전달되는지를 나타낸단다.

엘리 그럼 열전도도가 큰 물질은 열을 빨리 잘 전달하는 물질이라는 뜻이겠네요?

바리 그렇지. 열전도는 고체, 액체, 기체 상태의 모든 물질에서 볼 수 있는 현상인데, 그럼 어떤 상태일 때 열전도도가 가장 클까?

엘리 물질 구성입자들 사이의 충돌로 열이 전달되는 거니까 고체의 열전도도가 액체나 기체보다 클 것 같아요.

울리 오~ 너 대단한데? 듣고 보니 아주 그럴듯해요. 액체나 기체 상태에서는 분자들이 서로 멀리 떨어져 있으니 고체 상태에서보다 충돌하는 게 힘들 테니까요.

바리 맞아. 그럼 고체들 중에서는 어떤 물질이 열전도도가 클까?

울리 혹시 금속인가요?

바리 잘 아네~ 전기가 잘 흐르는 금속들은 모두 열도 잘 전달해서 열전도도 역시 크지. 그중에서도 은의 열전도도가 제일 큰데, 은수저를 국에 담가놓으면 금세 뜨거워지는 것이 바로 은의 큰 열전도도 때문이야.

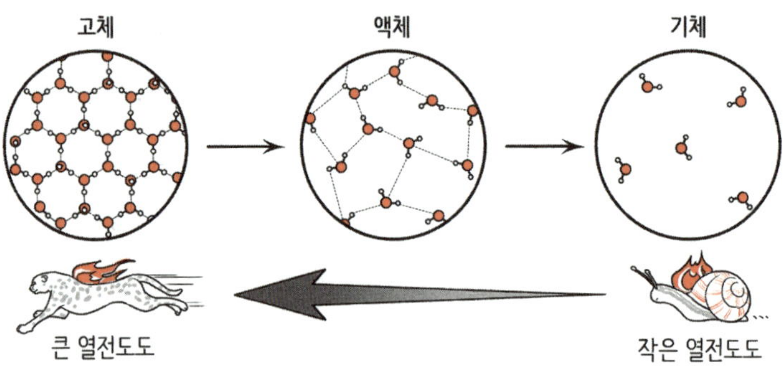

엘리 아, 금속의 온도 변화가 빨리 일어나는 이유가 비열이 작기 때문이 아니고, 열전도도가 크기 때문이에요?

바리 비열이 낮거나 열전도도가 큰 물질은 온도 변화가 쉽게 일어난다는 공통점이 있으니 은수저가 금세 뜨거워지는 것을 비열로 설명해도 상관없어. 근데 물리적 정의를 보면 비열과 열전도도는 다른 개념이란다.

엘리 어떻게 다른가요?

바리 이럴 때는 단위를 비교해보면 좋지. 비열의 단위는 이미 나왔었듯이 cal/g·K이고 열전도도의 단위는 W/K·m거든.

엘리 비열의 단위는 물질 1g의 온도를 1K 올리는 데 필요한 에너지라는 것을 의미하는데, 열전도도의 단위는 어떤 의미일까요?

바리 열전도도의 단위는 두 점 사이의 거리가 1m고 온도차가 1K일 때 1초 동안 전달되는 에너지를 의미한다고 해석하면 돼. 에너지 단위로 J을 사용한 거고 말이야. W＝J/s잖아.

엘리 비열과 열전도도의 정의가 확실히 다르다는 것은 알겠어요.

울리 역시 단위가 중요하다는 걸 다시 느껴요. 근데 열전도도가 작은 물질은 어떤 것들이에요?

바리 나무, 털, 종이, 코르크, 스티로폼 등은 모두 열전도도가 작은 물질들이야. 너희는 겨울에 고무슬리퍼와 털슬리퍼가 현관에 놓여 있다면 어느 것을 맨발로 신을래?

엘리 당연 털슬리퍼죠. 털슬리퍼가 더 따뜻하잖아요.

바리 그럼 털슬리퍼가 고무슬리퍼보다 온도가 더 높을까? 다시 말하면, 같은 현관에 놓여 있는 두 슬리퍼의 온도가 다른 걸까?

울리 그건 이상한 것 같아요. 현관에 쭉 같이 놓여 있었으면 고무슬리퍼와 털슬리퍼의 온도는 같아야 하는 거 아니에요?

바리 그렇지. 늘 현관에 같이 놓여 있으니 두 슬리퍼의 온도는 같을 거야. 이런 걸 두고 '열평형에 도달했다'고 하지. 같은 환경에 놓인 것들의 온도가 결국 모두 같아지는 것을 의미하는 표현이야.

엘리 어? 그래야 할 것 같긴 한데, 고무슬리퍼는 상상만 해도 차가움이 느껴지는데요….

바리 그렇지? 온도가 같아도 어떤 것은 차갑게, 또 어떤 것은 따뜻하게 느껴지는 이유는 바로 물질의 열전도도 때문이야. 우리가 차갑다고 느끼는 것은 우리 몸에서 열이 빨리 빠져나가기 때문이거든. 고무는 털보다 열전도도가 커서 더 높은 온도의 우리 발과 닿으면 발로부터 빨리 열을 빼앗아갈 수 있는 반면, 털은 열전도도가 작아서 열을 빨리 이동시키지 못하지.

울리 더 차갑게 느껴진다고 해서 반드시 온도가 더 낮은 것도 아니고, 더 뜨겁게 느껴진다고 해서 온도가 더 높은 것도 아니군요.

엘리 또 온도가 낮다고 그만큼 차갑게 느껴지는 것도 아니고, 온도가 높다고 그만큼 뜨겁게 느껴지는 것도 아니고요. 아, 이제 비열과 열전도도의 의미가 조금 더 명확히 구분되는 것 같아요.

울리 비열에는 시간 개념이 들어 있지 않은데, 열전도도에는 시간 개념이 들어 있다는 것이 핵심 같아요.

바리 비열과 열전도도의 차이를 잘 파악했구나. 그럼 온도가 100°C

나 되는 사우나 탕에 들어가 있을 수 있는 것도 이해가 될까?

울리 사우나 탕의 온도가 100°C라는 것은 공기의 온도를 의미하니까 공기의 열전도도가 아주 작아서 그 열기가 우리한테 잘 전달되지 않는 것 같아요.

바리 그렇지. 땀의 증발 효과도 있지만(2권 24화 참조) 지금은 열전도도 효과만 얘기할게. 또 이렇게 낮은 공기의 열전도도 때문에 우리 체온보다도 훨씬 낮은 20°C가 춥게 느껴지지 않는 거야.

엘리 공기의 열전도도가 작은 것이 정말 다행이네요~ 근데 우리 몸도 열전도도가 작은가요?

바리 좋은 질문이야. 우리 몸은 구성이 단순하지 않아서 피부, 근육, 지방, 장기, 뼈 등 모든 구성요소 각각의 열전도도가 다르지. 가장 조밀한 뼈의 열전도도가 가장 크고 지방의 열전도도는 작은데, 그래도 지방의 열전도도는 공기의 열전도도보다 10배에서 100배 정도 큰 편이야. 은이나 알루미늄 같은 금속의 열전도도보다는 $\frac{1}{100}$, 다이아몬드보다는 $\frac{1}{1,000}$ 정도로 작지만 말이야.

울리 오~ 역시 가장 단단하다는 다이아몬드의 열전도도는 무지 크군요? 근데 아까 이야기한 털슬리퍼의 열전도도가 작은 이유가 털 사이사이에 공기가 있어서 그런 것 아니에요?

바리 와~ 예리한 지적인데? 그 효과도 크지. 근데 털 자체도 공기만큼은 아니지만 열전도도가 작아. 또 스티로폼이나 유리섬유는 공기를 많이 품을 수 있어서 열전도도가 더 작기 때문에 집을 지을 때 사용하는 단열재의 소재로 많이 쓰이지.

울리 아, 집에 대해 얘기하시니 생각난 건데, 에스키모인들이 사는 얼음집 이글루도 작은 열전도도와 관계가 있나요? 얼음집이라 추울 것 같은데 말이죠.

바리 얼음은 나무보다도 열전도도가 작거든. 나무로 지은 집보다 얼음으로 지은 집이 단열·보온 효과가 더 큰 거지.

엘리 그럼 아예 공기가 없으면 열전도가 전혀 일어나지 않겠네요?

바리 그렇지. 물질이 없으면 열전도 현상 자체가 없지. 그래서 창문 유리를 만들 때 이중 내지 삼중으로 하는 경우가 있는데, 이런 경우 유리 사이의 공기를 좀 빼내서 단열효율을 높이기도 한단다.

울리 아~ 어? 갑자기 이해가 안 되는 것이 떠올랐어요. 달에는 공기가 없어서 일교차가 심하다고 들었는데, 공기가 없으면 열전도 현상이 아예 없다는 얘기잖아요? 근데 왜 일교차가 생기죠?

바리 울리 말대로 달은 낮에는 120°C, 밤에는 영하 180°C라고 하니 일교차가 엄청 크다고 할 수 있지. 근데 열 전달 방식에는 전도 이외에도 대류, 복사가 있는데 태양에서 오는 열은 복사 방식으로 전도되거든.

울리 아, 열전도만으로 이해하려 해서 그렇군요.

바리 그래~ '열복사themal radiation'는 열을 전달할 때 매질이 필요하지 않은 방식인데 다시 설명할 기회가 있을 거야. 지구에서는 열전도도가 작은 대기권이 태양에서 오는 복사에너지에 대한 단열재 역할을 해주지만, 공기가 없는 달에서는 태양의 복사에너지에 의해 낮에는 온도가 마냥 올라갔다가 밤에는 뚝 떨어지는 거지.

울리 그 말씀은 아직 배울 것이 많다는 뜻이죠? 자연현상이 전혀 간단하지도 않고요. 근데 재미도 좀 있어요~ 헤헤-

엘리 대류와 복사 이야기를 들으려는 언제 갈까요?

바리 또 자연스러운 기회가 생기겠지? 나는 이제 냉녹차 한 통 들고 사우나에나 들어가야겠다. 같이 들어갈래?

바리 교수의 물리노트 19

- 열전도thermal conduction: 물질을 구성하는 분자, 원자, 전자들의 충돌에 의해 온도가 높은 곳에서 낮은 곳으로 열이 이동하는 방식.
- 열전도도thermal conductivity: 단위길이당 단위온도당 전달된 일률power로, 단위는 $\mathrm{W/K \cdot m}$다.
- 열전도도가 큰 물질은 열의 전달이 빠르고, 열전도도가 작은 물질은 열의 전달이 느리다.
- 고체, 액체, 기체 순으로 열전도도가 크고, 고체 중에서는 전기가 잘 통하는 물질의 열전도도가 크다.

20 더운 공기는 위로 올라가는데 높은 산 위는 춥다구요?

대류/단열 과정

학교 특기적성 수업에서 아로마 향초를 만든 엘리는, 이 향초를 바리 교수에게 가져다줄 생각으로 울리와 함께 방과 후 바리 교수를 찾아갔다. 마침 마당에서 아린이의 털을 빗겨주고 있던 바리 교수는 엘리와 울리가 오자 아린이를 묶어놓은 후 문을 열어주었다.

엘리 아줌마~ 이 향초 받으세요. 제가 학교에서 만든 건데 라벤더 오일을 넣고 만들었어요. 라벤더향을 좋아하실 것 같아서요.

바리 어머나~ 나 주려고 만들었다고? 감동이네~

엘리 맨날 공짜로 교수님께 과외받는데요, 뭘. 히히-

바리 그런가? 하하- 끊임없이 궁금증을 갖는 것도 기특하고, 궁금한 걸 물으러 오는 건 더 기특해서 너희에게 물리를 설명하는 게 즐겁단다. 그럼 어디, 이 향초 좀 한번 켜볼까?

엘리 네! 저도 향이 제대로 나는지 궁금해요.

울리 와~ 향이 좋네요~

바리 그러게~ 아주 잘 만들었는데? 향이 은은해서 좋구나. 아, 근데 촛불을 켠 김에 실험 하나 하자~

울리 무슨 실험이요?

바리 이렇게 종이컵에 물을 담고 촛불 위에 대고 있으면 어떻게 될까? 종이가 탈까, 타지 않을까?

엘리 엇! 탈 것 같은데요?

울리 종이가 타지 않을 거니까 물어보신 거겠지. 헤헤- 와, 근데 정말 타지 않네요? 무슨 원리인가요?

바리 전에 우리 사우나에서 만났을 때 얘기한 내용과도 관련이 있는데, 사우나에서 공부한 주제가 뭐였지?

울리 열전도도요~

바리 그래~ 종이보다 물의 열전도도가 크거든. 이렇게 촛불의 열이 종이로 전달되면 물이 더 빨리 그 열을 빼앗아가는 거지. 그래서 종이는 불에 탈 정도의 온도로 쉽게 올라가지 않고 말이야. 신기하지?

엘리 와~ 열전도도로 설명할 수 있는 현상이 참 많네요.

울리 근데 물은 액체고 종이는 고체라고 봐야 할 것 같은데, 물의 열전도도가 더 커요?

바리 좋은 지적이야. 물은 특별해서 항상 예외적인 특성을 보인단다.

엘리 와~ 나는 물이 액체니까 고체인 종이보다 열전도도가 작아야 한다는 생각은 못했는데….

바리 울리가 예리하다니까~ 그럼 이번에는 종이컵은 치우고, 손을 이렇게 높이 촛불 위에 대고 천천히 촛불 쪽으로 내려볼래? 아주 천천히 하다가 조금이라도 뜨겁다고 느껴지면 바로 손을 치우고 말이야. 잘못하면 데거든.

울리 앗! 뜨거워! 조금만 가까이 내렸는데도 엄청 뜨겁네요.

바리 앗. 미안. 너무 위험한 실험을 해보라고 했나 보다. 데진 않았지? 그럼, 이번에는 손을 촛불 옆에 갖다 대봐~

울리 옆은 전혀 뜨겁지 않은데요?

바리 그렇지? 이건 열 전달 방식 중에서 '대류convection'와 관련된 거야. 대류는 유체에서 나타나는 현상인데, 열전도와 다른 점은 대류의 경우 에너지를 갖고 있는 입자들이 직접 움직인다는 거지. 열전도는 입자들의 충돌에 의해 에너지만 전달되는 거지만 말이야.

엘리 더운 공기는 위로 올라가고 찬 공기는 아래로 내려가는 것도 대류 현상이죠?

바리 그것도 대류 현상이고, 물을 가열할 때 뜨거운 물분자는 올라가고 차가운 물분자는 내려가고 하면서 전체 온도가 올라가는 것도 대류 현상이지.

울리 촛불 위가 뜨거운 것도 촛불에 의해 데워진 공기가 위로 올라가서 그런 것이겠죠?

바리 그렇지. 바로 대류에 의해 촛불 위 공기가 뜨거운 거지.

울리 근데 너무 당연한 질문인지 모르겠지만, 더운 공기는 왜 위로 올라가요?

바리 당연한 질문은 없어. 네가 모르는 것은 모두 중요한 질문이야. 더운 공기가 위로 올라가는 이유를 설명할 수 있는 방법은 여러 가지가 있는데, 우리가 공부한 부력으로도 설명할 수 있어.

울리 부력으로요? 어떻게요?

바리 더운 공기는 차가운 공기보다 운동에너지가 커서 더 멀리까지 퍼져 있을 수 있으니까 같은 질량의 차가운 공기보다 더 많은 부피를 차지하게 되겠지? 그 얘기는 더운 공기의 밀도가 낮다는 뜻이고 말이야. 즉 차가운 공기와 더운 공기가 섞여 있으면 밀도가 낮은 더운 공기는 상대적으로 밀도가 높은 차가운 공기 위로 떠오르게 되는 거지. 더운 공기에 작용하는 부력이 더운 공기의 무게보다 커지는 셈이니까 말이야.

엘리 아하, 그렇게 이해하면 되는군요. 저도 사실 궁금했는데, 저만 모르는 것 같아서 묻지도 못했어요….

바리 그랬어? 나한테는 궁금하면 어떤 것이든 물어봐도 돼~ 자, 그럼 대류 현상을 이용해서 모닥불의 연기 방향을 따져볼까?

울리 모닥불의 연기 방향이요? 그게 무슨 상황이죠?

바리 바람이 없는 날 해변에서 모닥불을 피우는 상황을 상상해봐. 해변을 예로 드는 이유는, 낮에는 모래사장이 바닷물보다 뜨겁고 밤에는 모래사장보다 바닷물이 따뜻하다는 것을 이용하려는 거야. 낮에 모래사장에서 모닥불을 피울 일은 실제 없겠지만, 낮에도 피우고 밤에도 피운다고 가정하고 모닥불의 연기가 어느 방향으로 갈지 생각해보자는 거지.

울리 비열과 대류의 만남인가요? 헤헤- 음…. 차근차근 생각하면 알 수 있을 것 같아요. 일단 낮에는 모래사장 위의 공기가 뜨거울 테니까 위로 올라가서 주변, 특히 온도가 낮은 바닷물 쪽 공기가 모래사장 쪽으로 오겠네요. 그럼 연기도 바다에서 멀어지는 방향으로 갈 것 같아요.

바리 잘했어! 그럼 밤에는 반대로 연기가 모래사장에서 바다 쪽으로 가겠지?

엘리 그렇군요. 나중에 해변에서 모닥불 피울 일이 있을 때 어느 위치에 앉을지 정하는 데 이용해야겠어요.

바리 바람이 많이 불면 바람의 방향이 더 우선하니까 잘 살펴서 앉으렴. 하하- 이제 당연하다고들 생각하는 걸 하나 더 물어볼까?

울리 뭔데요?

바리 주변보다 밀도가 낮은 더운 공기가 계속해서 위로 올라가는데,

왜 여름에도 높은 산을 오를 때는 추우니 긴팔 옷을 준비하라고 하는 걸까?

엘리 음…. 그러게요.

울리 음…. 어찌 된 거죠?

바리 뭔가 모순되는 것 같지? 자, 우선 다른 실험을 하나 실제 해보자. 손바닥을 펴서 입 앞에 갖다 대고 입김을 불어봐. 입을 크게 벌리고도 해보고, 작게 오므리고도 해보렴. 차이가 느껴지니?

엘리 하아~ 입을 벌리고 불면 따뜻하고, 호오~ 입을 오므리고 불면 시원해요.

울리 저도요. 왜 그런 거죠? 제 몸에서 나오는 입김의 온도는 둘 다 같을 텐데요.

바리 울리 말대로, 입에서 나오는 순간에는 입을 벌리고 내쉰 입김이나 오므리고 내쉰 입김이나 온도가 같지. 근데 그 두 입김이 손바닥까지 오는 동안 뭔 일이 일어난 거야. 특히 입을 오므린 채 내쉰 경우에 말이야.

울리 10cm도 채 안 되는 거리에서 뭔 일이 일어났을까요?

바리 입을 오므린 채 내쉰 입김은 오므린 입보다 훨씬 넓은 손바닥까지 가는 동안 팽창을 한 거지. 팽창을 했다는 것은 공기분자들이 일을 했다는 것이고, 그렇게 일하는 데 에너지를 써서 에너지가 줄어들었고, 그 결과 온도가 떨어져서 시원해진 거야.

울리 그럼 입을 벌리고 내쉰 입김은 팽창을 하지 않은 건가요?

바리 벌린 입의 크기와 손바닥의 크기가 비슷하니 팽창하지 않은 입

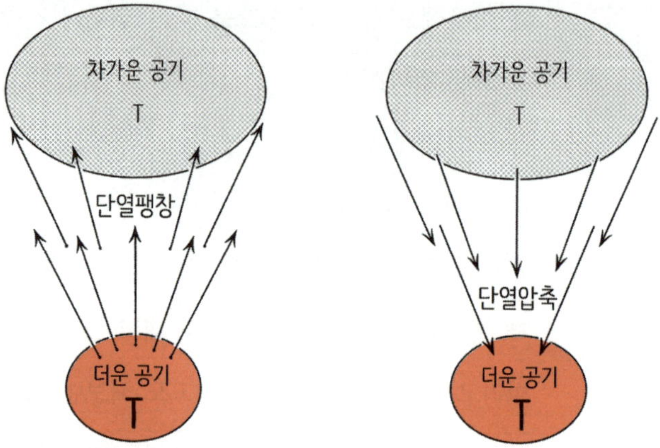

김을 손바닥이 그대로 느끼게 되어서 따뜻한 거야.

엘리 아하~ 그래서 더운 공기가 올라가더라도 높이 올라가면서 팽창을 많이 하기 때문에 금세 온도가 떨어지는 거군요.

바리 올라가면서 에너지를 계속 공급받는 것이 아니라면 갖고 있는 에너지를 써야 하니까 온도가 떨어질 수밖에 없지. 이런 현상을 '단열팽창adiabatic expansion'이라고 해. '더 들어오는 열은 없는데 내부 에너지를 써서 팽창하는 것'을 가리키지. 반대로 '열의 출입 없이 부피가 줄어드는 것'을 '단열압축adiabatic compression'이라고 하고 말이야. 단열팽창이 일어나면 온도는 내려가고, 단열압축이 일어나면 반대로 온도가 올라간단다.

울리 하나를 이해한 듯하면 또 다른 것을 이해해야 하는 것에는 변함이 없네요.

바리 하하하- 참, 물을 끓일 때 하얗게 보이는 김 있지? 그것도 눈에 보이지 않는 수증기가 단열팽창해서 식었기 때문에 보이는 거야. 그래도 이렇게 일상에서 일어나는 일들이 왜 그런지를 알아간다는 게 조금은 뿌듯하지 않니? 이런 것들을 안다는 건, 이런 것들을 모르고 사는 사람들이 볼 수 없는 걸 볼 수 있게 된다는 거잖아?

엘리 맞아요! 그래서 아는 만큼 보인다고 하나 봐요. 헤헤-

울리 에- 좀 모르고 사는 것이 더 행복한 것 아닐까요? 히히-

바리 교수의 물리노트 20

- 대류convection: 유체를 이루는 분자들이 밀도 차이에 의해 집단적으로 이동하면서 열을 전달하는 방식으로, 대류에 의해 더운 유체는 위로 올라가고 차가운 유체는 아래로 내려간다.
- 단열 과정adiabatic process: 외부와 에너지 교류 없이 일어나는 열역학적 과정으로, 단열팽창adiabatic expansion에 의해서는 온도가 내려가고, 단열압축adiabatic compression에 의해서는 온도가 올라간다. (2권 26·27화 참조)

21 밝은색의 매끄러운 찻잔이 효율적이라구요?

복사

엘리는 언젠가 몸이 아파서 조퇴를 하던 날, 우연히 만난 바리 교수가 쉬다 가라고 해서 바리 교수의 집에 들어갔다가 매우 특이한 장식장을 하나 보았다. 그때는 아프고 기운도 없고 잠만 쏟아지는 바람에 방에 들어가 눕기 바빠서 자세히 보지 못했는데, 오늘 시간 여유가 좀 생기니 문득 그 장식장이 떠올라 자세히 보고 싶은 마음이 들었다.

엘리 아줌마~ 저희 왔어요~

울리 아줌마, 방 벽 한쪽이 모두 커피잔으로 가득하다면서요? 엘리가 무지 멋있었는데 아파서 제대로 못 봤다며 꼭 보고 싶다고 노래를 부르더라니깐요~

바리 그러니? 호호. 좀 멋있어 보일 수도 있지. 머그잔을 30년 동안 하나둘씩 모은 거라 꽤 많거든. 제자들이 선물해준 것도 많고 말이야.

울리 근데 저는 왜 그동안 못 봤을까요?

엘리 넌 나처럼 방에 들어가본 적이 없잖아. 방으로 가는 통로 구석 벽에 있거든.

바리 이리 와서 지금 보렴~ 이제 100개도 넘는 것 같은데….

울리 와~ 완전 멋있어요~ 외국대학 기념 머그도 있고, 세계 여러 도시 머그도 있네요.

엘리 거봐~ 멋있지? 내가 아픈데도 방에 들어가면서 '저 머그 장식장 되게 멋있다' 하고 생각했다니까. 헤헤- 저 도시들을 아줌마가 다 가보신 거예요?

바리 대부분 국제학회가 열린 곳이라 가본 곳이지만, 제자나 친구, 동료들이 선물해준 머그잔의 도시들은 못 가본 곳도 많아. 자, 마음에 드는 머그 하나씩 골라보렴. 주진 못하지만 너희가 고른 잔에 차를 타줄 순 있지. 호호-

울리 저는 이 블랙 머그가 멋있어요!

엘리 전 요 귀걸이까지 하고 있는 사람 모양의 밝은색 머그에 마시고 싶어요.

바리 그래~ 모두 식탁에 앉아 잠시 기다리렴.

울리 오늘도 분명 물리 얘기를 하실 텐데 머그와 관련된 걸까, 차와 관련된 걸까?

엘리 히히- 난 머그와 관련된 물리 얘기를 해주실 것 같아~

바리 (잠시 후 차를 갖다 주며) 자~ 그냥 차만 마시면 서운할 테니 오늘은 효율적인 찻잔을 고르는 방법을 알려줄까?

엘리 무슨 효율이요?

바리 뜨거운 차는 잘 식지 않고, 차가운 차는 미지근해지지 않는 찻잔이 효율적이겠지? 뜨거운 차든 차가운 차든 온도 변화가 쉽게 일어나지 않게 하는 찻잔 말이야.

울리 아, 그런 찻잔이 있어요?

바리 말하자면 그렇다는 거지. 실제 사람마다 느끼는 정도가 다르니까 그 효과가 어느 정도라고 확언할 수는 없지만 과학적으로 효율적인 찻잔인지 아닌지는 얘기할 수 있거든. 이것은 열이 전달되는 방식 중 '복사'라는 방식과 관계가 있고 말이야.

울리 아, 지난번에 달에서의 심한 일교차에 대해 얘기할 때 나왔던 '열복사'군요? (2권 19화 참조)

바리 그래. 전도나 대류는 모두 열이 이동하기 위해서 물질이 필요한데, 복사는 물질이 없어도 된다고 했지. 에너지가 태양으로부터 공기가 없는 우주 공간을 통과해 지구까지 오는 것처럼 말이야.

엘리 근데 아무것도 없는 공간에서 어떻게 열이 전달되죠?

바리 그건 물질 안에 있는 전기를 띤 입자들이 열적 진동을 하면서 전자기파를 내놓기 때문에 가능하지. 나중에 자세히 이야기할 기회가 있겠지만 전자기파는 음파와 달리 매질이 없어도 퍼져 나가거든. (3권 30화 참조) 열복사는 온도가 절대영도가 아닌 모든 물질에서 일어날 수 있는 열 전달 방식이야. 온도가 있는 모든 물체가 열복사에너지를 내놓고 있다는 뜻이지.

울리 어? 그럼 열도 전자기파고, 인간에게는 체온이 있으니, 우리도 열복사에너지를 내놓고 있는 거예요?

바리 그럼~ 온도와 열복사 전자기파의 평균 진동수는 비례해서, 온도가 낮으면 작은 진동수의 전자기파를, 온도가 높으면 큰 진동수의 전자기파를 내놓고 있지. '진동수frequency'는 알지? '파가 1초에 몇 번 진동하는가'를 나타내는 물리량 말이야.

울리 그건 '주파수'라고 부르는 것 아닌가요? '라디오 주파수'라고도 하잖아요?

바리 진동수와 주파수는 같은 뜻인데, 공학에서 주파수를 사용하다 보니까 더 많이 알려지게 된 것 같아. 하지만 물리학자들은 주파수라는 용어보다는 진동수라는 용어를 더 많이 쓰지.

엘리 그렇군요. 진동수가 주파수보다 쉽게 느껴져요.

바리 그렇지? 다시 복사에너지 얘기를 하면, 파동의 에너지는 진동수에 비례하는데, 우리 인간의 체온인 36.5°C처럼 낮은 온도에서는 우리가 볼 수 없는 작은 진동수의 전자기파를 내놓아서 잘 느끼지 못하지. 한편 500~600°C로 달군 쇠에서는 붉은색의 가시광선이 나오고 말이야.

엘리 그런데 눈에 보이든 보이지 않든, 그렇게 열복사에너지를 내놓으면 물체들은 점점 차가워져야 하는 것 아닌가요? 에너지를 계속 내놓으니까요.

바리 그럼 그렇게 내놓은 에너지는 어디로 갈까?

엘리 그러게요. 어디로 가나요?

바리 사실 모든 물체는 열복사에너지를 방출만 하는 것이 아니라 동시에 흡수도 하거든.

울리 아하~ 주거니 받거니 하는 거군요.

바리 그래. 조금 내놓고 많이 받기도 하고, 많이 내놓고 조금 받기도 하고 말이지. 예를 들어 난로 옆에 있으면 따뜻하잖아? 그 이유는 주로 복사에 의해 열이 전달되었기 때문이지. 공기는 열전도도가 매우 낮고, 더운 공기는 대류에 의해 위로 올라가니까 말이야. 그리고 난로는 큰 복사에너지를 방출하고, 난로 옆의 사람은 작은 복사에너지를 방출하겠지?

울리 그럼 난로 옆에 있는 사람은 내놓은 복사에너지보다 흡수한 복사에너지가 더 커서 얼굴이 뜨거워지는 거네요?

바리 그렇지. 또 일반적으로 복사에너지 방출을 잘하는 물질은 흡수도 잘한단다.

엘리 근데 아까 온도와 물체가 내놓는 전자기파들의 평균 진동수가 비례한다고 하셨는데, 그럼 물체의 온도와 복사에너지도 비례하나요?

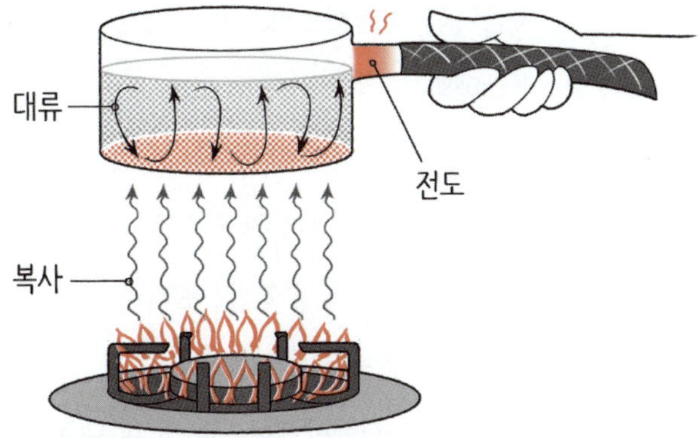

바리 비례하긴 하는데 온도의 네제곱에 비례하지. 이를 '슈테판-볼츠만법칙Stefan-Boltzmann law'이라고 해. (4권 8화 참조) 그리고 물론 물체가 어떤 물질로 이루어졌는가도 복사에너지에 영향을 줘서, 같은 온도라도 밝은색의 매끄러운 재질로 된 물체는 어두운색의 거친 재질로 된 물체보다 복사에너지를 덜 방출하고 덜 흡수한단다.

엘리 밝은색의 매끄러운 재질은 빛을 잘 반사시키니까 빛과 마찬가지로 전자기파인 열복사를 잘 흡수하지 못하나 보네요? 흡수를 못하는 물질은 방출도 못하는 거고요.

울리 그럼 검은색처럼 어두운색은 빛이나 열을 잘 흡수하니까 방출도 잘하는 거고요?

바리 그런 셈이지.

울리 아~ 그래서 찻잔의 효율과 복사가 관계있다고 하셨군요? 근데 그 둘을 어떻게 연결해야 하죠?

바리 차근차근 생각해볼까? 먼저 찻잔에 뜨거운 차가 담겨 있다고 생각해봐. 그럼 찻잔의 온도가 주변보다 높으니 찻잔이 받아들이는 열복사에너지보다 내놓는 에너지가 크겠지? 그래서 오래 두면 식는 거고. 근데 찻잔이 울리가 고른 것처럼 어두운색이라고 생각하면 어떻게 될까? 엘리가 고른 밝고 매끈한 찻잔과 비교해서 말이야.

울리 어두운색은 열복사에너지를 더 잘 내놓으니까 밝은색 찻잔보다 더 빨리 식겠네요! 전 뜨거운 걸 잘 못 먹으니까 잘 고른 거네요? 헤헤-

바리 하하-그렇게 되네? 그럼 이번에는 찻잔에 냉차를 넣었다고 생각해볼래? 냉차가 담긴 찻잔의 온도가 주변보다 낮을 테니 찻잔이 내놓는 열복사에너지보다 주변으로부터 받아들이는 에너지가 더 크겠지? 그래서 오래 두면 찻잔에 담긴 냉차가 점차 미지근해지는 거고 말이야. 다시 어두운색 찻잔과 밝은색 찻잔을 비교하면 어떻게 될까?

엘리 이번에는 찻잔이 흡수하는 열복사에너지를 생각해야 하는데, 어두운색 찻잔은 밝은색 찻잔보다 에너지 흡수를 잘해서 더 빨리 미지근해지겠네요!

울리 아, 그럼 뜨거운 차나 차가운 차나 모두 밝은색의 매끄러운 찻잔이 차의 온도 변화를 더 천천히 일으킨다는 뜻이네요?

엘리 그래서 찻잔들은 대부분 밝고 매끄러운 거군요~

바리 이런 과학적 사실까지 고려하고 찻잔을 만드는지는 모르겠지만 밝고 매끄러운 찻잔이 시각적으로 깨끗해 보이긴 하지. 찻잔처럼 작은 것들은 재질에 따라 온도 변화가 많이 차이 나지 않지만, 만일 뜨거운 물을 검은색과 흰색의 큰 양동이에 각각 붓고 어느 정도 시간이 흐른 뒤 온도를 재면….

울리 검은색 양동이의 물 온도가 흰색 양동이의 물 온도보다 낮을 거란 얘기죠?

바리 하하, 맞아!

바리 교수의 물리노트 21

- 열복사thermal radiation: 물질 안의 전기를 띤 입자들이 열적 진동을 하며 전자기파를 내놓음으로써 열이 전달되는 방식.
- 슈테판-볼츠만법칙Stefan-Boltzmann law: 온도 T의 물체가 방출하는 복사에너지가 T^4에 비례한다는 법칙. (4권 8화 참조)
- 복사에너지는 물체 자체의 특성과도 관계가 있어서, 같은 온도일지라도 밝고 매끄러울수록 어둡고 거친 것보다 복사에너지를 덜 흡수하고 덜 방출한다.

22 한여름 낮, 밀폐된 차 안의 온도는 치명적으로 높다구요?

온실효과/복사냉각

점심시간에 울리는 친구들과 운동장에서 아주 잠시 축구를 했다. 점심시간이 끝나가기도 했지만 조금 뛰었더니 땀이 너무 많이 나서 더 할 수도 없었다. 교실로 들어가려는데 운동장 옆에 주차한 차 안에서 뭔가 희끗희끗한 것이 비쳤다. 가까이 다가가 보니 강아지 한 마리가 차 안에 홀로 남겨져 매우 헐떡거리고 있었다. 차 문은 잠겨 있고 수업은 곧 시작할 시간이고 해서 걱정스럽지만 그대로 둔 채 교실로 향하려는데 마침 차 주인이 멀리서 뛰어오고 있었다. 학교가 끝날 무렵, 엘리와 울리는 바리 교수의 연락을 받았다.

바리 닭봉이 많아서 간장구이를 했거든. 이런 것 만들면 너희 생각이 나서 말이지. 한창 자랄 때라 종일 배고프지? 하하-

울리 맞아요. 먹어도 먹어도 배고파요~

엘리 전 울리만큼은 아니에요. 재는 밥을 다 먹고도 바로 또 햄버거를 2개나 먹는다니까요. 피자는 한 판을 다 먹고요.

바리 아줌마 남자 조카가 너희만 했을 때를 생각해보면, 걔도 엄청 먹더니 키가 쑥쑥 자라더라.

울리 먹는 게 다 키로 가면 좋겠지만, 사실 살만 찌는 것 같긴 해요. 그래도 배고픈 걸 어떡해요, 먹어야죠. 헤헤- 참, 근데 저 아까 주인 없는 차 안에 강아지가 혼자 남겨져 있는 걸 봤어요. 창문은 꽉 닫혀 있고 강아지는 헐떡거려서 엄청 걱정했는데, 마침 주인이 오더라구요. 왜, 한여름에 밀폐된 차 안에 갓난아기나 강아지를 두고 내려서 죽었다는 뉴스가 가끔 나오잖아요.

엘리 어? 그런 일이 있었어? 여름엔 온실효과 때문에 차 안의 온도가 엄청 높아진다고 하던데….

바리 놀랐겠구나. 농사지을 때 사용하는 온실 안의 온도가 높은 것과 비슷해서 '온실효과greenhouse effect'라고 이름을 붙이긴 했는데, 사실 온도가 높은 원인은 그것과는 약간 달라.

엘리 어? 그래요? 어떻게 다르죠?

바리 농가에서 사용하는 온실의 내부 온도가 높은 것은 온실의 유리나 비닐막이 근본적으로 온실 안팎의 공기 대류를 막아서 밖에 있는 차가운 공기의 영향을 덜 받기 때문이거든. 물론 밖에서 들어온 태양복사에너지가 다시 나가지 못하는 온실효과도 있긴 하지만 말이야.

울리 들어온 태양복사에너지가 왜 못 나가요?

바리 태양에서 오는 빛은 여러 진동수의 전자기파로 되어 있는데, 가시광선은 유리나 투명 비닐을 잘 통과하지. 이렇게 온실 안으로 들어온 가시광선은 식물이나 땅에 흡수되기도 하고, 또 식물이나 땅은 복사에너지를 내놓기도 하겠지? 근데 이렇게 나온 복사에너지는 밖에서 들어온 가시광선보다 에너지가 훨씬 작아서 유리나 비닐을 뚫고 나가지 못한단다.

울리 흡수되어 에너지를 잃는 거네요?

바리 그렇지. 온실 안 식물이나 땅이 내놓는 전자기파는 우리 눈에 보이지 않잖아? 즉 가시광선이 아니란 뜻이지.

엘리 자외선도 눈에 보이지 않잖아요? 그리고 자외선이 유리나 비닐을 통과해서 들어가 조금 흡수되고, 다시 가시광선으로 유리나 비닐을 뚫고 나올 수도 있지 않나요?

바리 굉장히 좋은 질문인데? 엘리 말대로 자외선은 보라색보다 더 큰 진동수를 갖는 전자기파고 우리 눈에 안 보이지. 에너지는 커서 우리 피부를 태우고 말이야. 근데 나중에 빛을 설명할 때 다시 나오겠지만(3권 33화 참조), 자외선은 일반 유리들을 통과하지 못하고 거의 모두 유리에 흡수되어 온실 안으로 전달되지 않아.

울리 그러니까 모든 물체는 복사에너지를 내놓기도 하고 흡수하기도 하는데, 온실의 경우 큰 복사에너지가 들어는 와도 일부 흡수되기 때문에 들어온 만큼 나가지 못한 채 결국 온실 안에 작은 복사에너지들이 쌓인다는 거군요? 그래서 온도가 올라가고요?

엘리 오~ 깔끔하게 정리해주네~

바리 하하- 잘했어. 그럼 자동차 안의 온도가 높이 올라갈 수 있는 것도 이해되지? 창문도 유리로 되어 있으니 유리를 통해 들어온 가시광선이 의자 시트 등에 흡수되고, 방출되는 복사에너지는 유리를 통과해 나올 정도로 세지 못하다는 것을 말이야.

엘리 땡볕에 차를 오래 세워뒀다가 타려고 하면 의자가 엄청 뜨거워서 맨살이 델 것 같은 적도 있어요.

울리 맞아! 그래서 그럴 때는 아빠가 차 문을 활짝 열어놓고 좀 기다렸다 타라고 하더라.

바리 그래서 아기나 강아지는 말할 것도 없고 가스라이터처럼 휘발성이 강한 물질도 차 안에 두고 내리면 무척 위험한 거야. 특히 무더운 여름날에는 말이지.

엘리 온실효과로 인한 지구온난화 문제 이야기도 종종 TV에 나오잖아요? 여기서는 유리나 비닐 역할을 하는 것이 뭐예요? 공기인가요? 공기는 늘 있는 것인데….

바리 대기권에 있는 수증기나 이산화탄소가 온실의 유리나 비닐의 역할을 하는 거야. 태양복사에너지가 대기권을 뚫고 들어와 지구 표면에서 일부 흡수되고, 지구 표면은 복사에너지를 방출하지. 이때 지구가 내놓는 복사에너지는 에너지가 작은 적외선인데, 이 적외선의 일부를 대기권에 있는 수증기나 이산화탄소가 흡수한단다.

울리 모든 것이 복사에너지를 내놓고 동시에 흡수하니 복잡하네요.

바리 그래도 대표적인 현상만 알려주는 건데…. 아무튼 이런 대기권의 수증기나 이산화탄소를 '온실기체greenhouse gases'라고 불러.

울리 온실기체요? 그건 또 뭐예요?

바리 대기권의 수증기나 이산화탄소가 지구가 내놓는 복사에너지를 흡수하고, 다시 복사에너지를 방출하는데, 대기권이 지구 위에 있으니까 방출되는 복사에너지는 대기권 밖으로도 가지만 지구로도 떨어지잖아? 이렇게 다시 지구로 떨어지는 복사에너지가 지구의 평균기온을 올리는 주범이거든. 바로 이런 역할을 하는 기체들을 온실기체라고 부르는 거야.

울리 거봐요~ 내놓고 흡수하고, 또 내놓고 다시 흡수하고를 반복하잖아요. 히히-

바리 복사는 늘 있는 현상이니까~ 근데 사실 이 온실기체에 의한 온실효과 때문에 지구의 밤이 냉각되지 않는 거고, 그래서 생명체도 잘 생존할 수 있는 거란다. 만일 온실효과가 없었다면 지구의 평균기온이 약 영하 18°C였을 거라고 하거든.

엘리 예? 온실효과 때문에 생명체가 살 수 있는 거라고요? 그럼 지구온난화 걱정은 왜 하죠?

울리 아하, 공해 때문에 대기권에 온실기체가 너무 많아지는 거군요? 그럴듯한 추측이죠?

바리 하하하, 맞아! 인간문명이 발달함에 따라 끊임없이 이산화탄소

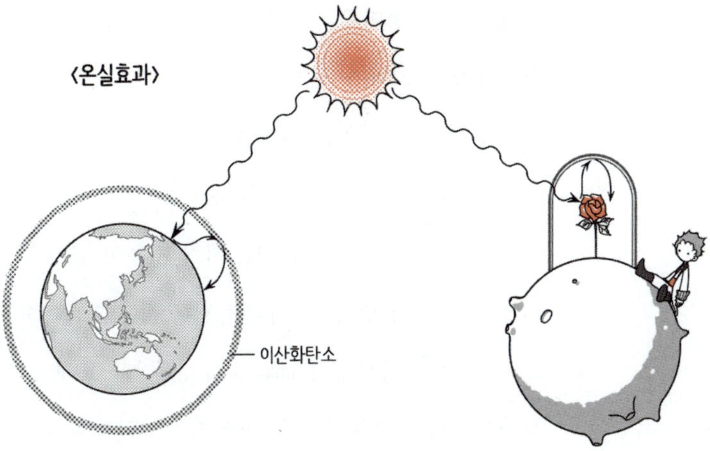

나 메탄가스 같은 온실기체를 많이 배출해서 지구를 둘러싸고 있는 대기권에 온실기체가 너무 많아진 거야. 그렇다 보니 온실기체가 내놓는 복사에너지도 과도하게 커져 지구의 평균온도가 계속 올라가고 말이야.

엘리 온실효과 때문에 생명체가 잘 생존할 수 있었는데, 또 그 온실효과 때문에 생존에 위협을 받는 거네요.

바리 그런 셈이지. 울리 말대로 대기권을 통과해 들어온 복사에너지가 지구의 복사에너지로, 지구의 복사에너지가 온실기체의 복사에너지로 다시 지구에 흡수되어 지구를 지나치게 덥히니까 말이야. 너희 '탄소중립carbon neutrality'이라고 들어봤니?

엘리 들어봤는데 무슨 의미인지는 잘 몰라요.

바리 '지구온난화를 유발하는 주요 온실기체인 이산화탄소의 실질 배출량을 0으로 만들자'는 의미야. 이산화탄소를 배출하는 만큼 흡수하는 방안을 만들자는 거지.

울리 잘 실천되어 지구가 더 더워지지 않았으면 좋겠어요~

바리 그러게 말이다. 시원한 주제로 바꿔볼까? 영하의 날씨도 아닌데 풀들에 맺히는 서리 이야기 어때?

울리 아, 그거 항상 좀 궁금했어요. 최저 기온이 영하도 아닌데 어떻게 풀에 서리가 생겨요? 서리는 얼음 같은 거잖아요?

바리 그런 현상을 '복사냉각radiative cooling'이라고 해. 보통은 물체가 복사에너지를 방출하고 동시에 흡수하면서 온도를 유지한다고 했잖아? 근데 흡수되는 복사에너지보다 방출되는 복사에너지가 더 큰 경우가 생기는 거야. 영하는 아니더라도 온도가 아주 낮을 때 말이야. 물체의 온도가 낮은데 흡수하는 것보다 방출되는 복사에너지가 더 크면 0℃까지 내려가 수증기가 어는 거지.

울리 그런 현상이 왜 풀에 생겨요?

바리 기온이 아주 낮을 때 흡수할 수 있는 복사에너지는 지열이거든. 근데 풀은 열전도도가 작아서 흡수를 잘 못하는 거야.

엘리 와~ 그럼 열전도도가 좋은 금속에는 서리가 안 생겨요?

바리 안 생기지. 땅에 떨어져 있는 금속 조각에 서리가 낀 것은 본 적 없을 걸~

울리 어? 근데 저 땅바닥에 있었던 건 아니지만 자동차엔진 뚜껑에 서리 낀 것은 본 적 있어요. 그것도 금속 아니에요?

바리 지열이 어디로 흡수되는가를 잘 생각해보면 알 거야. 금속으로 된 엔진 뚜껑이 땅에 접하고 있는 것이 아니잖아~

울리 아하~ 타이어! 타이어는 고무니까 열전도도가 작아서 지열을 잘 흡수하지 못하고 복사냉각이 일어나는 거군요.

엘리 알수록 신기하고 복잡해요.

바리 교수의 물리노트 22

- 온실효과greenhouse effect: 유리, 비닐, 대기권 등을 투과한 높은 진동수의 빛이 내부에서 흡수되어 더 낮은 진동수의 빛을 내놓음으로써, 유리, 비닐, 대기권 밖으로 다시 나가지 못하고 결국 내부에 복사에너지가 쌓여서 내부 온도가 올라가는 현상.
- 온실기체greenhouse gases: 대기권의 수증기나 이산화탄소와 같이 지구의 복사에너지를 흡수하여 다시 지구로 복사에너지를 내놓음으로써 지구의 온도를 높이는 기체들로, 대기권의 온실기체가 많아지면 지구온난화 현상이 일어난다.
- 복사냉각radiative cooing: 물체가 내놓는 복사에너지가 흡수하는 복사에너지보다 커서 표면 온도가 어는점까지 내려가는 현상. (예: 늦가을 풀에 맺힌 서리)

23 드라이아이스에서 모락모락 피어나는 연기가 물이라구요?

상태 변화

엘리 생일이라고 울리 엄마가 아이스크림케이크를 사서 울리와 함께 엘리네를 찾아왔다. 엘리가 생크림케이크보다 아이스크림케이크를 좋아하는 걸 아는 울리 엄마는 가끔 이렇게 생일을 기념해주곤 한다. 모두 모여 생일 축하 노래를 부르고, 엘리는 단숨에 촛불을 껐다. 케이크가 녹지 않게 케이크 상자 안에 함께 넣어온 드라이아이스에서는 계속 하얀 연기가 올라오고 있었다.

엘리 와~ 감사합니다. 아이스크림케이크 정말 좋아요~

울리 엘리야, 우리 이 아이스크림케이크 한 조각 바리 아줌마께 갖다 드릴까? 바리 아줌마도 일반 케이크보다는 아이스크림케이크를 좋아한다고 하셨던 것 같은데….

엘리 그럴까? 아직 드라이아이스도 많이 남아 있어서 넣고 가면 녹진 않겠다.

울리 내가 아줌마한테 시간 되시는지 문자 보내볼게~

울리 (한 시간 후) 아줌마~ 저희 왔어요~

바리 엘리 생일인 줄 알았으면 선물이라도 준비하는 건데 그랬구나. 너희가 가져온 거지만 같이 더 먹고 가렴.

엘리 이미 많이 먹고 왔어요~ 근데 녹지 않았죠? 연기가 나오는 걸 보니 드라이아이스가 아직 남아 있네요.

울리 난 더 먹을 수 있어~ 히히-

바리 이렇게 과자를 찍어 먹어도 맛있어~ 근데 너희 저 드라이아이스에서 나오는 하얀 연기가 뭔지 알아?

엘리 기체 드라이아이스 아니에요? 고체 드라이아이스는 액체를 거치지 않고 바로 기체가 되잖아요? 고체가 기체로 변하는 것을 '승화'라고 하죠?

바리 승화 현상은 맞는데…. 혹시 드라이아이스의 성분이 뭔지 아니?

엘리 이산화탄소요~

바리 그래~ 잘 알고 있네. 드라이아이스는 고체 상태의 이산화탄소지. 그럼 고체 이산화탄소가 승화하면 뭐가 되어야 하지?

엘리 기체 이산화탄소요.

울리 앗, 기체 이산화탄소는 우리 눈에 보이지 않잖아요?

엘리 아, 그렇겠네요. 우리가 숨 쉬며 내놓는 이산화탄소도 안 보이는데…. 그럼 저 하얀 연기는 뭐죠?

바리 궁금하지? 드라이아이스는 영하 78.5°C 이상의 온도에서 바로 기체 이산화탄소로 승화되기 때문에 우리 눈에는 보이지 않아. 근데 마치 드라이아이스가 하얀 연기를 내는 것처럼 보이는 것은, 사실 드라이아이스 주변의 수증기가 차가운 드라이아이스 때문에 열을 빼앗기고 안개처럼 작은 물방울로 응축되어서 그런 거야.

울리 와~ 하얀 연기가 물이라구요?

엘리 물이 더욱 신비롭게 느껴지는데요? 4°C에서 밀도가 제일 높아서 한겨울에도 물고기들이 물속에서 살 수 있게 해주질 않나(2권 18화 참조), 비열도 커서 냉찜질과 온찜질이 모두 가능하게 해주질 않나(2권 16화 참조), 이제 신비로운 연기까지….

바리 하하- 그렇지? 그래서 우주 탐사를 할 때도 다른 행성에 물이 있나 없나부터 조사를 하잖아~ 그럼 이 신비로운 물을 조금 더 살펴볼까?

울리 저희를 절대 그냥 보내실 수 없는 거죠?

바리 하하하- 절대는 아니고~ 집에 얼른 가야 하는 것은 아니지?

엘리 저희가 안 오면 엄마가 좋아하시겠죠. 아줌마랑 공부하고 있나 보다 생각하실 테니까요.

바리 그럼 공부를 해야지. 하하- 온도가 낮아지면 수증기는 물이 되고, 물은 얼음이 되는 것은 잘 알고 있잖아?

엘리 그렇죠. 온도가 낮아지면 기체는 액체가 되고 액체는 고체가 되는 것은 많이 들었어요.

바리 그래~ 기체가 액체로 변하는 것을 '응축'이라고 하고, 액체가 고체로 변하는 것을 '응고'라고 하는데, 그런 용어를 강조하고 싶지는 않아. 그보다는 상태 변화에 따른 에너지 변화를 강조하고 싶단다. 예를 들어 100°C의 수증기 1g이 100°C의 물 1g이 된다면 에너지 변화가 얼마나 될까 하는 것 말이야.

울리 잠깐만요. 그건 온도가 낮아진 것이 아니잖아요? 같은 100°C인데 에너지 변화가 있어요?

바리 그게 바로 지금 알려주고 싶은 거야. 온도는 변하지 않았지만 상태가 기체에서 액체로 변했기 때문에 생기는 에너지 변화 말이야. 수증기는 물분자들이 서로 멀리 떨어져 있는 상태로 운동에너지가 크지만, 액체인 물은 지난번 얘기했듯이 물분자들끼리 수소결합으로 얽혀 있어서 운동에너지가 수증기 상태보다 훨씬 작지. 그래서 수증기가 물이 되었다는 것은 에너지를 잃었다는 의미야.

울리 수증기 상태에서 에너지를 잃으면 온도 변화 없이 액체 상태인 물이 되고, 거기서 에너지를 더 잃으면 비로소 물의 온도가 낮아지는 건가요?

바리 그렇지. 100°C의 물이 된 후 에너지를 더 잃으면 물의 온도가 낮아지기 시작하지.

엘리 그럼 100°C의 수증기 1g이 100°C의 물 1g이 되려면 에너지를 얼마나 잃어야 해요?

바리 약 540cal인데, 이건 다른 물질에 비해서 엄청 큰 값이야.

울리 물은 특별하니까요~ 헤헤- 근데 540cal가 큰 값이에요? 전혀 감이 잡히지 않아요.

엘리 저도요. 1g의 수증기가 물이 되면서 540cal의 에너지를 내놓는다는 것은 1kg의 수증기가 540kcal의 에너지를 내놓는다는 것과 같으니 어찌 보면 큰 것 같기도 하지만요.

바리 그렇게 환산해보는 것도 좋은 방법이야. 또는 4kg의 수증기가 물이 되면서 내놓는 에너지가 2,000kcal가 넘는다고 생각하면 확실히 큰 에너지지. 성인 한 사람이 하루에 필요로 하는 열량 수준이잖아.

울리 그렇게 큰 에너지면 분명 생활 속 어딘가에 이용했을 것 같은데, 그런 예는 없나요?

바리 요즘은 거의 없지만, 예전에는 스팀으로 난방을 하곤 했는데 그 스팀 난방이 좋은 예라고 할 수 있지.

울리 어? 스팀 난방은 뜨거운 수증기를 보내서 공기를 따뜻하게 하는 거 아니에요?

바리 그렇게 생각하기 쉽지만, 사실은 그 효과보다 수증기가 물이 될 때 내놓는 에너지에 의한 난방 효과가 훨씬 커. 이렇게 물질의 온도는 변하지 않으면서 상태가 변할 때 관여하는 에너지를 '숨은열(잠열)latent heat'이라고 불러.

엘리 기화열이나 액화열이 아니고요?

바리 기화열이나 액화열은 모두 숨은열의 일종이지. 액체가 기체로 될 때 필요한 숨은열은 '기화열', 기체가 액체로 되면서 내놓는 숨은열은 '액화열', 또 액체가 고체로 되면서 내놓는 숨은열은 '응고열', 반대로 고체가 액체로 될 때 필요한 숨은열은 '융해열'이라고 하고 말이야.

엘리 아하~ 그렇군요. 그럼 액체인 물이 고체인 얼음이 되기 위해서 내놓는 에너지는 얼마나 돼요? 액체에서 고체가 되는 것이니 응고열이겠네요.

바리 0°C의 물 1g이 0°C의 얼음 1g이 되려면 80cal의 열을 빼앗겨야 가능하지. 반대로 0°C의 얼음 1g이 0°C의 물 1g이 되려면 80cal의 열을 흡수해야 하고 말이야.

울리 기화열이나 액화열에 비하면 아주 작은 값이네요?

바리 하지만 물의 온도를 변화시키는 데 필요한 에너지보다는 아주 크잖아?

울리 앗, 물의 온도를 변화시키는 데 필요한 에너지를 알려주셨나요?

바리 우리 공부했는데…. 비열의 정의가 뭐였지?

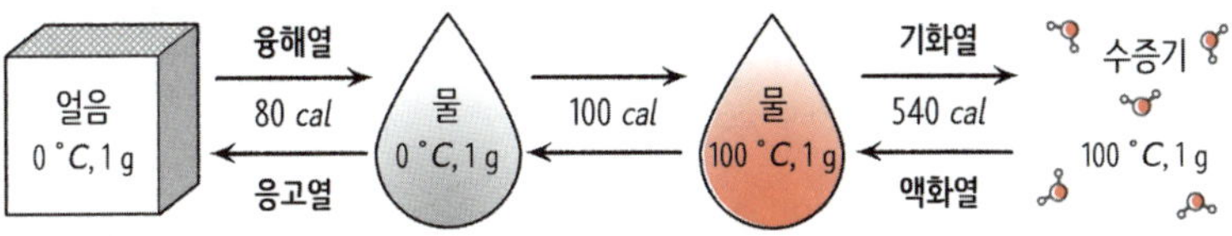

엘리 물질 1g의 온도를 1°C 변화시키는 데 필요한 에너지요.

울리 아하~ 물의 비열이 1이니까, 물의 온도를 1°C 높이는 데 필요한 열은 1g당 1cal라는 뜻이죠?

바리 그렇지. 물의 비열을 단위까지 정확히 나타내면 1cal/g·K이니까 말이야.

울리 와~ 얼음이 물이 되거나 물이 수증기가 되는 것이 쉬운 일이 아니고 에너지가 그렇게 많이 필요한 거군요.

바리 그럼 촛불을 맨손으로 만져도 데지 않는 방법을 얘기하라면 할 수 있겠어?

울리 네? 갑자기 왜 촛불 얘기가 나오죠? 근데 그게 가능해요?

엘리 흠…. 물 얘기 하다가 나온 거니까, 손에 물을 묻히고 촛불을 만지나요?

울리 아~ 맞는 것 같아. 물을 묻히고 촛불을 만지면 물이 다 증발하는 데 많은 에너지가 필요하니까 그동안 손은 데지 않을 테고 말이야.

바리 그렇지! 그럼 100°C의 수증기와 100°C의 물이 피부에 닿으면 어느 것이 더 치명적인지도 알겠지? 100°C의 수증기와 100°C의 물의 차이를 생각하면 바로 알 수 있을 거야.

엘리 답은 수증기 같은데, 한편으로는 어차피 온도가 같으니 수증기의 양과 물의 양이 같으면 둘 다 똑같이 치명적인 것 아닌가 하는 생각도 들어요.

울리 100°C의 수증기가 피부에 닿으면 피부 온도가 낮으니 수증기가

100°C의 물이 되면서 액화열을 내놓게 되지 않을까? 그러니 수증기가 훨씬 위험한 것이 맞는 것 같아.

엘리 아, 피부에 닿아서 수증기가 액화하는 과정이 하나 더 있겠구나.

바리 둘이 그렇게 토론하며 답을 찾아가는 걸 보는 게 얼마나 즐거운지 너희는 모르지? 하하- 오늘은 늦었으니 집 앞까지 태워다 줄게. 물에 관한 얘기는 다음에 더 하자꾸나~

바리 교수의 물리노트 23

- 숨은열(잠열)latent heat: 물질의 상태(고체, 액체, 기체)가 변할 때 관여하는 에너지.
- 기화열(액체 → 기체), 액화열(기체 → 액체), 융해열(고체 → 액체), 응고열(액체 → 고체), 승화열(고체 ↔ 기체)은 모두 숨은열이다.
- 물의 기화열은 1g당 540cal, 그리고 얼음의 융해열은 1g당 80cal다.

24 습한 여름날에는 수증기가 응축되어 더 덥다구요?

증발/응축

오늘은 체육 시간에 조금 많이 뛰었더니 땀도 많이 나고 유난히 더웠다. 언젠가 땀이 분비되지 않는 사람도 있다는 이야기를 들은 울리는 문득 땀이 나지 않으면 편하겠다는 생각을 했다. '무더운 여름에 온몸이 끈적끈적하지도 않고 얼마나 좋을까' 하고 생각하다가, '땀을 내서 체온 조절을 한다는데 땀이 나지 않는 사람은 어떻게 체온 조절을 할까' 궁금해지기도 했다. 오늘은 바리 교수를 만나기로 한 날이라 엘리와 같이 학교를 나섰다.

엘리 으~ 너 땀 냄새 장난 아니야~

울리 아까 체육 시간에 땀을 많이 흘려서 그래….

엘리 화장실에서 대충 좀 씻고 오지 그랬어.

울리 그럴 걸 그랬나? 근데 너, 땀 안 나는 사람 얘기 들어봤어? 전에 TV에도 나왔다는데.

엘리 그래? 그럼 그 사람은 더울 때 체온 조절을 어떻게 하지?

울리 모르지. 근데 땀이 나서 체온 조절이 되긴 하는 거니? 난 땀이 뻘뻘 나도 덥기만 하던데.

바리 땀이 나지 않으면 더 덥겠지. 그러다 체온이 올라가서 심하면 쓰러지기도 하고 말이야.

엘리 어? 아줌마, 어디서 나타나셨어요?

바리 계속 너희 뒤에 있었지. 하하- 너희 올 시간이 되어서 부지런히 가고 있는데 앞에 너희가 있는 거야. 그래서 몰래 따라왔지.

울리 그럼 저희 얘기도 다 들으셨어요?

바리 그래~ 다 들리던데? 하하- 근데 땀이 나면 왜 체온이 조절되는지 알아?

울리 음…. 그냥 땀을 내서 체온 조절을 한다는 것만 기억나는데요.

바리 지난번에 배운 숨은열과 관계있는데….

울리 아~ 물의 무지 큰 기화열이요?

엘리 맞다, 땀이 증발하면서 이때 필요한 기화열을 피부에서 빼앗아 가기 때문이죠?

바리 그렇지. 더워서 체온이 올라갈 때 피부를 통해 땀이 분비되는 것은, 바로 땀이 증발할 때 필요한 기화열을 피부로부터 가져갈 수 있기 때문이야. 즉 땀이 증발하는 데 필요한 에너지를 빼앗겼으니 우리 몸의 체온은 낮아지는 효과가 생기는 거고 말이야.

울리 신비로운 물이 우리를 살게 해주는 거군요. 히히- 근데 땀이 분비되지 않는 사람도 있다는데, 그런 사람들은 어떻게 조절하죠?

바리 일종의 희귀병이라는데, 그런 사람들은 스스로 아주 조심해야 할 수밖에 없다고 해.

엘리 근데 개나 고양이도 땀샘이 없다고 들었는데, 걔네는 어떻게 괜찮은 거예요?

울리 고양이는 발바닥에 땀샘이 있다고 하던데? 사실인가요?

바리 한여름에 개가 혀를 있는 대로 빼고 있는 것 본 적 있지? 바로 침을 증발시켜 체온 조절을 하는 거야. 사람은 몸집이 커서 체온 조절을 위해 피부 전체에 땀샘이 있어야 하지만, 개나 고양이는 작아서 그렇게 많은 땀샘이 필요한 것은 아니고 말이야. 아, 그리고 고양이 발바닥의 땀샘은 땀을 분비해서 마찰력을 크게 하기 위한 거래. 신기하지?

울리 우와~ 정말요? 신기하네요. 하긴 바닥을 딛고 있는 발바닥에서 나온 땀이 증발하기도 힘들 테니 체온 조절 효과는 없겠네요.

엘리 그럼 습한 여름날에는 왜 더 더울까요? 습해도 땀은 나잖아요?

바리 좋은 질문이야. 공기 중에 수증기가 많지 않아야 땀이 잘 증발하는데, 습한 날에는 이미 공기 중에 수증기가 너무 많기 때문이지. 오히려 공기 중의 수증기가 피부에 닿아 식어버리거든. 수증기가 식으면 어떻게 되지?

울리 물이 되겠죠~

바리 수증기가 그냥 물로만 바뀔까?

엘리 아, 많은 에너지를 내놓죠. 1g당 540cal 나요.

바리 그렇지. 수증기가 물이 되면서 많은 에너지(융해열)를 내놓으니까 온도가 아주 높지 않더라도 습도가 높으면 훨씬 더 덥게 느껴지는 거야.

울리 그렇군요. 땀도 나지, 공기 중 수증기는 피부에서 물이 되지, 끈적거리지 않을 수가 없겠네요.

엘리 우리 주변에 물의 상태 변화와 관련된 현상들이 많네요.

바리 물하고 같이 사니까. 하하- 집에서 샤워를 할 때도 늘 경험하고 있을 텐데~

울리 샤워할 때요? 무슨 경험을요?

바리 왜, 겨울에 더운물을 틀어놓고 몸에 비누칠을 하면 별로 춥지 않은데, 물을 틀어놓지 않고 비누칠을 할 때는 서늘하지 않아?

엘리 아~ 맞아요. 그래서 전 꼭 더운물을 틀어놓은 채 비누칠을 해요. 물을 아껴야 하지만 그러다 감기에 걸리까 봐요. 헤헤-

바리 이것도 증발(물 → 수증기)과 응축(수증기 → 물)의 문제거든. 더운물을 틀어놨을 때는 피부 표면의 물이 증발하는 효과보다 주변의 수증기가 피부 표면에서 응축되는 효과가 더 커서 서늘함을 느끼지 못하지만, 물을 틀지 않고 있을 때는 반대로 피부 표면에서 물이 증발하는 효과가 수증기의 응축 효과보다 크기 때문에 체온이 떨어져서 서늘함을 느끼는 거니까 말이야.

울리 아하~ 그렇군요. 근데 무식한 질문 하나 해도 돼요?

바리 무식한 질문은 없다니까~ 무식한 사람은 있어도. 아직도 질문하는 것이 조심스러워? 무슨 질문인데?

울리 물은 온도가 100°C가 돼야 끓고 수증기가 되잖아요? 근데 어떻게 100°C도 아닌 땀이나 샤워 물이 증발하여 수증기가 되죠?

바리 무식한 질문이 아니고 아주 중요한 질문인데? 사실 그런 경우들이 일상생활에 많지. 물을 끓일 때 그 물은 100°C가 아닌데도 수증기가 나온다든지, 또 찬물을 그릇에 담아두면 서서히 줄어든다든지, 빨래가 마른다든지 하는 것들 말이야.

엘리 모두 100°C도 아닌데 물이 증발하는 현상이네요.

바리 그렇지. 여기서 다시 온도의 개념을 되새겨볼 필요가 있는데, 온도는 대략적으로 물질의 분자 하나가 갖는 평균 에너지와 비례한다고 했잖아? (2권 14화 참조) 그 말인즉 어떤 분자들은 평균 에너지보다 더 큰 에너지를 갖고 있고, 어떤 분자들은 평균 에너지보다 더 작은 에너지를 갖고 있다는 거지. 30°C의 물이라도 그 속의 어떤 물분자는 100°C에 해당하는 에너지를 갖고 있을 수 있고, 또 어떤 물분자는 10°C에 해당하는 에너지를 갖고 있을 수 있고 말이야.

엘리 아~ 그렇겠네요~ 우리 반 성적 평균이 70점인데, 누구는 만점을 받고, 누구는 20점을 받고 하는 것처럼요.

울리 내가 왜 뜨끔하지. 반 평균 낮추는 주범 같고 말이야. 흐흐-

바리 하하- 이런 훌륭한 질문을 한 울리인데~ 이렇게 주어진 온도에서 분자들이 갖는 에너지 분포를 이상기체에서는 '맥스웰-볼츠만 속력 분포'로 나타낸단다. 분자들의 운동에너지만 있는 이상기체에서 운동에너지의 분포는 결국 속력의 분포로 이해할 수 있으니까 말이야.

엘리 저희는 물분자의 에너지 분포를 알아야 하는 것 아닌가요?

바리 그렇긴 한데, 이상기체의 경우에는 속력 분포를 쉽게 정확히 구할 수 있거든. 주어진 온도에서 느린(또는 작은 에너지의) 물분자도 있고 빠른(또는 큰 에너지의) 물분자도 있다는 기본적 특성은 같고 말이야.

울리 그럼 충분히 큰 에너지를 갖는 물분자들은 증발할 수 있다는

〈맥스웰-볼츠만 속력 분포〉

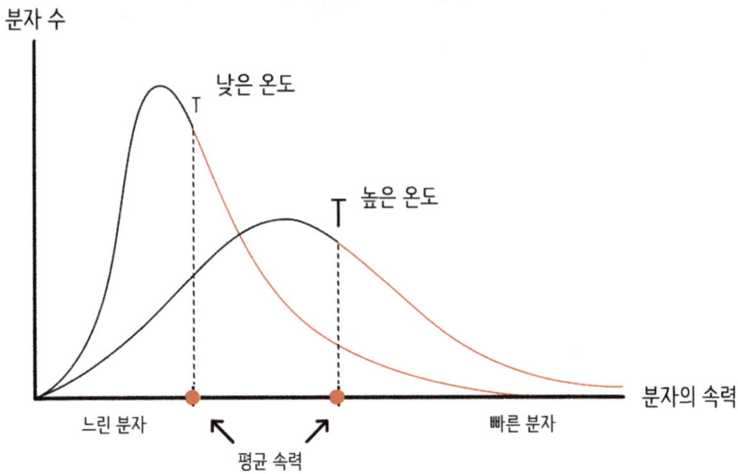

거군요?

바리 그렇지. 특히 에너지도 크면서 표면에 있는 물분자들은 공기분자들과의 충돌에 의한 에너지를 흡수해서 쉽게 증발할 수 있고 말이야.

엘리 큰 에너지를 갖고 있던 물분자들이 그렇게 증발하고 나면 남아 있는 물의 온도는 낮아지겠네요?

바리 그렇지. 물분자들이 증발한 후 남아 있는 물의 온도는 낮아지기 때문에, 증발evaporation은 냉각cooling 현상이라고 볼 수 있단다.

울리 증발하면 온도가 낮아지고, 응축하면 온도가 높아지는 거네요? 그래서 응축condensation은 가열heating 현상이고요. 그럼 안개나 구름은 수증기의 응축 현상인가요?

바리 요즘 울리가 정리를 점점 잘하는데? 맞아. 따뜻한 공기가 위로 올라가면서 단열팽창하느라 에너지를 써서 온도가 낮아지면, 이때 느려진 수증기분자들이 서로 달라붙어 만들어지는 게 구름이니까. 안개는 따뜻하고 습한 공기가 차가운 육지를 지날 때 수증기가 응축된 것이고 말이야.

엘리 천천히 움직이는 수증기분자들은 서로 붙어요?

바리 그래~ 충돌했을 때 느린 분자들은 쉽게 달라붙고, 빠른 분자들은 서로 많이 튕겨서 잘 달라붙지 못하거든. 또 공기 중에 천천히 움직이는 큰 입자들이 있으면 그 주변에 물분자들이 더 잘 달라붙어서 큰 물분자 덩어리가 만들어지고 말이야. 인공강우가 바로 이런 원리를 이용한 거지. 즉 속력이 느리고 크기가 큰 입자를 공기 중에 쏘아줌으로써 주변의 수증기가 쉽게 많이 달라붙게 하는 거란다.

엘리 아하~ 물분자 덩어리가 무거워지면 떨어져 비가 되니까요.

바리 그래. 물분자 덩어리의 무게가 공기저항보다 크면 떨어지게 되는 거야. 이렇게 떨어지는 빗방울들은 어떻게 생겼을까? 흔히 그리는 것처럼 한쪽 끝이 뾰족한 원형일까?

울리 동그란 구형일 것 같아요. 가장 완벽한 구조잖아요. 히히-

바리 오~ 그런 것도 아네~ 작은 물방울들은 구형이고, 커질수록 납작해진대~ 근데 너희들 저 뒷산은 가봤니? 다음에는 함께 운동 삼아 뒷산에 올라가볼까?

울리 산에 가서 또 무슨 공부를 시키시려고요? 헤헤-

바리 교수의 물리노트 24

- 이상기체 내 분자들의 속력 분포는 '맥스웰-볼츠만 속력 분포'로 기술되고, 분자들의 평균 속력은 기체의 온도와 관계있다.
- 물의 증발evaporation은 냉각cooling 효과를 주고, 수증기의 응축condensation은 가열heating 효과를 준다.

25 튀김을 만들 때 기름은 끓지 않는다구요?

끓는점

함께 만나기로 약속한 주말, 율리와 엘리는 동네 뒷산 입구에서 바리 교수를 만났다. 엘리는 엄마가 간식으로 만들어준 모둠 튀김을 가져오느라 배낭까지 메고 왔다. 바리 교수가 생수를 나눠줘서 한 병씩 들고 슬슬 산을 올랐는데, 비교적 완만하고 낮은 산이라 어린아이나 강아지를 데리고 오르는 동네 사람들이 많았다. 꼭대기에 운동기구도 있고 쉴 수 있는 벤치도 있어서, 셋은 함께 운동기구도 해보고 벤치에 앉아 나무 구경도 했다. 산 아래로 동네가 훤히 내려다보이니 기분도 좋았다.

엘리 아줌마, 우리 이제 튀김 먹어요.

울리 듣던 중 반가운 소리네~ 배고파지고 있었는데. 헤헤-

바리 그래~ 이렇게 좀 걷고 난 후 먹으면 꿀맛이지. 아직도 바삭하니 맛있네~ 너도 엄마랑 같이 튀겼니?

엘리 아니요. 전 늦잠 자느라…. 히히-

울리 튀김을 만들 때는 기름이 많이 튀어서 옆에 가기도 싫어요. 기름이 펄펄 끓으며 사방으로 튀잖아요.

바리 기름이 끓는 것을 봤다고? 아닐 텐데~

울리 어? 왜요? 오징어튀김 할 때 보니까 기름 속에 오징어를 넣으니 지글지글 소리까지 나면서 기포도 생기고 막 끓던데요?

엘리 맞아요. 오늘 저도 엄마를 돕지는 못했지만 기름이 끓는 것은 봤는데….

바리 그래? 그럼 기름에 아무것도 넣지 않았을 때도 끓는 것을 봤어? 튀김 재료를 넣기 전이라든지 튀김을 건지고 난 다음이라든지 말이야. 잘 기억해봐, 어땠는지.

울리 아, 튀김 재료를 넣기 전이나 건지고 난 후에는 기름이 끓지 않았던 것 같네요….

엘리 그러게요. 생각해보니 튀김을 꺼내면 기름이 튀지도 않고 조용했어요. 어떻게 된 거죠?

바리 그건 기름이 끓는 온도를 생각해봐야 해. 액체가 끓는 온도를 '끓는점boiling point'이라고 하는데, 끓는점의 정의는 '온도가 올라가면서 액체 일부가 기체가 되어 생긴 액체 증기압이 주변 압력과 같아질 때의 온도'야.

울리 주변 압력이라고 하면 대기압이요?

바리 정확하게는 대기압에 액체의 압력을 더한 거겠지? 기름을 가열하면 평균 에너지보다 큰 에너지를 갖는 기름분자들이 먼저 기체 상태로 바뀌기 시작해, 기체 상태의 기름분자들이 많아지면 기포를 형성하거든. 이때의 기포 안에는 기름 증기가 들어 있는 건데, 기포 모양을 유지한다는 것은 기포 안팎의 압력이 같다는 뜻이지. 기포 밖의 압력은 대기압과 기포가 있는 위치에서의 액체의 압력을 더한 것이고 말이야.

엘리 그럼 기포가 생길 때의 온도가 끓는점인 거군요.

울리 잠깐! 액체 상태의 기름분자들이 기체 상태로 바뀌는 것은 증발 아니에요? 끓음과 증발의 차이가 뭐죠?

바리 와~ 예리한 질문이네! 끓음은 증발의 일종인데, 표면보다는 액체 내부에서 급격하게 일어나는 현상이지. 액체 내부에서 액체가 증발해 기체가 많이 생기면 기포를 형성하는 거고 말이야.

엘리 아~ 그렇군요. 역시 울리랑 같이 공부를 하면 재미있어요~ 헤헤- 그럼 식용유의 끓는점은 얼마예요?

바리 식용유 종류에 따라 다르지만 300℃ 정도란다. 근데 튀김은 보통 180℃ 정도에서 만드니까 기름의 끓는점보다는 한참 낮은 온도에서 튀기는 거지.

엘리 그럼 기름이 지글지글하는 것은 뭐죠? 기포도 막 생기던데요.

울리 아하~ 알았어요! 끓는 것은 물이죠? 모든 튀김 재료에는 수분이 들어 있고, 물의 끓는점은 100℃니까 180℃ 기름에 수분이 있는 재료를 넣으면 정신없이 끓을 것 아니에요?

엘리 아~ 그래서 튀김옷을 입히기 전에 재료의 물기를 잘 닦아주라고 하는 거였어!

바리 하하- 너희는 참 대단해. 조금만 운을 띄우면 둘이서 문제를 척척 해결한다니까. 우리가 여기서 밥을 해 먹을 일은 없어서 직접 경험하지는 못하겠지만, 높은 산에서 밥을 하면 밥이 설고 잘 안 익는다는 얘기는 들어봤지?

울리 네~ 예전에 아빠랑 산에 캠핑을 가서 아빠가 밥하시는 걸 본 적이 있는데, 그때 냄비 위에 무거운 돌을 올리고 하시더라고요. 안 그러면 밥이 설익는다고요.

엘리 맞다~ 그때 저도 같이 갔었어요~

바리 아, 둘 다 좋은 경험을 했구나. 왜 돌을 올리는지는 여쭤봤어?

엘리 울리 아빠가 설명해주신 것은 기억나는데, 정작 원리는 기억나지 않네요. 헤헤- 아마 그때 제대로 이해하지 못했나 봐요.

바리 그럼 오늘 이해해보자. 아까 끓는점 정의가 '액체 내 기포의 증기압과 기포 밖의 압력이 같을 때의 온도'라고 했잖아? 근데 산에 올라가면 대기압이 낮아지는 것은 이미 알고 있지? 그럼 어떤 일이 생길지 생각해볼래?

엘리 대기압이 낮으면 증기압이 높지 않아도 되니까, 그래서 기포가 빨리 생기는 건가요?

울리 기포가 빨리 생긴다는 것은 곧 빨리 끓는다는 거죠? 어? 그

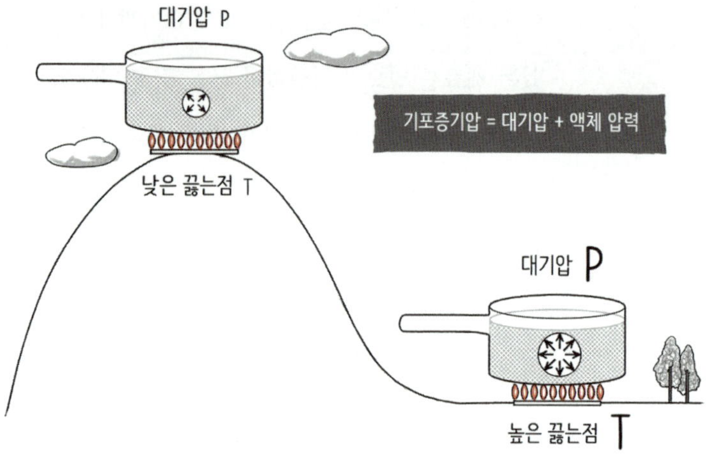

럼 끓는점이 변하는 건가요? 빨리 끓는다는 건 끓는점이 낮다는 거잖아요?

바리 그렇지. 대기압이 낮으면 끓는점도 낮아져. 물의 경우엔 100°C가 되지도 않았는데 기포가 생기기 시작한다는 뜻이고. 물이 100°C에서 끓는다는 것은 1기압일 때를 전제로 하니까 말이야.

엘리 근데 빨리 끓으면 왜 밥이 잘 안 되죠?

바리 증발은 냉각효과라고 했잖아? 100°C가 되지도 않았는데 물이 계속 증발하면서 기화열을 가져가면 남아 있는 쌀과 물의 온도는 높아지지 못하는 거지. 온도가 높지 않다는 건 그만큼 에너지도 크지 않다는 거니까 1기압일 때보다 잘 안 익게 되는 거고 말이야.

울리 아, 그러니까 일단 끓으면 물이 증발하면서 에너지를 많이 가져가기 때문에, 가능하면 끓지 못하게 하는 것이 음식을 빨리 익히는 방법이겠네요?

바리 그래서 압력솥이 발명된 거지.

울리 압력솥은 정말 압력을 높게 만드는 거군요?

바리 그래. 압력솥은 뚜껑이 꽉 조이도록 만들어 수증기가 밖으로 빠져나가지 못하게 되어 있잖아. 압력솥 안의 내용물 표면에서 증발한 수증기가 밖으로 빠져나가지 못하니 압력솥 내부 압력이 커져서 100°C가 되어도 물이 끓지 못하는 거지. 결국 그 내용물은 1기압일 때보다 많은 에너지를 흡수하게 되어 빨리 익게 되는 거고 말이야.

울리 근데 고산지대에 있는 도시에서 사는 학생들도 물이 100°C에서 끓는다고 배우는 것 아닌가요?

바리 하하- 높은 지역의 학생을 위한 책을 따로 만들지 않는다면 100°C라고 배우겠지? 그래서 '1기압에서의 끓는점'이라고 명확히 표시해야 하는 거고 말이야. 해발 1,600km에 위치하고 있어 미국에서 가장 높은 도시라고 하는 콜로라도주의 덴버시는 대기압이 약 0.85기압이래. 물은 95°C에서 끓는다고 하니까 좀 느낌이 이상하긴 할 것 같지?

엘리 그런 도시에서는 압력솥이 필수품이겠네요. 일반 요리책을 보고 따라 하다가는 덜 익은 요리가 될 테니까요.

울리 요리책에서 요리 시간을 알려줄 때 압력도 함께 표시해야겠어요. 히히- 근데 압력솥의 압력은 얼마나 돼요?

바리 압력솥마다 다르겠지만 대략 1기압 정도 더 높여준다니까 우리처럼 표준대기압인 1기압에서 압력솥을 이용하면 압력솥 안의 압력이 2기압 정도가 된다는 거고, 덴버시 같은 곳에서는 1.85기압이 된다는 거겠지.

울리 그럼 물의 끓는점은 얼마나 올라가요?

바리 2기압일 때 물은 120°C 정도에서 끓어. 압력을 그보다 더 높이면 돼지뼈까지 부드럽게 씹히는 중국요리도 가능하고 말이지.

엘리 오~ 돼지뼈가 씹힐 정도로 물러진다고요?

울리 압력에 따라 끓는점이 변하고, 끓는점에 따라 밥이 설기도 하고 돼지뼈가 익기도 한다니 신기하네요.

엘리 아줌마, 근데 문득 불을 세게 해서 물을 끓일 필요가 없다는 생각이 들었어요. 맞나요?

울리 그게 무슨 소리야?

엘리 불을 세게 해서 팔팔 끓이나 불을 줄이고 끓이나 물이 끓기만 하면 물의 온도는 1기압에서 100°C를 넘을 수 없잖아? 어차피 물의 온도가 100°C면 음식이 익는 시간도 같을 테고 말이야.

바리 물의 온도가 이미 100°C라면, 불을 세게 해서 큰 에너지를 공급해봤자 물이 수증기가 되는 데나 쓰이는 거지. 물의 온도가 더 올라가는 것이 아니고 물이 빨리 증발될 뿐이니까 말이야.

울리 아, 물이 이미 끓고 난 후에는 불을 너무 세게 할 필요가 없다는 거군요. 괜히 에너지만 낭비하는 거니까요.

엘리 다음에는 산에 와서 라면이라도 끓여 먹어봐요~

바리 여긴 취사 금지야. 다음에는 집에서 만나자~

바리 교수의 물리노트 25

- 끓는점boiling point: 액체의 내부에서 증발한 액체 증기가 만든 기포의 안쪽 압력(액체 증기압)과 바깥쪽 압력(대기압＋액체 압력)이 같아질 때의 온도.
- 압력이 높을수록 액체의 끓는점이 높다.

26 일하고 열받으면 본전일 수 있다구요?

열역학 제1법칙

수업 시간에 울리 자리 주위의 친구들이 웃긴 동영상을 돌려 보며 떠들다가 걸리는 바람에 울리까지 포함해서 모두 청소 벌칙을 받게 되었다. 그것도 일주일 동안이나. 울리는 떠들지도 않았는데 함께 벌을 받게 되어 억울한 마음에 툴툴거리며 청소를 했다. 거기다가 진짜 떠든 친구는 청소를 조금 하는 척하더니 어느새 사라져버렸다. 잔뜩 열받은 울리는 집에 오는 길에 자전거를 빠르게 밟았다가, 예전에 차와 부딪칠 뻔했던 기억이 떠올라 다시 속도를 늦춰 천천히 주택가를 지나갔다. 그런데 저 멀리 바리 교수와 엘리가 보였다.

엘리 이제 와? 너 벌로 청소했다며?

울리 에잇, 진짜 짜증 나. 나는 떠들지도 않았는데 일주일이나 청소하래…. 아, 생각하니까 또 열받네. 근데 너는 여기서 뭐해?

바리 엘리가 지나가다가 퇴근하는 나랑 마주쳤지. 네가 청소 당번하는 얘기도 하며 같이 수다 떨고 있었어. 근데 울리처럼 일하고 열받으면 과학적으로는 본전일 수 있다는 거 아니? 호호-

울리 아줌마~ 저 약 올리시는 거죠?

바리 에이~ 그럴 리가 있니? 청소하고 열받았다고 하니 생각나는 에너지 보존법칙이 있어서 그렇지.

엘리 에너지 보존법칙이요? 역학적 에너지 보존이요?

울리 우리, 유체에서의 에너지 보존도 들은 적 있잖아? 베르누이의 원리를 공부하면서.

바리 기억하고 있구나. 오늘 얘기하려는 것은 일과 열이 들어간 에너지 보존법칙이야. 거창하게는 '열역학 제1법칙'이라고 하지. 예전에 '일은 힘이 작용해서 변위가 생겼을 때 힘과 변위의 스칼라곱(내적)으로 정의한다'고 말한 것도 기억날까? (1권 18화 참조)

울리 가물가물한데, 두 벡터를 곱한 결과가 스칼라였던 건 기억나요.

바리 그렇지. 다시 알려주면, 두 벡터 힘과 변위의 스칼라곱은 '변위에 나란한 방향의 힘의 성분×변위의 크기'와 같지. '두 벡터의 크기의 곱×두 벡터 사잇각의 코사인 값'과도 같고 말이야.

엘리 '힘에 나란한 변위의 성분×힘의 크기'도 같은 결과죠~

울리 이제 좀 기억나는 것 같아요. 힘과 나란한 방향의 변위가 없으면 일을 한 것이 아니라는 것도 기억나고요.

바리 좋았어. 일은 역학적 에너지와 연관되고, 일의 단위는 J (줄joule)이라는 것도 기억나면 좋겠는데…. (1권 19화 · 20화 참조)

울리 아, 영국 과자 봉지에 열량이 cal가 아닌 J로 표시되어 있었다고 하신 이야기는 기억나요. 헤헤-

엘리 줄이라는 학자가 열과 일의 관계를 알아내는 데 평생을 바쳐서 그의 공로를 기리고자 에너지 단위가 J이 되었다고 알려주셨죠. 근데 열과 일의 관계가 어떻다는 거예요?

바리 기억하는 대로 제임스 줄James Joule이라는 영국의 물리학자가 오랜 실험 끝에 '열의 일당량'이 약 4.2J/cal라는 것을 찾아냈지. 즉 '1cal에 해당하는 역학적 에너지'가 4.2J이란 의미야.

엘리 아하, 1cal와 4.2J이 같은 에너지 양이라는 거군요. 이런 관계는 어떻게 찾는 거예요?

바리 줄은 거의 평생에 걸쳐서 이 관계를 찾기 위해 여러 가지 시도를 했다고 해. 그중 재미있는 일화도 있는데, 줄이 신혼여행지에서 아이디어가 떠올라 실험을 한 거야.

울리 으~~ 신혼여행을 가서도 실험을 했어요? 어떤 실험이길래….

바리 하하- 신혼여행지에 폭포가 있었는데, 위치에너지의 차이 때문에 폭포 아래쪽 물의 온도가 위쪽 물의 온도보다 높을 거라고 생각한 거야. 그래서 폭포 위에서 물의 온도를 재고 아래에서 물의 온도를 재는 실험을 한 거지.

울리 위치에너지가 운동에너지로 바뀌어 실제 온도가 올라갔나요?

바리 실제 온도차가 없었어. 왜 그랬을까? 우리가 이미 배운 것을 동원해서 생각해보렴.

엘리 흠…. 그동안 배운 것이 많아서 뭐와 연관된 것인지….

바리 바로, 물이 떨어지면서 일부가 증발한 거야. 증발은 에너지를 필요로 하니까 남아 있는 물에 냉각 효과가 생기잖아.

울리 아~ 증발 때문이군요. 결국 원하던 결과를 얻지 못했네요.

바리 그래. 폭포에서의 실험은 예상과 달랐지만, 줄의 열정적인 연구로 결국 열역학 제1법칙인 에너지 보존법칙이 나오게 된 거지.

엘리 열역학 제1법칙은 어떤 내용이에요?

바리 물리에서 다루고자 하는 원자, 분자 또는 물체들의 집합을 보통 '계system'라고 하는데, '계가 외부로부터 완전히 고립되어 있으면 계의 에너지는 일정하다'는 게 에너지 보존법칙이야. 이를 열역학에 적용하면, '계의 내부에너지는 열을 받으면 증가하고, 일을 하면 감소한다'는 열역학 제1법칙이 되는 거야.

엘리 당연하게 들리는데요? 열도 에너지니까 열을 흡수하면 에너지가 증가할 것이고, 일을 하려면 에너지를 써야 하니까 감소하는 것은 당연하잖아요?

바리 그렇지? 그래도 굉장히 중요한 법칙이야. 아까 얘기했듯이 역학적 에너지인 일과 열에너지를 동시에 포함하면서 계가 흡수한 열(Q)과 계가 한 일(W)의 차이만큼 내부에너지가 변한다는 뜻이니까 말이지. 식으로 표현하면, $\Delta E = Q - W$가 되는데, 에너지 변화를 ΔE라고 쓴 거야. 여기서 Δ(델타delta)는 저번에도 애기했지만, 변화를 의미하는 기호고 말이야.

울리 근데 만일 열을 흡수하는 것이 아니라 주변 온도가 더 낮아서 열을 내놓아야 하는 경우라면 어떻게 해요? 그럼 내부에너지가 그만큼 감소해야 하는데 저 식은 그렇지 않잖아요?

바리 그런 경우는 Q가 음수라고 생각하면 돼. 즉 $Q<0$이면 계가 내놓은 열을 의미해서 식에 아무 문제도 없게 되는 거지. 일의 경우도 마찬가지야. 만일 계가 외부로부터 일을 받으면 $W<0$이어서 결국 내부에너지는 증가하는 거고 말이야.

울리 아하, 음수는 에너지가 진짜 음수라는 의미가 아니고, 에너지 흐름의 방향을 의미하는 거군요.

엘리 아줌마, 혹시 이 에너지 보존법칙, 얼마 전에 알려주신 단열팽창, 단열압축과 관계있는 거 아니에요? 더운 공기가 위로 올라가면서 팽창해 온도가 낮아진다는 거요. 그때 팽창한 게 곧 일을 한 거라서 에너지가 감소한다고 하셨잖아요?

울리 와~ 너는 어떻게 그리 다 기억하고 그렇게 연결해?

바리 정말 엘리는 공부를 잘할 수밖에 없겠어. 배운 것을 늘 복습하고 생각하는 것 같은데? 엘리 말대로 단열팽창을 열역학 제1법칙으로 보면, 더운 공기 덩어리는 계가 되는 셈이고, 단열팽창이라고 했으니까 열의 출입은 없는 거야. 즉 $Q=0$이니 내부에너지는 계가 일을 하면 줄어들고 외부에서 일을 받으면 늘어나지. 식으로 쓰면 $\Delta E=-W$가 되고 말이야.

울리 공기가 팽창하는 것이 일을 한 것이라는 내용은 알겠는데, 일을 받는다는 게 무슨 의미인지 잘 이해되지 않아요.

엘리 팽창하는 것이 일을 한 거면 수축하는 것이 일을 받은 걸 텐데, 수축하려면 외부에서 눌러줘야 하니까 일을 받은 거라고 하는 거 아닐까?

바리 맞아. 계가 한 일이나 받은 일은 보통 부피의 변화로 나타나는데, 정확히는 '압력(P)×부피의 변화(ΔV)', 즉 $W = P\Delta V$와 같아.

울리 왜요? 일은 '힘×힘과 나란한 방향으로 움직인 거리'인데 왜 '압력×부피'죠?

바리 물리량들의 정의를 통해 살펴보면, '힘=압력×면적'이니까 '일=힘×거리=압력×면적×거리'가 되겠지? 근데 '면적×거리=부피'니까 '일=압력×부피'가 되고. 그래서 일의 결과로 부피의 변화가 일어나는 경우, 열역학 제1법칙은 $\Delta E = Q - P\Delta V$가 된단다. '단열 과정adiabatic process'인 경우에는 열의 출입이 없어서 $\Delta E = -P\Delta V$로 더 간단해지고 말이야.

엘리 단열 상태에서 팽창하면 부피가 늘어난 것이니 $\Delta V > 0$이니까

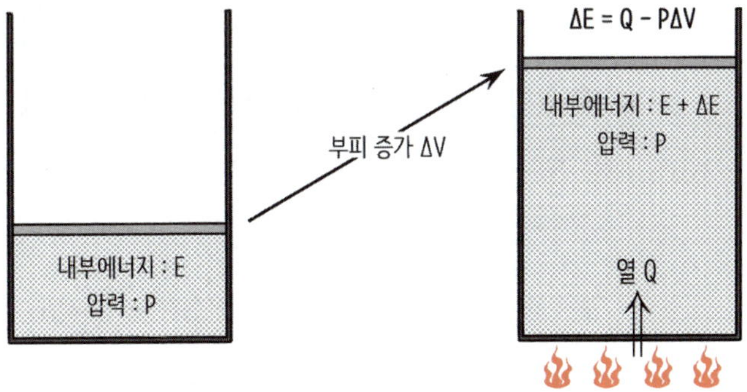

$\Delta E < 0$, 반대로 수축하면 부피가 줄어든 것이니 $\Delta V < 0$이니까 $\Delta E > 0$이군요.

바리 그렇지! 혹시 막 바람을 넣은 자전거 타이어를 만져본 적 있니?

울리 아니요. 갑자기 그건 왜요?

바리 타이어에 바람을 넣는 것은 밖에서 일을 해주는 상황이거든. 특별히 열을 공급하는 것은 아니니까 단열 과정인데, 공기를 더 넣어서 빵빵하게 해주는 거라 결국 공기분자 하나가 차지하는 부피는 줄어들지. 그래서 내부에너지는 증가하고 말이야.

엘리 아, 그럼 바람을 넣은 후 자전거 타이어를 만지면 따뜻하겠네요?

울리 오~ 정말요? 다음에 바람 넣을 때 한번 만져봐야겠어요.

바리 바람을 넣고 만져보고, 다시 바람을 빼고도 만져봐. 따뜻해졌다가 서늘해졌다가 하는지 말이야.

울리 네~ 꼭 해볼게요~ 근데 열의 출입 없이 부피가 변하는 경우는 단열 과정이라고 하는데, 부피가 변하지 않는 경우도 있을 수 있잖아요? 예를 들어 공기가 들어 있는 아주 튼튼한 용기는 가열해도 부피가 늘어나지 않을 거 아니에요?

바리 그럴 수 있지. 그런 경우를 '등적 과정isochoric process'이라 하는데, 그럼 열역학 제1법칙은 $\Delta E = Q$가 되지. 계를 가열해 들어온 모든 열에너지가 내부에너지가 되는 것을 의미하고 말이야.

울리 역시 그런 경우도 있는 거군요.

바리 열역학 제1법칙을 $Q = \Delta E + P\Delta V$로 쓰기도 하는데, 이렇게 써놓으면 '어떤 계에 열을 가할 경우 계의 내부에너지는 증가하고 계는 일을 할 수 있다'라고도 해석되지?

엘리 같은 식인데도 그렇게 보니 의미가 새롭네요. 근데 울리 넌 열받은 거 이제 다 식었나 봐? 히히-

울리 내 뇌 부피가 쬐금 늘어나서 체온은 그대로인 것 같은데~ 히히-

바리 열 좀 다시 나게 아줌마가 아주 매운 카레라이스나 해줄까?

바리 교수의 물리노트 26

- 열역학 제1법칙: 열역학적 계에서의 에너지 보존법칙.

  $\Delta E = Q - W = Q - P\Delta V$

  (ΔE: 내부에너지의 변화, Q: 계에 들어온 열,

  W: 계가 한 일, P: 계의 압력, ΔV: 계의 부피 변화)

- 단열 과정adiabatic process: 열의 출입 없이($Q = 0$) 일어나는 열역학적 과정으로, $\Delta E = -W$다.

- 등적 과정isochoric process: 부피 변화 없이($\Delta V = 0$) 일어나는 열역학적 과정으로, $\Delta E = Q$다.

27 영하 30℃ 상공에서 에어컨을 튼다구요?

열역학 제1법칙/단열 과정

울리와 엘리는 매운 카레라이스를 해준다는 바리 교수의 말에 신이 나서 함께 주방으로 갔다. 바리 교수는 함께 요리할 때 늘 울리와 엘리에게 할 일을 할당해 준다. 오늘은 울리가 감자를 깎고, 엘리가 당근을 깎았다. 양파와 고기는 바리 교수가 준비했다. 학교에서 떠들지도 않았는데 벌로 청소까지 해서 열받았던 울리는 어느새 기분이 좋아져 말도 많아졌다.

울리 아줌마는 외국을 많이 다니셨으니 비행기도 엄청 타보셨겠어요?

바리 많이 탔지. 근데 이제 나이가 들어서 비행기를 오래 타면 허리도 아프고 다리도 부어서 힘들어.

울리 전 그래도 비행기 타고 해외로 마음껏 다녀봤으면 좋겠어요.

엘리 전 우리나라도 다녀본 곳이 별로 없어요.

바리 나도 어른이 되어서야 일 때문에 다녀보게 된 거야. 아마 너희 때는 해외여행의 기회가 훨씬 많지 않을까? 비행기 얘기하니까 우리가 방금 했던 단열 과정과 관계있는 재미있는 사실이 하나 생각났어.

엘리 비행기와 단열 과정이요? 무슨 연관이죠?

바리 비행기와 직접 관계가 있다기보다는, 기상학에서는 어떻게 열역학 제1법칙을 적용하는가를 얘기해주려고 하는 거야.

울리 와~ 기상학에도 열역학법칙이 적용되는 거예요?

바리 물리학에서 말하는 법칙들은 자연을 기술하기 위한 것이니까 자연현상에 적용되는 것은 당연하지. 우선 대기의 변화부터 얘기해볼까? 따뜻한 공기는 차가운 공기보다 밀도가 낮아서 위로 올라가고, 압력이 낮은 곳으로 올라간 공기는 쉽게 팽창을 하고, 그 결과 에너지를 소모하는 일을 했기 때문에 온도는 낮아진다는 건 이제 잘 알고 있지?

울리 그럼요~ 좀 전에도 설명해주셨잖아요.

바리 그렇지? 더운 공기가 올라가서 단열팽창을 한다고 했는데, 대기의 변화는 보통 반나절 정도에 걸쳐 서서히 일어나서 열의 출입이 아주 작기 때문에 단열 과정으로 본 거야. 한편 기상학에서는 열역학 제1법칙의 단열 과정을, 대기의 온도 변화가 대기의 압력 변화에 비례하는 것으로 표현하지.

엘리 대기의 압력이 약해질수록 대기의 온도가 떨어지니까요?

바리 그건 결론이야. 위로 올라간 공기의 온도가 낮아지는 건 공기가 일을 했기 때문인데, 일을 할 수 있게 된 직접적인 원인은 대기압이 줄어들었기 때문이니까 압력의 변화로 표현한 거지. 온도의 변화는 내부에너지의 변화를 나타내는 것이고 말이야.

엘리 부피의 변화가 아니고 압력의 변화라구요?

바리 일을 부피의 변화로 표현한 것은 압력이 변하지 않고 부피가 변한 것에 초점을 둔 건데, 아까는 얘기하지 않았지만 부피 변화가 아주 작을 때를 표현한 것으로 생각하는 게 더 정확한 개념이야. 미분과 적분을 이용해야 해서 그냥 변화라고만 설명한 거거든. 아무튼 기상학에서 관심을 갖는 거대한 공기 덩어리의 온도 변화는 압력의 변화와 비례한다고 알아두자.

울리 예전에 기체의 부력을 공부할 때, 위로 6km 올라갈 때마다 대기압이 반씩 줄어든다고 하신 것 같은데, 맞죠?

바리 그걸 기억하고 있네? 비슷하게 대류권 내에서 공기의 온도는 1km 올라갈 때마다 약 6.5°C씩 낮아진다고 해. 물론 고도 상승에 따른 압력 감소 때문이지.

울리 그럼 6km를 올라가면 대기압은 반으로 줄고, 대기의 온도는 39°C나 낮아진다는 거네요? 완전 춥겠는데요?

바리 그렇지? 그렇게 높이까지 올라가지 않더라도 따뜻하고 습한 공기는 단열팽창에 의해 올라가면서 급격히 온도가 낮아져 커다란 구름을 형성하기도 하고 말이야.

엘리 기온이 30°C나 되는 한여름에도 6km만 올라가면 기온이 영하 9°C라는 거니까, 수증기는 올라가면서 응축했다가 얼기까지 하겠네요.

바리 엄청나지? 그럼 반대로 높은 곳에 있던 찬 공기가 아래로 내려오면 어떻게 될까?

엘리 내려오면 다시 온도가 높아지겠죠?

바리 맞아. 찬 공기는 내려오면서 커지는 대기압으로 단열압축 과정을 거치니 온도가 높아지지. 이것이 바로 '푄현상Föhn/Foehn wind'이야. 미국 로키산맥을 넘어 부는 '치누크'나 우리나라 태백산맥을 넘어 부는 '높새바람'도 이런 푄현상의 일종이고 말이야.

울리 나라마다 바람의 이름이 있어요?

바리 언어가 다르니까 그럴 수 있지. 습하고 따뜻한 공기가 산을 넘은

〈푄현상〉

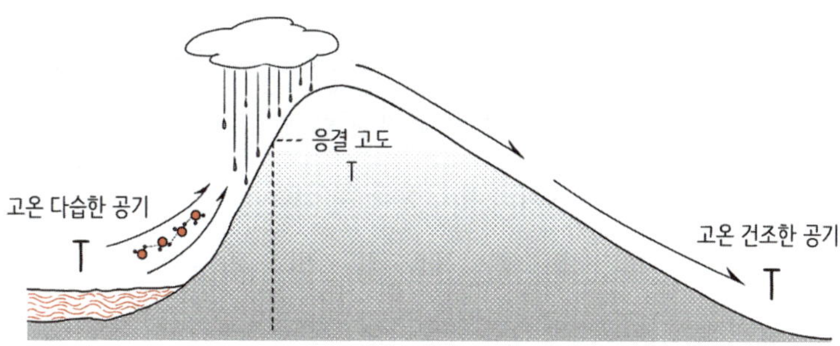

뒤 건조하고 따뜻한 바람으로 산 아래의 온도를 높여준다는 현상 자체, 즉 푄현상이라는 점은 같지만 말이야. 우리나라의 경우를 보면 동해에서 습하고 따뜻한 공기가 태백산맥을 타고 올라가다가 식어서 구름을 형성하고, 비를 뿌린 뒤 태백산맥을 넘으면 건조하고 차가운 공기가 되는데 이 공기가 산맥을 타고 내려오면서 단열압축되는 거지.

엘리 건조하고 차가운 공기가 단열압축되면 건조하고 따뜻한 공기가 되는 거고요.

바리 그렇지. 이런 건조하고 따뜻한 바람은 산에 쌓인 눈을 빨리 녹이는 역할도 하고 말이야.

울리 와~ 그런 차이도 있군요.

엘리 높새바람은 사회 시간에 들은 것 같은데, 열역학 제1법칙과 단열 과정으로 설명되는 거였다니요.

바리 단열 과정은 자동차엔진의 작동 과정을 설명할 때도 사용된단다. 엔진실린더 내부에서는 연료의 압축과 팽창이 반복적으로 일어나거든. 실린더에 공기와 연료가 들어오면 이를 단열압축한 뒤 점화플러그를 점화시켜 연료를 태우고, 그 힘으로 단열팽창하면서 엔진을 가동시키는 일을 하게 되는 거니까 말이야.

울리 압축하면 온도가 높아질 텐데, 그럼 연료가 저절로 탈 수도 있나요? 점화플러그 장치 없이요.

바리 그건 연료의 발화점과 관계있는데, 불가능하진 않아. 옛날에는 디젤엔진에 점화장치가 없었다고 해. 단열압축에 의해 충분히 발화점에 도달해서 연료가 탔으니까 말이야. 근데 겨울에는 발화가 잘 되지 않는 문제가 있어서 요즘은 점화장치를 함께 사용한다고 해.

울리 와~ 그래도 신기해요. 열역학법칙을 배우니 여기저기 관련된 것들이 많네요.

바리 그래서 세상 모든 것에는 물리가 있다고 내가 주장하는 거잖아. 하하- 열역학은 '열을 어떻게 일로 바꿀 수 있나' 하는 고민에서 발전하기 시작했어. 바로 영국에서 산업혁명이 일어날 즈음의 일이지. 따라서 소위 제1차 산업혁명이라고 불리는 것은 열역학의 발전과 함께하는 거였어.

엘리 지금은 제4차 산업혁명의 시대라고 하는데, 저희는 제1차 산업혁명 시절의 물리학도 잘 이해하지 못하고 있는 거네요. 히히-

바리 그렇게 되나? 참! 비행기 얘기를 잊을 뻔했네.

울리 어? 기상학에서 열역학 제1법칙을 어떻게 적용하는지 알려주시려 한 것 말고 뭐가 또 있어요?

바리 그 얘기를 비행기와 연관 지어 보려고~ '비행기가 날고 있을 때 기내의 온도 조절은 어떻게 하고 있는 걸까' 하는 거야.

울리 무슨 온도 조절이요?

바리 비행기를 타고 있는 승객들이 숨을 쉴 수 있게 공기를 공급해야 할 것 아니겠어? 그 공기는 어디서 날까?

엘리 비행기가 공기 중을 날고 있는데 왜 공기 걱정을 해요? 그냥 밖의 공기가 들어오게 하면 되지 않아요?

바리 높이 날고 있는 비행기 밖의 공기를 그대로 기내로 공급하면 아무 문제가 없을까?

울리 아…. 비행기가 날고 있는 곳의 공기는 너무 차가워서 그대로 기내에 넣어주면 너무 춥겠네요. 그럼 덥혀서 넣어줘야 하니까 난방을 하는 셈인 거죠? 그래서 온도 조절을 어떻게 하냐고 물으신 거고요?

바리 한 번 더 생각해야 하는데…. 비행기 밖의 공기는 차가운 것을 빼면 땅에서의 공기와 차이가 없을까? 공기가 왜 차가워졌는지도 함께 생각해보렴.

엘리 아하~ 온도만 낮은 것이 아니라 압력도 낮아요.

바리 그렇지! 우리 몸은 1기압에서 편안한데 갑자기 압력이 낮은 희박한 공기를 마시면 힘들겠지? 저산소증에 걸리는 등 이상이 생길 수도 있고 말이야. 그럼 어떻게 해야 할까?

울리 바깥 공기를 압축해서 1기압이 되도록 한 후 공급해야겠네요. 그렇죠?

바리 맞아. 그럼 바깥의 공기를 압축하면 온도는 어떻게 되지?

엘리 올라가겠죠~

울리 오~ 그럼 온도 걱정은 안 해도 되는 건가요?

바리 그렇진 않고, 실제로 바깥 공기를 1기압이 되도록 압축하면 공기의 온도가 50°C 정도까지 높아지기 때문에 오히려 식혀서 공급해야 한단다.

울리 헉! 50°C요? 그럼 난방이 아니라 냉방을 해야 하는 거군요?

바리 빙고! 재미있지 않아? 비행기 안에서 승객이 편하게 호흡을 할 수 있는 것이 희박하고 차가운 바깥 공기를 압축하고 식혀서 공급해주기 때문이라니 말이야~

엘리 재미있고 신기해요~

울리 역시 자연현상은 원샷으로 해석이 되는 것이 아니었어요. 그래도 재미있어요~ 헤헤-

바리 교수의 물리노트 27

- 열역학 제1법칙의 단열 과정에 의하면, 대기의 온도 변화는 대기의 압력 변화에 비례한다.
- 대류권(고도 11km까지) 내 대기의 온도는 고도가 1km 높아질 때마다 약 6.5°C씩 낮아진다.
- 푄현상Föhn/Foehn wind: 습하고 따뜻한 공기가 단열팽창하며 산을 넘어, 단열압축에 의해 건조하고 따뜻한 공기로 내려오는 현상. (예: 미국 로키산맥을 넘어 부는 '치누크', 우리나라 태백산맥을 넘어 부는 '높새바람')

28 엔트로피가 에너지 흐름의 가이드라구요?

열역학 제2법칙/엔트로피

바리 교수는 그간 엘리, 울리와 오랜 시간 함께 이야기했지만 열역학에 대해서는 제1법칙밖에 설명하지 못한 것 같아, 주말 한가한 시간에 둘을 불렀다. 날이 좋아서 모두 테라스의 식탁에 앉아 바리 교수의 물리 얘기를 듣기로 했다. 그 탓에 아린이는 묶이는 신세가 되었다. 잠시 짖어대더니 이내 포기하고 자기 집에 들어가 엎드린 채 집 밖의 평화로운 동네 길을 내다보고 있다.

울리 이제 아린이를 풀어놔도 되지 않아요? 이미 여러 번 봐서 저희 냄새에 익숙해졌을 텐데 물까요?

바리 혹시 몰라서…. 안전한 게 좋아.

엘리 전 아직도 아린이가 가끔 으르렁거릴 때 보면 진짜 무서워요.

바리 아린이가 으르렁거릴 때 모습이 무섭긴 하지. 내 눈에는 그것도 귀엽지만 말이야. 하하- 오늘은 열역학 제2법칙에 대해 알려주려고 오라고 한 거야.

울리 그렇지 않아도 제2법칙도 있을 줄 알았어요. 열역학법칙은 몇 개나 있어요? 뉴턴의 운동법칙처럼 3개인가요?

엘리 케플러법칙도 3개였는데….

바리 열역학도 제3법칙까지 있지.

울리 어? 정말요?

바리 그래~ 오늘 종일 공부할 마음이 있으면 제3법칙까지도 대충 알려줄 수는 있을 텐데…. 힘들겠지?

엘리 전 좋아요~ 집에서도 종일 공부한 적 많은데요, 뭐.

울리 종일이요? 그럼 밥은 주실 건가요? 헤헤-

바리 그럼~ 내가 너희들을 굶기겠니? 할 수 있는 만큼만 해보지, 뭐. 너무 무리하는 것도 효과가 없으니까 말이야. 자, 열역학 제2법칙 얘기를 해볼까? 먼저 '엔트로피entropy'의 개념을 알아야 하는데, 들어봤니?

울리 엔트로피요? 들어는 봤죠. 근데 우리말은 없어요?

바리 안타깝게도 우리말이 없어. 사실 에너지도 우리말이 없는 거나 마찬가지지만 말이야. 일부 사람들이 에너지를 '기氣'라고 해석하지만 과학에서 얘기하는, 단위가 J인 에너지와 같다고 할 수는 없어서 적당하지 않거든. 엔트로피는 '에너지 흐름의 가이드' 역할을 하는 물리량이야.

엘리 엔트로피가 가이드라고요?

울리 에너지가 흐르는 데 가이드가 필요해요?

바리 열은 높은 온도에서 낮은 온도로 흐르잖아? 왜 낮은 온도에서 높은 온도로는 흐르지 않을까?

엘리 에너지 보존법칙 때문 아닌가요?

바리 에너지 보존으로만 얘기하자면, 낮은 온도의 물체가 높은 온도의 물체에 열을 주고 그 결과 낮은 온도의 물체는 온도가 더 낮아지고, 반면에 높은 온도의 물체는 열을 받았으니 온도가 더 높아지면 되잖아. 그래도 에너지가 보존되는 거니까 말이야. 근데 그런 현상은 보이지 않잖아. 왜 그럴까?

울리 어? 정말 그렇네요? 왜 그럴까요?

엘리 듣고 보니 높은 온도에서 낮은 온도로 열이 흐르는 게 에너지 보존법칙 때문이 아니네요. 높은 온도의 물체가 내놓은 에너지를 낮은 온도의 물체가 흡수하는 것은 에너지 보존법칙으로 설명할 수 있지만, 왜 높은 온도에서 낮은 온도로 에너지가 이동하는가는 에너지 보존법칙이 설명할 수 없으니까요.

바리 그래서 엔트로피라는 새로운 물리량이 등장한 거야. 똑같이 에너지가 보존되더라도 어떤 현상은 일어나고 어떤 현상은 일어나지 않는다는 건 에너지 흐름에 방향이 있다는 것이고, 이 방향을 결정하는 물리량이 엔트로피라는 거지.

울리 엔트로피가 어떻게 에너지가 흐르는 방향을 결정해주죠?

바리 '높은 온도에서 낮은 온도로 열이 흐른다'라든지, '열을 모두 일로 바꾸는 완벽한 열기관은 만들 수 없다' 등을 이해하기 위해 독일의 물리학자 루돌프 클라우지우스Rudolf Clausius가 엔트로피의 개념을 소개했어. 즉 온도가 T인 계에 열 Q의 출입이 있으면 엔트로피 변화가 $\frac{Q}{T}$보다 크거나 같다고 한 거야.

엘리 열을 흡수하면($Q>0$) 엔트로피가 증가하고, 열을 내놓으면($Q<0$) 엔트로피가 감소한다는 뜻이네요?

바리 그렇지. 그리고 이 모든 계의 총 엔트로피의 변화는 항상 커져야 한다고도 했어.

울리 총 엔트로피의 변화라는 것은 열을 주고받는 모든 계의 엔트로피 변화를 합친다는 뜻인가요?

바리 그래. 열을 주고받는 모든 계를 합친 전체 계는 외부와 어떤 작용도 없는 완전한 고립계isolated system를 의미하거든. 그래서 클라우지우스는 1865년에 '우주의 엔트로피는 최대가 되려고 한다'라고 발표하는데, 지금 우리가 사용하고 있는 열역학 제2법칙, 즉 '외부의 영향을 받지 않는 계의 엔트로피는 증가하려는 경향이 있다'와 아주 유사한 표현이야.

엘리 엔트로피의 변화를 얘기한다고 해서 엔트로피가 정의된 것은 아니잖아요?

[고립계]

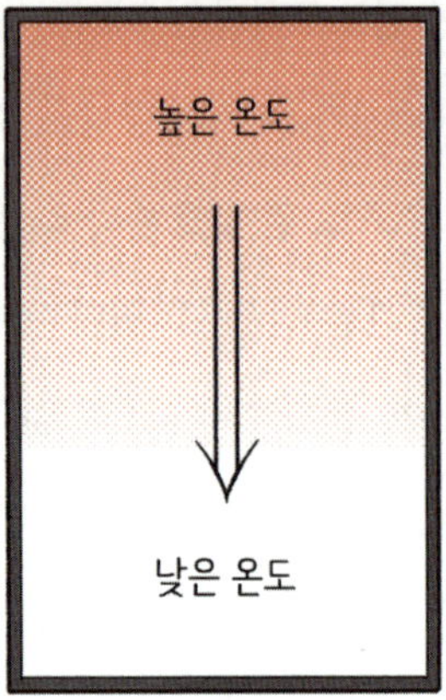

바리 아주 중요한 지적이야! 엘리 말대로 엔트로피의 변화를 안다고 해서 엔트로피를 아는 것은 아니지. 그것도 변화라는 것은 나중 상태에서 처음 상태를 뺀 것이니, 빼는 과정에서 뭔가 사라졌을 수도 있고 말이야. 하지만 클라우지우스의 엔트로피 변화로부터 엔트로피의 단위가 J/K이라는 것은 알 수 있지.

울리 '엔트로피×온도'는 에너지라는 거네요.

바리 그렇지. 클라우지우스가 엔트로피 변화에 대해 정리한 후, 1877년에 오스트리아의 물리학자 루트비히 볼츠만Ludwig Boltzmann이 처음으로 엔트로피를 미시적 관점에서 정의했단다.

엘리 미시적 관점이라는 것이 뭐예요?

바리 계를 구성하고 있는 입자들의 상태를 들여다보는 거야. 볼츠만이 계의 엔트로피를 그 계를 구성하는 입자들이 가질 수 있는 상태수를 이용하여 정확하게 정의했는데, 이는 정말 획기적인 업적이란다.

울리 상태수는 또 뭔데요?

바리 쉬운 개념은 아니지만 대충 얘기하자면, '계에 주어진 조건에서 그 계를 이루는 입자들이 가질 수 있는 미시적 상태가 몇 개나 되는가'를 의미하는 거야. 일단 계를 이루고 있는 입자의 수가 '아보가드로 수Avogadro number'($=6\times10^{23}$)만큼 많으니 상태수도 엄청 크지.

울리 여전히 감이 잡히지 않아요.

바리 굳이 비유하자면, 굉장히 큰 식당에 서로 모르는 많은 손님이 들어왔을 때, 이들이 식탁에 앉는 경우의 수 같은 거라고 할 수 있지. 볼츠만은 상태수가 크면 엔트로피도 크고, 상태수가 작으면 엔트로피도 작다고 정의했어.

엘리 엔트로피와 상태수가 정확하게는 어떤 관계식이에요?

바리 아주 특별한 함수관계로 정의해서 설명이 어려운데, 엔트로피(S)는 상태수(Ω)의 자연로그함수에 J/K의 단위를 갖는 상수(k_B)를 곱한 거야. 식으로는 $S=k_B \ln \Omega$인 셈이지.

울리 자연로그함수는 또 뭔가요?

바리 자연로그함수는 지수함수의 역함수인데, 모르면 그냥 지나가도 괜찮아. 지금은 상태수가 커지면 상태수의 자연로그함수도 커지는데, 아주 큰 상태수라도 자연로그함수로 보면 아주 작아져서 다루기가 쉽다고만 알고 있자.

엘리 엔트로피의 단위 J/K을 갖는 상수 k_B는 어떤 값인가요? 엔트로피와 단위가 같은 걸 보니 뭔가 중요한 것 같아요.

바리 상태수의 자연로그함수는 숫자라서 엔트로피의 단위를 갖는 아주 특별한 비례상수를 곱하는데, 이 비례상수가 언젠가도 나왔던 바로 볼츠만상수 $k_B = 1.380649 \times 10^{-23}$ J/K 이야.

엘리 어? 1K을 정의할 때 기준으로 삼는다는 그 볼츠만상수요? (2권 15화 참조)

바리 맞아. 나중에 나올 거라고 했는데 오늘 나왔네. 하하- 예측했겠지만 엔트로피를 정의한 볼츠만의 이름을 딴 거고, '볼츠만상수×온도'의 값은 그 온도를 갖는 물질의 열에너지를 의미해.

울리 아~ 그렇게 연결되는군요. 근데 아까 상태수 때문에 비유한 식당 얘기에서, 앉을 수 있는 방법이 많으면 좋은 거잖아요? 그럼 엔트로피가 큰 것도 좋은 거예요?

바리 흠…. 엔트로피가 큰 상태를 '행복'이라고 표현하는 사람들도 있지만, 물리학자가 좋아하는 표현은 아니야. 그보다는 상태수가 크면 그만큼 자유로운 거라고 할 수도 있고, 그만큼 무질서하다고 할 수도 있지.

울리 전 무질서한 것 엄청 좋아해요. 엔트로피가 커지려 하기 때문에 당연한 거죠? 헤헤-

바리 외부의 영향을 받지 않는 계에서만 엔트로피가 증가하려 한다는 것이기 때문에 너처럼 계속 주변과 열도 주고받고 음식물도 먹고 하는 등 교류가 있는 계에서는 엔트로피가 줄어도 상관없

으니 정리 좀 하고 살아도 돼. 하하-

엘리 자연의 법칙을 그렇게 마구 적용하려 하다니 못 말려~

바리 열역학 제2법칙은 '엔트로피 증가법칙'이라고도 하는데, 자연이 무질서를 선호한다는 것을 의미하긴 하지. 어려운 공부했는데 이제 뭐 좀 먹고 쉬다가 계속할까?

바리 교수의 물리노트 28

- 열역학 제2법칙: '엔트로피 증가법칙'으로, 외부의 영향을 받지 않는 고립계isolated system의 엔트로피는 증가하려 한다.
- 온도가 T인 계에 열 Q의 출입이 있으면 계의 엔트로피 변화는 $\frac{Q}{T}$보다 크거나 같다.
- 엔트로피entropy(S): 에너지 흐름의 방향을 결정하는 물리량으로, 계에 허용된 상태수(Ω)의 자연로그함수와 볼츠만상수(k_B)의 곱으로 정의된다. $S = k_B \ln \Omega$
- 볼츠만상수Boltzmann constant $k_B = 1.380649 \times 10^{-23}$ J/K
- $k_B T$는 온도 T인 물질의 열에너지를 의미한다.

29 자동차엔진을 도자기로 만들려 한다구요?

열기관/카르노기관

바리 교수가 오늘은 찬밥을 이용하여 새우 리소토를 만들자고 했다. 오븐이 예열되는 동안 울리는 새우 껍질을 까고, 엘리는 새우를 기름에 볶다가 찬밥을 넣고 같이 볶았다. 이어서 바리 교수가 토마토소스를 넣고 좀 더 볶은 뒤 하얀 도자기 그릇에 담고 모차렐라치즈를 듬뿍 올린 후 오븐에 넣었다.

바리 자~ 이제 치즈가 녹기만 하면 되니까 식탁에 가서 앉으렴~

울리 원래 리소토를 밥으로 하는 거예요?

바리 그건 아니고, 쌀을 불려서 한대. 근데 찬밥으로 하면 시간도 절약되고 찬밥 처치도 돼서 나는 늘 찬밥으로 해. 이탈리아 사람들이 보면 엉터리라고 하겠지만, 맛있으면 그만이지 뭐. 하하-

엘리 근데 오븐용 그릇들은 좀 신기한 것 같아요. 떨어뜨리면 쉽게 깨지지만 높은 온도에서는 깨지지 않잖아요.

바리 오븐에서 사용할 수 있는 그릇들은 이미 만들 때 1,000°C 이상의 고온에서 구운 것들이라 열에 강해서 그래. 자, 이제 꺼내서 먹자. 그릇이 뜨거우니까 조심하고~

울리 오~ 아주 맛있어요~

엘리 저도요~ 나중에 엄마 한번 해드려야겠어요. 근데 생각해보니 집에 오븐이 없네요. 히히-

바리 그럼 전자레인지에 돌려도 상관없어. 자, 아까 초창기에는 열역학 제2법칙을 '열을 모두 일로 바꾸는 완벽한 열기관은 만들 수 없다'라고 표현했다고 했잖아? 이제 이것의 의미를 알아보자.

울리 열기관은 열을 흡수해서 일을 하게 하는 장치라는 뜻이지요?

바리 그래. 일을 열로 바꾸는 것은 쉽지만, 열을 일로 바꾸는 것은 쉽지 않아서 증기기관 같은 열기관의 발명이 제1차 산업혁명을 가져왔다고 한 것이지.

엘리 그런데 열을 모두 일로 바꿀 수 없다는 건 효율이 100%일 수는 없다는 거겠죠? 참, 효율은 어떻게 구하나요?

바리 바로 지금부터 열기관의 효율에 대해 얘기하려고 다시 열역학 제2법칙 얘기를 꺼낸 거야.

울리 에너지 100을 줬는데 일은 80만 했다면, 효율은 80%라고 얘기하는 거 아니에요? 특별히 더 알아야 할 것이 있어요?

바리 울리가 말한 것이 바로 효율의 정의인데, 가능하면 효율이 높은 열기관을 만들고 싶잖아? 그러려면 효율에 대해서 좀 더 분석할 필요가 있지.

엘리 효율을 높일 수 있는 방법을 알려주실 건가요?

바리 최대 효율을 갖는 이론적 기관을 알려줄 수 있지. 클라우지우스가 열역학 제2법칙을 발표하기도 훨씬 전인 1824년에 니콜라 레오나르 사디 카르노Nicolas Léonard Sadi Carnot라는 프랑스의 물리학자가 발표한 '카르노기관carnot heat engine'이라는 거야.

울리 아, 카르노기관 들어봤어요.

바리 그렇구나. 카르노는 열이 높은 온도에서 낮은 온도로 이동할 때만 일을 얻을 수 있다는 걸 증명하면서 카르노기관을 소개했어. 카르노기관은 '단열압축 → 등온팽창 → 단열팽창 → 등온압축' 과정을 기본 사이클로 하는 이상적인 열기관이야.

엘리 이상적이라는 것은 실제는 불가능하다는 뜻이죠?

바리 맞아. 카르노 사이클carnot cycle에서 단열과정은 열의 출입 없이 엔트로피는 변하지 않고isentropic 부피가 변하는 과정이고, 등온과정isothermal process은 일정한 온도에서 부피가 변하는 과정인데, 모두 '가역과정reversible process'이라 비현실적이거든.

엘리 가역과정이 뭔데요? 어려운 용어들이 자꾸 나와요. 단열 과정, 등온과정, 가역과정….

바리 가역은 '원래 상태로 돌아갈 수 있는 것'을 의미하는데, 가령 A라는 상태가 어떤 조건에서 B라는 상태가 되었다가 그 조건을 없애면 다시 A 상태로 돌아가는 과정을 가역과정이라고 해.

울리 그건 항상 가능한 것 아닌가요?

바리 엄밀하게는 항상 불가능하지. 상태가 변할 때는 항상 마찰이나 열전도에 의한 열손실이 있거든. 그래서 가역과정으로만 이루어진 카르노기관이 이상적인 것이고 말이야.

엘리 아~ 그래서 효율이 최대인 기관이라고 하신 건가요?

바리 맞아. 열기관은 간단히 '높은 온도($T_{높은}$)의 열원으로부터 열($Q_{높은}$)을 공급받아 일부를 일(W)로 바꾸고, 나머지 열($Q_{낮은}$)은 낮은 온도($T_{낮은}$)의 열원으로 내보내는 과정'으로 이해할 수 있어. 열원의 의미는 기억하지? (2권 14화 참조)

엘리 그럼요~ 저 아파서 한숨 자고 간 날 설명해주셔서 잊을 수가 없어요. '열의 출입이 있어도 온도가 변하지 않는 계'를 의미하잖아요.

바리 좋았어. 그럼 열기관의 효율은 얼마일까?

울리 $Q_{높은}$만큼의 에너지가 들어와 W만큼의 일을 했으니까, 효율은 $\frac{W}{Q_{높은}}$ 겠죠?

바리 그렇지. 근데 에너지는 항상 보존되어야 하니까 열기관이 한 일 $W=Q_{높은}-Q_{낮은}$과 같겠지? 그럼 효율은 $\frac{Q_{높은}-Q_{낮은}}{Q_{높은}}=1-\frac{Q_{낮은}}{Q_{높은}}$이 되고 말이야.

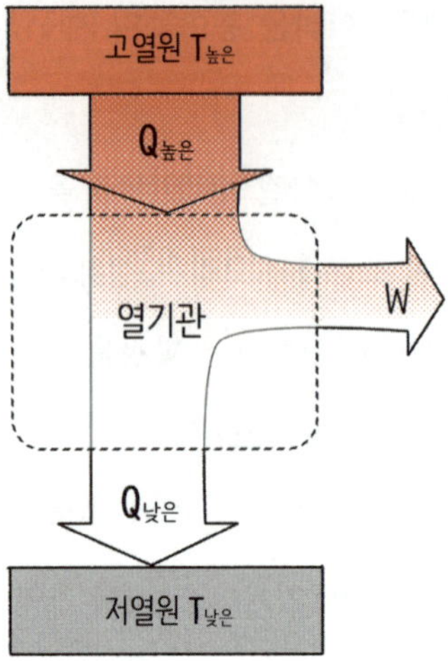

T : 온도
Q : 열
W : 일

$$\frac{W}{Q_{높은}} = \frac{Q_{높은} - Q_{낮은}}{Q_{높은}}$$

$$= \frac{T_{높은} - T_{낮은}}{T_{높은}}$$

$$= 1 - \frac{T_{낮은}}{T_{높은}}$$

= **카르노 효율**

울리 아~ 그렇네요.

바리 아까 클라우지우스가 온도가 T인 계에 열 Q의 출입이 있으면 엔트로피 변화는 $\frac{Q}{T}$보다 크거나 같다고 했는데, 같은 경우가 바로 가역과정일 때야. 즉 높은 온도에서 열을 공급하는 과정(등온팽창)의 엔트로피 변화는 $\frac{Q_{높은}}{T_{높은}}$, 낮은 온도에서 열을 내놓는 과정(등온압축)의 엔트로피 변화는 $\frac{Q_{낮은}}{T_{낮은}}$과 같다는 거지. 가역과정으로 이루어진 열기관의 경우에 말이야.

울리 카르노기관은 가역과정으로 이루어진 기본 사이클을 계속 반복해야 하는 거잖아요? 그럼 다시 처음 상태로 돌아와야 하는데 엔트로피 변화가 있어요?

바리 울리가 핵심을 지적하네~ 카르노기관에서는 엔트로피 변화가 전혀 없다는 게 핵심이거든. 그래서 엔트로피는 등온팽창 과정에서 증가한 만큼 등온압축 과정에서 감소하지. 즉 $\frac{Q_{높은}}{T_{높은}} = \frac{Q_{낮은}}{T_{낮은}}$ 이어서 카르노기관의 효율은 $1 - \frac{Q_{낮은}}{Q_{높은}} = 1 - \frac{T_{낮은}}{T_{높은}}$과 같단다.

엘리 와~ 효율이 온도만으로 이루어진 식이 되었네요?

바리 그렇지? $\frac{T_{낮은}}{T_{높은}}$이 작을수록 카르노기관의 효율이 높다는 것도 알 수 있고 말이야.

엘리 근데 열을 공급하는 열원은 실제 뭐가 되는 거죠?

바리 예를 들어 발전기를 돌리는 증기터빈은 고압 수증기로 터빈을 돌려 동력을 얻는 열기관인데, 여기서 고압 수증기를 만드는 보일러가 바로 높은 온도의 열원이지. 터빈을 돌린 후 식은 저압 수증기가 배출되는 탱크는 낮은 온도의 열원이고 말이야.

울리 자동차엔진에서는요?

바리 자동차엔진 또는 내연기관이 작동하는 방식은 여러 가지가 있지만 아주 기본적인 것만 얘기할게. 일단 연료가스가 들어가면 밸브가 닫히고 단열압축을 하지. 단열압축을 하면 온도가?

울리 올라가죠. 열역학 제1법칙 공부할 때 설명해주셨잖아요.

바리 좋아! 이제 압축된 고온의 연료를 태우면($T_{높은}$) 팽창을 하겠지? 이때 엔진이 일을 하는 거야. 그다음은 단열팽창을 하는데, 온도는 떨어지겠지($T_{낮은}$)?

엘리 그렇겠죠. 팽창하는 데 에너지를 써야 하니까요.

바리 온도가 떨어지면 밸브가 열리고 연소된 가스를 배출하지.

울리 그럼 엔진이 아주 높은 온도에서 작동되게 하면 효율은 그냥 높아지는 것 아닌가요?

바리 그렇게 간단하지는 않아. 자동차엔진의 경우, 엔진을 금속으로 만드는데 금속은 초고온에서 안정적이지 못하거든. 더구나 금속의 높은 열전도도 역시 문제가 되지.

엘리 높은 열전도도는 왜 문제죠?

바리 열전도도가 높으니까 엔진이 과열되지 않도록 냉각제를 사용하는데, 연료를 연소해서 얻은 에너지의 약 30% 정도는 이 냉각제가 가져가니 열손실이 크거든. 그래서 대부분 자동차엔진의 효율은 25% 정도밖에 되질 않고 말이야.

울리 아! 그럼 도자기로 엔진을 만들면 안 돼요? 도자기가 열에도 강하고 열전도도 역시 금속보다 작잖아요?

바리 와~ 그런 생각까지 하다니 대단한데? 도자기처럼 열을 가해 만든 비금속 고체를 통틀어 세라믹이라고 하는데, 세라믹 내연기관을 만들려는 연구가 오래전부터 진행되고 있거든. 울리 말처럼 세라믹은 고온에 강하고, 열전도도는 작고, 녹도 슬지 않으니 영구적이고 말이야.

엘리 근데 도자기는 잘 깨지는데 어떻게 엔진을 만들어요?

바리 그게 바로 연구자들의 고민이지. 우리가 사용하는 도자기는 너무 약해서 사용할 수 없고, 강도가 높은 세라믹을 만들려는 연구를 하고 있는 거야.

울리 세라믹엔진! 멋있어요.

엘리 근데 그럼 열역학법칙은 클라우지우스가 아니라 카르노가 제일 먼저 발견했다고 해야 하는 것 아닌가요?

바리 카르노가 정확하게 열역학법칙을 발견한 것은 아니라서…. 그래도 카르노기관을 이론적으로 분석했으니 열역학의 선구자긴 하지. 안타깝게도 카르노는 콜레라에 걸려 36세에 생을 마치는 바람에 열역학법칙은 이후 40년이나 더 늦게 발견되었다고 할 수도 있고 말이야.

울리 아이고, 서른여섯에 죽다니요. 참 일찍 떠났네요.

바리 그러게. 참, 아까 카르노효율을 구하는 식에 들어가는 온도도 모두 절대온도인 것을 잊지 마렴. 이제 조금 쉴까? 아린이 간식 주면서 말이야.

바리 교수의 물리노트 29

- 카르노기관carnot heat engine: 4개의 가역과정인 단열압축($T_{낮은} \rightarrow T_{높은}$), 등온팽창($T_{높은}$, $Q_{높은}$ 공급), 단열팽창($T_{높은} \rightarrow T_{낮은}$), 등온압축($T_{낮은}$, $Q_{낮은}$ 배출) 과정을 반복하는 기관으로 $\frac{Q_{높은}}{T_{높은}} = \frac{Q_{낮은}}{T_{낮은}}$이다. ($T$: 온도, Q: 열)
- 열기관의 최대효율은 카르노효율$=1-\frac{T_{낮은}}{T_{높은}}$이다. 온도는 절대온도를 사용한다.

30 에어컨으로 냉방도 하고 난방도 할 수 있다구요?

열펌프

울리와 엘리가 간식을 들고 있으니 아린이가 꼬리를 살랑살랑 치면서 둘을 번갈아 가며 쳐다봤다. 앉으라면 앉고 손을 달라면 손도 주며 말을 잘 들었다. 울리와 엘리는 재미있고 신기해서 아린이에게 계속 간식을 주었다. 그러다가 간식이 떨어지자, 아린이는 언제 그랬냐는 듯 무심한 표정으로 말도 하나도 안 듣고 물만 먹더니 휑하니 자기 집으로 들어가버렸다.

울리 와~ 아린이 얌체다!

엘리 그러게. 먹을 거 다 먹었다고 금세 모른 척하네.

바리 하하- 아린이 얌체 맞아. 옆집 아저씨도 아린이 못됐다 했어. 간식 주면 다 받아먹고, 간식 떨어지면 으르렁거린대. 그래도 오늘은 으르렁거리지는 않네. 옆집 아저씨한테는 어찌나 미안한지….

울리 옆집에도 큰 개가 있던데 조용하네요?

바리 걔는 아직 어리고 엄청 순해서 짖는 일이 거의 없어. 그래서 아린이가 짖으면 무척 신경쓰인단다.

엘리 어? 근데 아줌마, 다른 부분은 성근 나무 울타리인데 저 옆집과의 담 한쪽은 왜 거의 막아놓으셨어요?

바리 아, 그쪽에 옆집 에어컨 실외기가 놓여 있거든. 아린이가 여름이면 저 그늘 밑에서 주로 지내는데 옆집 실외기에서 나오는 열이 바로 아린이한테 가서 말이야. 우리 마당으로도 더운 바람이 들어오고 보기에도 안 예뻐서 막았지.

엘리 아~ 에어컨 실외기에서 나오는 더운 바람 맞는 거 진짜 기분 별로예요.

울리 아린이는 행복한 개네요. 아줌마가 옆집 실외기 바람이 덥다고 칸막이까지 설치해주시니까요.

바리 동물도 사람하고 똑같이 불편하고 아프고 할 텐데 말을 못 하니 얼마나 답답하겠니. 주인이 잘 관찰하고 보살펴줘야지. 눈빛으로 감정 표현도 한다니까~

울리 에어컨 실외기에서 더운 바람이 나온다는 얘길 하다 보니 든 생

각인데, 겨울에는 에어컨 실외기를 집 안에 들여놓고 에어컨을 밖에 놓으면 어때요? 헤헤-

바리 그럼 난방 효과가 있겠지.

엘리 정말요?

바리 원리적으로 그렇다는 거야. 하지만 여름이나 겨울마다 에어컨을 바꿔 다는 것도 문제고, 경제적 효율도 문제겠지. 그래서 현실에서는 열펌프heat pump를 이용한 냉난방 겸용 에어컨을 만들어 쓰잖아.

울리 열펌프가 뭐예요?

바리 '열의 흐름을 낮은 온도에서 높은 온도로 흐르게 하는 기기'인데, 실내의 낮은 온도에서 빼앗은 열을 실외로 가게 하면 에어컨이고, 실외의 낮은 온도에서 빼앗은 열을 실내로 가게 하면 온풍기인 거지. 그래서 열펌프가 장착된 에어컨의 경우 여름에는 에어컨으로, 겨울에는 온풍기로 쓸 수 있고 말이야.

엘리 땅속의 물을 퍼 올리는 것이 펌프니까 열의 흐름을 바꾸는 것을 열펌프라고 한 건가 봐요? 물펌프는 공기를 빼내서 대기압에 의해 물이 올라오게 하는데, 그럼 열펌프는 열의 흐름을 어떻게 바꾸죠?

울리 전기를 써서~

바리 하하- 에너지를 써야 가능한 것은 맞지. 원리적으로 열펌프는 열기관과 정반대야.

엘리 무슨 뜻이에요?

바리 열기관은 높은 온도의 열을 받아 일부는 일을 하는 데 사용하고, 나머지 열은 낮은 온도로 내보내잖아? 반면에 열펌프는 외부에서 해준 일로 낮은 온도로부터 열을 빼앗아 높은 온도로 내보내니까 과정이 열기관과 반대란 뜻이야. 따라서 열펌프에는 냉매가 필수품이고 말이지.

엘리 아, 낮은 온도에서 열을 빼앗아야 하니까 냉매가 필요하군요?

바리 그렇지. 즉 열펌프는 냉매가 기체와 액체 상태를 오가며 열의 흐름을 조절하는 장치라고 할 수 있어. 이때 냉매로 쓰기 좋은 것은 끓는점이 높지 않고, 기화열은 크고, 기체일 때의 밀도가 높은 것들이고 말이야.

울리 냉매의 조건이 까다롭네요. 근데 열펌프는 어떤 구조예요?

바리 간단히 말하면 열펌프는 압축기, 응축기, 증발기로 되어 있어. 압축기는 기체 상태의 냉매를 압축해서 온도와 압력을 높이고, 응축기는 냉매가 열을 내놓고 응축해 온도가 낮아지게 하지. 저온의 냉매는 증발기에서 열을 흡수해 증발한 후 다시 압축기로 들어가고 말이야.

울리 그럼 냉방과 난방을 어떻게 조정하죠?

바리 그건 응축기가 증발기가 되게 하고, 또 증발기가 응축기가 되게 하는 거야.

엘리 무슨 말이죠? 잘 모르겠어요.

바리 에어컨의 경우에는 증발기가 실내에 있고 응축기가 실외에 있는 거거든. 증발기는 냉매가 증발하기 위해서 열을 가져가고, 응축기는 냉매가 응축하면서 열을 내놓을 테니까 말이야.

울리 아, 그래서 기화열이 큰 것이 냉매의 조건이었군요?

바리 그렇지. 그럼 만일 증발기가 실외에 있고 응축기가 실내에 있으면 어떻게 될까?

울리 실외 온도는 떨어지고 실내 온도는 올라가겠네요.

엘리 근데 어떻게 응축기와 증발기를 바꿔요?

바리 장치를 바꾸는 것이 아니라 냉매의 흐름을 반대로 바꾸면 응축기는 증발기 역할을 하고, 증발기는 응축기 역할을 하게 되거든.

울리 아하, 그렇군요. 참 똑똑한 사람들이 많은 것 같아요.

엘리 그럼 열펌프의 효율은 어떻게 구해요?

바리 좋은 질문이야. 에어컨이나 냉장고처럼 냉각 효과를 보기 위한 열펌프의 효율을 '냉각효율'이라고 하는데 $\dfrac{\text{뺏은 열}(Q_{\text{낮은}})}{\text{해준 일}(W)}$이 되

$$\text{카르노효율} = \frac{T_{\text{높은}} - T_{\text{낮은}}}{T_{\text{높은}}} \qquad \text{최대냉각효율} = \frac{T_{\text{낮은}}}{T_{\text{높은}} - T_{\text{낮은}}}$$

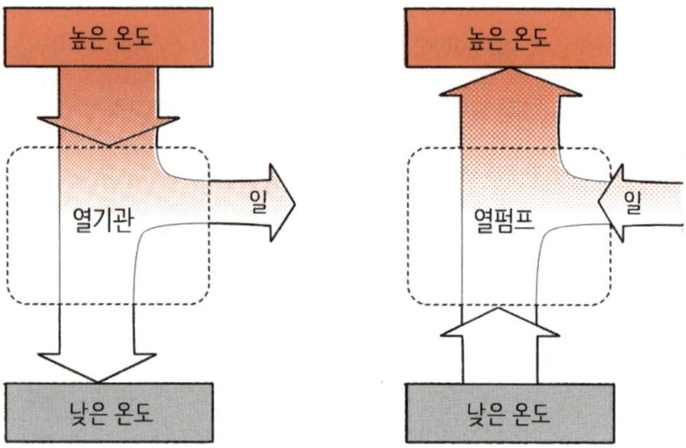

겠지? '외부에서 해준 일 대비 얼마만큼의 열을 빼앗았는가'가 냉각효율일 테니까 말이야. 열펌프의 최대냉각효율 역시 가역과정을 가정하면 $\frac{Q_{낮은}}{W}=\frac{T_{낮은}}{T_{높은}-T_{낮은}}$이라는 것을 알 수 있지.

엘리 그럼 난방에 사용할 때 효율은 '외부에서 해준 일 대비 얼마만큼의 열을 얻었는가'로 구하겠네요? 그래서 $\frac{Q_{높은}}{W}=\frac{T_{높은}}{T_{높은}-T_{낮은}}$이 되고요.

울리 헉! 그렇게 바로 응용을 하다니!

바리 그러게~ 엘리가 참 빠르네. 하하-

울리 가역과정을 가정한다는 것은 카르노기관처럼 $\frac{Q_{높은}}{T_{높은}}=\frac{Q_{낮은}}{T_{낮은}}$을 이용했다는 거죠? 에너지가 보존되어야 하니 $W=Q_{높은}-Q_{낮은}$도 이용한 것이고요.

바리 물론이지. 사실 열펌프의 원리를 처음 제안한 사람도 카르노란다. 대단하지?

엘리 아, 그렇군요. 근데 $\frac{T_{높은}}{T_{낮은}}$은 항상 1보다 크겠지만, 그래도 작을수록 냉각효율이 높네요?

울리 헉! 너는 또 그게 바로 보이니?

엘리 냉각효율 $\frac{T_{낮은}}{T_{높은}-T_{낮은}}$의 분자와 분모를 모두 $T_{낮은}$으로 나눠주면 분모가 $\frac{T_{높은}}{T_{낮은}}-1$이 되고 효율은 이 분모의 역수잖아.

울리 그래도 그렇지, 암산으로 그렇게 쓱쓱 해버리니 기죽잖아. 근데 카르노효율과는 반대네요? 카르노효율은 $\frac{T_{높은}}{T_{낮은}}$이 클수록 큰데 말이죠.

바리 원리적으로 열펌프와 열기관은 반대 개념이라서 그렇단다. 그리고 온도 비율 $\frac{T_{높은}}{T_{낮은}}$이 작을수록 열펌프의 효율이 높다는 건, 곧 아주 추운 겨울에는 효율이 좋지 않다는 걸 의미하지.

엘리 $T_{낮은}$에 해당하는 바깥 기온이 너무 낮으면 $\frac{T_{높은}}{T_{낮은}}$이 커져서 효율이 작아지는 거군요.

바리 그렇지. 바깥 기온이 10°C 정도일 때는 열펌프의 효율이 전기 난로보다 서너 배 높지만 영하의 날씨에서는 별 차이가 나지 않으니까 말이야.

울리 언젠가 '냉장고 문을 계속 열어두면 부엌이 시원해질 것인가' 하는 문제를 본 것 같은데, 그런 경우는 어떻게 되는 거예요?

바리 많이 나오는 질문이지. 어떻게 될 것 같아?

울리 냉장고 문을 여는 순간에는 시원하던데요. 헤헤-

바리 하하- 문을 여는 순간에는 그렇지. 냉장고는 냉장고 안의 열을 빼서 냉장고 밖으로 내놓는 거잖아? 냉장고 문은 밀폐가 잘 되도록 만들어 외부의 열이 들어오지 못하게 해서 내부 온도를 낮게 유지할 수 있는 거고 말이야.

엘리 냉장고 밖이라고 해봤자 여전히 실내니까, 문을 열어놓으면 열심히 열을 빼내도 열이 모두 실내로 가는 것이니 시원해지지는 않겠네요?

바리 오히려 더워지겠지. 사용된 전기에너지도 결국 열로 모두 방출된 셈이니까 말이야.

울리 아~ 그렇군요. 그나저나 우리 열역학 제3법칙은 언제 배우죠? 벌써 저녁인데요?

바리 교수의 물리노트 30

- 열펌프heat pump: 외부에서 일을 해줌으로써 열을 낮은 온도에서 높은 온도로 흐르게 하는 장치.
- 열펌프의 최대냉각효율:

$$\frac{\text{뺏은 열}}{\text{해준 일}} = \frac{T_{\text{낮은}}}{T_{\text{높은}} - T_{\text{낮은}}} = \frac{1}{(T_{\text{높은}}/T_{\text{낮은}}) - 1} \ (T: \text{온도})$$

- 열펌프에서 냉매의 흐름의 방향을 바꾸면 냉방 기능을 난방 기능으로 전환할 수 있다.

31 앉을 곳이 하나밖에 없다면 엔트로피가 0이라구요?

열역학 제3법칙/열역학 제0법칙

바리 교수는 다음 주에 출장 계획이 잡혀 있어, 엘리와 울리에게 간단히 저녁을 먹은 후 오늘 안에 열역학법칙을 마무리하자고 했다. 바리 교수는 아이들에게 속성 간장 치킨구이를 해주기 위해 냄비에 물을 올리고 오븐을 예열한 후, 울리에게는 닭날개와 봉을 씻게 하고 자신은 엘리와 함께 간장 생강 소스를 만들었다. 물이 끓자 닭날개와 봉을 냄비에 넣고 반쯤 익힌 뒤 소스에 버무려 오븐에 넣었다.

엘리 와~ 대충 익혀서 오븐에 넣으시네요?

바리 나는 늘 바빠서 어떻게 하면 요리 시간을 줄일까를 많이 생각했거든. 재료를 끓는 물에 미리 삶아 사용하면 기름과 핏물이 빠지고 오븐 요리 시간도 줄어들어서 아주 편해.

울리 지난번에 해주신 닭봉구이도 이렇게 하신 거였어요?

바리 맞아. 양이 적을 때는 프라이팬에 하고, 오늘처럼 양이 좀 많으면 오븐에 넣는 거지. 곧 완성될 테니 식탁에 앉으렴.

엘리 엄마한테 해드릴 요리가 하나 더 생겼네요. 쉬워서 저도 할 수 있을 것 같아요.

울리 난 '엄마한테 해달라고 해야지' 하고 생각했는데, 너는 참….

바리 하하- 울리도 요리하는 것 좋아하니 한번 해드리렴~ 자, 우리가 오늘 열역학 제2법칙 얘기를 많이 했는데, 엔트로피를 중심으로 얘기하지는 못했어. 엔트로피가 쉬운 개념이 아니어서 말이야.

엘리 무질서하면 엔트로피가 높은 거고, 자연은 무질서를 좋아한다는 건 알았어요.

바리 하나 더! 모든 변화에서 엔트로피가 절대 줄어들지 못하는 것은 아니라는 것 말이야.

울리 아, '외부의 영향을 전혀 받지 않는 고립계'에 대해서만 총 엔트로피가 줄어들지 않는다고 하셨죠?

바리 그래. 외부의 영향을 받는 계는 엔트로피가 줄어들어도 열역학 제2법칙에 위배되는 것이 아니거든.

울리 좀 더 이해하기 쉬운 예는 없을까요?

바리 흠…. 그럼 완전히 밀폐된 방에 뜨거운 쇳조각이 하나 놓여 있는 경우를 생각해보자. 방의 온도는 $T_{낮은}$이고 쇳조각의 온도는 $T_{높은}$이라고 하고 말이야.

엘리 방의 온도는 낮고 쇳조각의 온도는 높다는 거죠? 밀폐된 방이란 외부의 영향을 받지 않는다는 뜻이고요.

바리 그렇지. 방 안의 물질들과 쇳조각 사이에는 서로 열적 상호작용이 있지만, 방과 쇳조각 전체는 외부와 상호작용이 없는 상황을 의미하는 거야.

울리 높은 온도의 쇳조각은 열을 내놓고 방은 그 열을 흡수하겠네요.

바리 결론적으로는 그렇지. 근데 그런 결론을 내리기 전에, 뜨거운 쇳조각이 방 안에 놓인 직후의 아주 짧은 순간을 생각해봐. 방이나 쇳조각이나 열을 아주 조금만 흡수하거나 방출했으니 온도 변화는 거의 없을 것 아니겠어?

엘리 그렇겠죠. 짧은 시간 동안에는 주고받는 에너지가 아주 작을 테니까요.

바리 그 순간의 엔트로피 변화는 뭘까? 방과 쇳조각 사이에 순간적으로 오간 열의 크기 Q와 엔트로피 변화 $\frac{Q}{T}$를 이용하면 말이야.

엘리 열을 내놓은 쇳조각의 엔트로피 변화는 $-\frac{Q}{T_{높은}}$가 되고, 그 열을 받은 방의 엔트로피 변화는 $\frac{Q}{T_{낮은}}$가 되겠네요.

울리 열을 내놓은 쇳조각의 엔트로피는 감소했지만, 방과 열적 교류가 있는 상태니까 감소해도 열역학 제2법칙에 어긋나지는 않는다는 뜻이라는 거죠?

바리 그렇지. 그럼 쇳조각을 포함한 밀폐된 방 전체의 엔트로피 변화는 어떻게 될까?

울리 전체 엔트로피 변화를 생각하려면, 쇳조각의 엔트로피 변화와 방 안의 엔트로피 변화를 합쳐야겠죠?

엘리 아, 온도가 낮은 방의 엔트로피 변화는 크고, 온도가 높은 쇳조각의 엔트로피 변화는 작네요.

바리 바로 그거야. 쇳조각이 열을 내놓는다고 가정하고 밀폐된 방 전체의 엔트로피 변화를 짧은 순간에 대해서 구해보니, $\frac{Q}{T_{낮은}}-\frac{Q}{T_{높은}}>0$처럼 증가한다는 것을 알 수 있지. 근데 만일 높은 온도의 쇳조각이 열을 내놓지 않고 흡수한다면 결론은 어떻게 바뀔까?

울리 열이 낮은 온도에서 높은 온도로 흐른다고 생각해보라는 건가요?

바리 그래~ 열이 낮은 온도에서 높은 온도로 흐르는 것은 엔트로피 증가법칙에 어긋난다는 것을 보여주려고 하는 거야.

엘리 쇳조각이 열을 흡수하고 방은 그 열을 내놓는 상황이라면, 쇳조각의 엔트로피 변화는 $\frac{Q}{T_{높은}}$, 방 안의 엔트로피 변화는 $-\frac{Q}{T_{낮은}}$, 전체 엔트로피 변화는 $\frac{Q}{T_{높은}}-\frac{Q}{T_{낮은}}<0$이네요.

바리 잘했어. 만일 열이 낮은 온도에서 높은 온도로 흐른다면 고립계의 엔트로피가 감소해야 하는데, 이것은 엔트로피 증가법칙인 열역학 제2법칙에 어긋나잖아. 그래서 열역학 제2법칙에 의해 열은 높은 온도에서 낮은 온도로 흘러야 한다는 것이고 말이야.

울리 아하~ 이제 조금 이해가 돼요. 그래도 엔트로피의 정의는 잘 모르겠지만요. 식당에 들어갔을 때 앉을 수 있는 자리가 많으면 엔트로피가 큰 거라고 하신 비유만 기억나요.

바리 우리가 일상생활에서 직접 경험할 수 없는 양자세계의 개념이니까 이해가 잘 안 된다고 걱정할 것은 없어. 방금 울리가 말한 대로 앉을 수 있는 자리가 많으면 엔트로피가 크고, 앉을 수 있는 자리가 적으면 엔트로피가 작다고만 알고 있어도 괜찮아.

엘리 열역학 제3법칙도 엔트로피와 관련이 있나요?

바리 맞아. 열역학 제3법칙은 발터 헤르만 네른스트Walther Hermann Nernst라는 독일의 화학자에 의해 정립된 것인데, '절대영도(0K)에서의 엔트로피는 일정한 상수다'라는 거야. 즉 절대영도에서 일어나는 변화는 뭐가 되든지 엔트로피 변화가 없다는 뜻이지.

울리 왜 그렇죠? 역시 절대영도는 절대적인가 봐요~ 히히-

바리 절대영도는 정말 모든 것이 얼어붙는 상황이라고 할 수 있지. 우리가 경험하는 현실에 또 억지로 빗대자면, 아주 추운 날 식당에 들어갔는데 빈자리는 많지만 실제 앉고 싶은 자리는 딱 하나, 난로 바로 옆자리라는 거야. 물리 용어로는 이 난로 바로 옆자리를 계의 '바닥 상태ground state'라고 하지.

엘리 왜 바닥 상태라고 하죠?

바리 에너지가 가장 낮은 상태거든. 절대영도에서는 에너지가 가장 낮은 상태에 있고, 이렇게 에너지가 가장 낮은 상태는 정해져 있기 때문에 이 상태수의 자연로그함수인 엔트로피도 일정한 상수라는 거지. 바닥 상태수가 1개일 때는 엔트로피가 0이고 말이야.

울리 그 말은, 1의 자연로그함수가 0이라는 뜻인가요?

바리 맞아. 그래서 열역학 제3법칙을 종종 '절대영도에서 계의 엔트로피는 0이다'라고도 하는데, 바닥 상태수가 1개인 경우를 가정한 거지. 열역학 제3법칙은 절대영도에서 비열도 0이 되어야 하고, 열팽창계수도 0이 되어야 한다는 결과도 준단다.

울리 갑자기 로그함수, 자연로그함수가 궁금해지네요. 그리고 실제 절대영도까지 온도를 내릴 수도 없으면서 열역학 제3법칙이 절대영도에서의 변화를 가정하고 있는 이유도 궁금하고요.

바리 로그함수는 배울 기회가 오겠지. 그리고 절대영도까지 온도를 내리지는 못해도 충분히 낮은 온도에서 어떤 자연의 법칙이 있는가를 이론적으로는 이해할 수 있어. 그래서 측정 가능한 비열이나 열팽창계수들이 아주 낮은 온도에서 0에 가까운 값을 갖는지 확인할 수도 있고 말이야.

엘리 근데 열역학법칙 3개 중에서 제1법칙에만 엔트로피가 들어가지 않네요? 나머지는 모두 엔트로피가 들어가는데요.

바리 사실 열역학 제1법칙에도 엔트로피가 들어 있는 셈이야. 열이 엔트로피 변화와 관계있으니까 말이지.

엘리 아하, 그렇네요.

울리 열역학법칙들은 결국 엔트로피 개념을 정확히 이해하지 않고는 제대로 알 수가 없는 거군요.

바리 그렇다고 할 수 있지. 그리고 열역학 제0법칙도 있단다.

울리 엥? 법칙이 3개가 아니었어요? 그리고 무슨 법칙이 0부터 시작해요?

엘리 아줌마, 근데 왜 제0법칙부터 알려주지 않으셨어요?

바리 나는 열역학 제3법칙까지 있다고 했지 법칙이 3개라고는 안 했는데? 하하- 열역학 제0법칙은 가장 나중에 붙여져서 그래. 처음부터 이름을 붙였다면 제1법칙부터 제4법칙까지 생겼겠지만 말이야.

엘리 무슨 법칙을 나중에 만들어 순서를 맨 앞으로 보냈을까요?

바리 열역학 제0법칙은 'A와 B가 열적 평형이고 B와 C가 열적 평형이면, A와 C도 열적 평형이다'라는 거야. 또는 'A와 B의 온도가 같고 B와 C의 온도가 같으면, A와 C도 온도가 같다'라는 거지.

엘리 당연한 것 아닌가요?

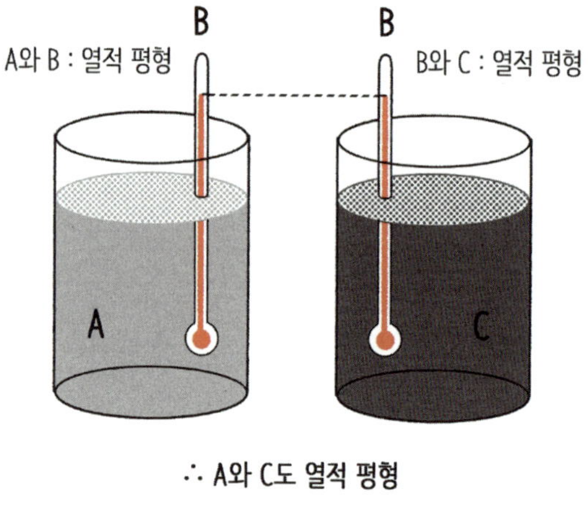

∴ A와 C도 열적 평형

바리 지금은 당연하게 느낄 수 있지만, 제0법칙 때문에 온도를 수학적으로 정의할 수도 있었고, 온도계를 만들 수도 있었던 거거든. 또 온도가 다른 두 계가 온도가 같아졌을 때 열적 평형에 도달했다고 하는 거고 말이지. 이 법칙은 모든 열역학법칙의 기본이 되는 거라 제4법칙이라고 부르지 않고 제0법칙이라고 부르게 된 거야.

울리 열역학의 세계도 만만치 않네요.

바리 하하- 자연을 이해하는 것이 만만하겠니? 이렇게 기본적인 열역학법칙을 대충 다 알아봤네. 이제 나 출장 다녀오면 만나자 꾸나~

바리 교수의 물리노트 31

- 열역학 제3법칙: 절대영도(0K)에서 계의 엔트로피는 일정한 상수(0 포함)다.
- 열역학 제0법칙: A와 B의 온도가 같고 B와 C의 온도가 같으면, A와 C의 온도도 같다.
- 열역학 제3법칙의 결과 절대영도에서 비열과 열팽창계수는 0이 되어야 한다.

32 암컷 모기 소리는 '레', 수컷 모기 소리는 '파'라구요?

파동

울리가 자전거를 타고 쌩쌩 달리고 있는데 앞에서 엘리가 걸어가는 게 보였다. 울리는 엘리에게 인사한 후 자전거에서 내려 함께 바리 교수의 집 쪽으로 슬슬 걸었다. 둘이 집 앞에 도착하니 감미로운 플루트 선율이 집 안에서 흘러나오고 있었다. 어떻게 알았는지 초인종을 누르기도 전에 어느새 아린이가 짖기 시작했다.

바리 엘리구나. 잘 있었니?

울리 저도 왔어요~

엘리 출장은 잘 다녀오셨어요?

바리 그래. 바쁘게 지내다 왔어.

엘리 근데 아줌마, 방금 플루트는 누가 분 거예요? 플루트 부는 소리가 나던데요.

바리 아, 내가 불었지. 그리고 플루트가 아니고 피콜로였어.

울리 와~ 정말요? 아줌마는 암벽도 타시고 별의별 걸 다 하시네요.

바리 하하- 노후 준비란다. 은퇴 후 심심할까 봐 미리 준비하는 거야. 실내 암벽은 근력운동으로 하는 거고 말이야. 티끌 모아 태산이라고 규칙적으로 조금씩 오래 꾸준히 하는 것이 내 작전이지.

엘리 근데 피콜로는 뭐예요? 플루트 소리와 비슷하던데요.

바리 '피콜로piccolo'는 '작은'이라는 이탈리아어라서 피콜로 트럼펫이라고 쓰면 작은 트럼펫을 의미하는데, 그냥 피콜로라고만 하면 작은 플루트를 의미하지. 일반 플루트보다 훨씬 짧아서 음들이 플루트보다 한 옥타브씩 높단다.

울리 악기가 짧으면 음이 높아요?

바리 흠…. 울리가 오늘의 주제를 주는구나. 오늘은 파동에 대해서 얘기해야겠다. 먼저 파동이 생기는 원인이 뭘까?

엘리 원인이요? 뭘까요?

바리 우리가 이렇게 말하는 것도 음파를 만들어내는 거잖아. 어디서 만들어지지?

울리 아~ 성대요.

바리 너희 손을 목에 갖다 대고 아무 말이나 해봐.

울리 아~~~ 으~~~~ 엘리야~~~~~

엘리 왜 불러~~~~~ 아~~ 에~~ 이~~ 오~~ 우~~

울리 목이 막 떨리는 것이 느껴지는데요.

바리 그렇지? 성대가 진동하는 것을 느낀 거야. 소리뿐만 아니라 모든 파동의 원인은 물체의 진동이지. 우리 성대가 진동하면서 공기를 진동시켜 음파가 퍼져나가는 거거든. 진동하는 물체를 '파원wave source'이라고 부르고, 파원의 진동수와 파원이 만든 파동의 진동수는 같고 말이야.

엘리 그럼 빛은 무엇이 진동하는 건가요? 빛도 파동이잖아요?

바리 빛은 전하가 진동하면서 만들어내는 전자기파지. 지난번에 열복사를 설명할 때도 전자기파가 잠깐 나오긴 했지만, 매질이 필요 없는 전자기파에 대해서는 나중에 자세히 알려줄 때가 있을 거야. (3권 30화 참조) 오늘은 매질이 필요한 파동에 대해 설명할게.

울리 진동…. 그럼 모기 같은 곤충들은 날개를 칠 때 소리가 난다고 하는데, 이때의 날갯짓이 진동인 셈이겠네요?

바리 그래. 암컷 모기는 수컷 모기보다 천천히 날갯짓을 해서 1초에 약 600번 정도 친다고 하고, 수컷 모기는 700번 이상 칠 수 있대.

울리 역시 수컷 모기가 기운이 좋은가 보네요. 근데 생각보다 날갯짓을 굉장히 빨리 하는 것 같은데요? 1초에 600~700번 날갯짓을 하다니요.

바리 그래서 우리 귀에도 그 날갯짓 소리가 들리는 거야. 사람을 무는 모기는 산란기에 있는 암컷 모기인데, 1초에 600번 날갯짓을 하니 우리 귀에는 모기의 '엥~' 하는 소리가 높은 '레' 정도로 들리지. 1초에 600번 진동하면 진동수가 600Hz라고 하는데, Hz(헤르츠hertz)는 진동수의 단위야.

엘리 아하~ 그렇군요. 그럼 수컷 모기의 날갯짓은 더 높은 소리를 내겠네요? 진동수가 클수록 높은 소리가 나니까요.

바리 그렇지. 진동수가 700Hz면 높은 '파' 정도 되겠네.

울리 제 손이 날개라고 생각하고 이렇게 흔들면…. 휴~ 1초에 11번 흔든 것 같아요. 그런데 제가 흔들 때는 왜 소리가 나질 않아요? 진동수가 10Hz는 되는데 말이죠.

바리 우리 귀가 감지할 수 있는 진동수가 약 20Hz에서 2만 Hz 사이라서 그런 거야. 10Hz의 소리는 너무 낮아서 들리지 않는 거지. 그래서 20Hz 이하는 '초저주파infrasound', 2만 Hz 이상은 '초음파ultrasound'라고 한단다.

울리 아, 그럼 제 손날갯짓 소리가 코끼리한테는 들리겠네요? 코끼리는 아주 낮은 소리도 들을 수 있대요.

바리 울리는 아는 상식이 많구나. 맞아. 코끼리는 20Hz 이하의 초저주파를 만들어내서 소통한다니까 아주 낮은 소리도 들을 수 있겠지. 반면에 쥐나 박쥐는 진동수가 2만 Hz 이상인 초음파를 만들어낼 수도 있고 감지할 수도 있다고 해.

엘리 동물들은 참 신기해요.

바리 그렇지? 좀 더 물리적으로 파동을 살펴보면, 파동은 에너지가 전달되며 일어나는 진동이야. 그리고 진동수frequency, 파장wavelength, 진폭amplitude, 주기period, 진행 속력 등으로 파동을 기술하지. 파장은 한 번 진동하는 동안 움직인 거리, 진폭은 진동 폭을 의미한단다.

엘리 주기는 한 번 진동하는 데 걸리는 시간이고요.

울리 어? 그럼 주기는 진동수의 역수네? 진동수는 1초 동안 진동한 횟수잖아.

바리 그래. 그럼 파동의 진행 속력은 '1초 동안 움직인 거리÷1초'가 되겠지? '거리÷시간'이 속력이니까 말이야.

울리 그럼 한 번 진동에 파장만큼 진행하고, 1초에 진동수만큼 진동하니까 파동의 속력은 '진동수×파장'이 되나요?

바리 와~ 아주 잘했어. 그래서 진동수가 큰 파동은 파장이 짧고, 진동수가 작은 것은 파장이 길단다. 파동의 진행 속력은 매질에 의해서 결정되기 때문에 같은 매질에서는 속력이 같거든.

엘리 아하, 그렇군요. 그럼, 전에 종파니 횡파니 하는 것들을 들은 적이 있는데 이 둘은 어떻게 다른 거예요?

바리 그건 에너지의 전달 방향과 매질의 진동 방향의 관계로 구분한 거야. 에너지의 전달 방향과 매질의 진동 방향이 서로 나란하면 '종파longitudinal wave', 수직하면 '횡파transverse wave'라고 부르지. 긴 용수철의 한쪽 끝을 고정하고 다른쪽 끝을 용수철 길이의 방향과 나란하게 앞뒤로 흔들 때(종파), 그리고 용수철 길

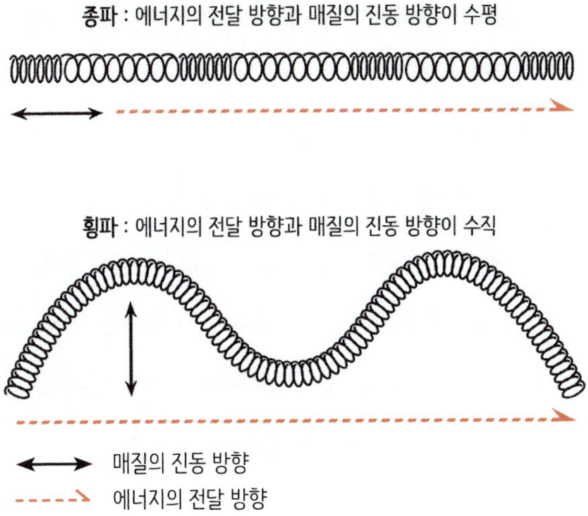

이의 방향과 수직하게 위아래로 흔들 때(횡파)의 모습에 해당한다고 볼 수 있지.

엘리 여기서 매질은 용수철인 거죠? 그래서 위아래로 흔들면 용수철은 위아래로 진동하는데 파동은 용수철의 길이 방향과 나란하게 진행하니까, 매질의 진동 방향과 수직으로 에너지를 전달하는 파동, 즉 횡파인 거구요.

울리 용수철을 위아래로 흔들 때는 파동이 보이는데, 앞뒤로 흔들 때는 무슨 파동이 보이는 거죠?

바리 앞뒤로 흔들면 용수철이 압축됐다가(밀密) 늘어났다가(소疏) 하는 파동을 볼 수 있어. 음파도 진행 방향과 나란하게 앞뒤로 공기분자들이 진동해서 조밀했다가 희박했다가 하는 종파지. 그럼 현악기의 줄을 튕길 때 줄에 생기는 파동은 어떨까?

울리 그건 횡파겠네요. 종파의 예를 먼저 얘기하셨으니 다음은 횡파의 예를 드셨을 것 아니에요? 헤헤-

엘리 으이그, 너는…. 현악기의 줄을 튕기면 줄이 위아래로 진동해서 줄을 따라 움직이는 파동과 수직이 되니 횡파겠죠.

바리 하하- 울리의 재치가 늘 재미있어~ 근데 너희 '지진파seismic wave'라는 것도 들어봤지? 지진파는 'P파primary wave'와 'S파secondary wave'로 구분하는데, 재미있게도 속력이 빠른 P파는 종파고, 속력이 느린 S파는 횡파란다.

울리 정말요? 신기하네요.

바리 그럼 빠른 P파와 느린 S파 중 어느 것이 더 위험할까?

엘리 S파요. 횡파니까 땅이 위아래로 막 진동할 거 아니에요?

바리 맞아. 위아래로 진동하는 S파가 좌우로 진동하는 P파보다 훨씬 더 위험하지.

울리 와~ 그렇군요. 근데 피콜로는 왜 플루트보다 높은 음이 나죠?

바리 참, 그 질문이 있었지. 관악기에 생기는 파동의 파장이 관의 길이와 비례하거든. 관의 길이가 짧으면 파장이 짧은 파동이 만들어지고, 관의 길이가 길면 파장이 긴 파동이 만들어지고 말이지.

울리 아~ 그래서 피콜로는 짧으니까 파장이 짧은 파동이 생기고, 파장이 짧으니까 진동수가 크고, 또 진동수가 크니까 높은 음이 난다는 거군요.

바리 그래~ 우리 성대에서도 비슷한 현상을 볼 수 있어.

엘리 어? 정말요? 어떻게요?

바리 보통 여자가 남자보다 목소리 톤이 높잖아? 그게 여자의 성대 길이가 남자보다 짧아서 그런 거거든. 성대 길이는 사람마다 다르지만 평균적으로 남자는 2cm, 여자는 1.5cm 정도래.

울리 목소리 톤이 높은 남자도 있고 낮은 여자도 있는데, 그게 타고난 성대 길이의 차이 때문이었네요.

바리 여러 복합적 요인 중 하나겠지.

엘리 아줌마, 플루트와 피콜로 구경 좀 시켜주세요~ 실제 가까이에서 본 적이 없어서 궁금해요.

바리 그럴까? 이리 와보렴~

바리 교수의 물리노트 32

- 파원wave source: 진동하는 물체로, 파원의 진동수와 파원이 만든 파동의 진동수는 같다.
- 종파longitudinal wave: 에너지의 전달 방향과 매질의 진동 방향이 나란한 파동.
- 횡파transverse wave: 에너지의 전달 방향과 매질의 진동 방향이 수직한 파동.
- 전자기파는 매질이 없어도 에너지의 전달이 가능한 횡파다.

33 무인단속카메라가 진동수의 변화를 측정한다구요?

도플러효과

엘리네 우편함에 경찰서에서 온 우편물이 들어 있어, 저녁에 엘리는 걱정스러운 표정으로 엄마에게 우편물을 건넸다. 열어보니 그것은 속도위반 통지서였다. 엄마의 자동차 번호판이 선명하게 찍혀 있었고 자동차 속력도 적혀 있었다. 제한속도가 60 km/h에서 50 km/h로 바뀐 시점이었는데, 엄마가 속력을 미처 줄이지 않아서 무려 12km/h나 제한속도를 위반했다고 한다. 속상해하는 엄마를 보며, 엘리는 빠르게 달리는 자동차의 속력을 어떻게 측정하는지 궁금해졌다. 그리고 바리 교수와 울리에게 연락해 만날 약속을 정했다.

바리 속도위반? 나도 언젠가 제한속도가 60km/h에서 50km/h로 바뀐 줄 모르고 달리다가 찍혀서 벌금을 낸 적 있어.

울리 우리 아빠한테도 가끔 벌금통지서가 와서 엄마가 뭐라 하셔요.

엘리 그래도 우리 학교 앞에는 빨간 신호등인데도 그냥 지나가는 차들이 많던데요.

울리 맞아요. 사진 찍어서 신고하고 싶을 지경이에요. 현장을 찍으려 하면 차가 벌써 지나가버려서 매번 실패했지만요.

바리 나도 여러 번 봤단다. 신호 위반은 정말 위험해서 하면 안 되는데 말이지.

울리 근데 달리는 자동차의 속력을 어떻게 그렇게 순식간에 알 수 있어요? 늘 봐서 익숙한 것들도 막상 왜 그런가 하고 생각해보면 모르는 것들이 많아요.

바리 익숙한 것들에 의문을 가졌다는 게 중요한 거지. 자동차의 속력을 측정하는 카메라는 고정식과 이동식이 있는데, 이 둘의 원리가 다르단다.

엘리 고정식은 신호등 옆에 달아놓은 것을 말하는 건가요?

바리 그래. 따로 지지대를 세워 무인단속카메라만 여러 대 설치한 경우도 있고 말이야. 이동식은 말 그대로 위치를 그때그때 이동할 수 있는 카메라지. 가끔 경찰이 직접 들고 측정하기도 하고.

울리 제가 운전을 못 하니 관심을 가진 적이 없는데, 고정식과 이동식이 다른 거군요. 어떻게 달라요?

바리 고정식 무인단속카메라는 도로에 센서가 달린 와이어 2개를 일정한 간격으로 깔아놓고, 차가 이 두 와이어 위를 지날 때의 시간차를 이용해서 속력을 측정하는 거야.

울리 아~ 두 와이어 사이의 간격을 시간차로 나누면 속력이 나오는 거군요.

바리 그렇지. 차가 첫 번째 와이어를 지나는 순간에 카메라가 작동되고, 두 번째 와이어를 지나는 순간에 아주 빨리 속력이 계산되어, 그 차의 속력이 제한속도보다 빠르면 바로 사진을 찍는 거지.

엘리 그럼 두 와이어 근처에서만 천천히 가면 되겠네요? 히히- 이동식 무인단속카메라는 어떤 원리죠?

바리 이동식 무인단속카메라는 '도플러효과Doppler effect'라는 파동 현상을 이용한 거야.

울리 그게 뭐죠? 도플러는 사람 이름인가요?

바리 크리스티안 요한 도플러Christian Johann Doppler는 오스트리아의 수학자면서 물리학자였지. 도플러효과는 파원과 관측자 사이에 상대운동이 있을 경우 파원의 진동수와 관측자가 측정한 진동수가 다르다는 거야.

울리 흠…. 뭔가 복잡한 느낌인데요.

바리 버스정거장에 서 있을 때나 길을 걷고 있을 때, 앰뷸런스나 경찰차가 사이렌 소리를 내며 지나가는 것을 본 적 있지? 이때 소리의 변화를 느낀 적 없니?

엘리 있어요! 앰뷸런스가 가까이 오면 사이렌 소리가 좀 높게 들리고 멀어지면 낮게 들리는 것 같았어요. 근데 사이렌이 원래 그런 소리를 내는 거라 생각했는데 아닌가 보네요?

울리 오~ 너는 소리의 높낮이가 변한다고 느꼈어? 나는 앰뷸런스가 가까이 다가오면 사이렌 소리가 점점 크게 들리고, 멀어지면 점점 작게 들려 당연하다고 생각했는데.

바리 만유인력을 배울 때 소리의 세기도 만유인력처럼 거리의 제곱에 반비례한다고 알려준 적 있지? (1권 36화 참조) 그래서 울리가 경험한 소리의 세기 변화는 당연한 거야. 엘리가 느낀 소리의 높낮이 변화는 도플러효과에 의한 것이고 말이야.

엘리 그럼 앰뷸런스의 사이렌은 일정한 진동수의 소리를 내는데, 상황에 따라 관측자에게는 다른 진동수의 소리로 들린다는 거네요? 어떻게 그런 현상이 생기죠?

바리 잠깐만 기다려. 내가 테니스공 좀 가져올게.

엘리 (잠시 후) 갑자기 테니스공은 왜요?

바리 실험하려고~

울리 파동 얘기를 하시다가 무슨 실험을 테니스공으로 해요?

바리 하하- 일단 너희는 저기 벽 쪽으로 가 있어. 내가 여기 가만히 서서 공을 1초에 하나씩 던질 테니까 너희는 공이 몇 초마다 벽에 부딪치는지를 재보렴.

엘리 해보나마나 1초에 하나씩 벽에 부딪치겠죠.

바리 그렇겠지? 그래도 확인해봐. 자, 던진다~

울리 확인했어요~ 첫 번째 공이 벽에 부딪친 후 딱 1초 후에 두 번째 공이 부딪쳤어요. 또 1초 후에 세 번째 공이 부딪쳤구요.

바리 이제 공들을 다시 나에게 모두 주고 너희는 또 벽 쪽에 가 있으렴. 이번에는 내가 너희 쪽으로 걸어가면서 1초에 하나씩 던져볼게. (공을 다 던진 후) 이번엔 어때?

엘리 공들이 아까보다 훨씬 자주 부딪쳐요.

울리 근데 그건 당연한 거잖아요. 아줌마가 다가오면서 던지니까 나중에 던진 공은 먼저 던진 공보다 벽까지의 거리가 짧아서 금세 벽에 부딪쳤겠죠.

바리 그게 도플러효과야. 공이 아니고 소리라고 생각해봐. 공을 1초에 한 번씩 던진 것은 앰뷸런스 사이렌 소리의 진동수라고 생각하고 말이지. 앰뷸런스와 관측자가 모두 정지 상태라면 사이렌 소리의 진동수는 변하지 않아. 마치 내가 정지한 상태에서 공을 던졌을 때처럼 말이야.

울리 아하, 앰뷸런스가 소리를 내며 다가오는 것은 아줌마가 벽 쪽으로 걸어오며 공을 던진 것과 같은 상황이군요? 이때 공이 벽에 더 자주 부딪치는 것처럼 사이렌 소리의 진동수가 커지는 것으로 관측되는 거고요.

바리 이해되지? 그럼 내가 벽 쪽에서 멀어지도록 뒷걸음치면서 공을 1초에 하나씩 던지면 어떻게 되겠어?

엘리 공들이 벽에 부딪치는 시간 간격이 1초보다 길어지겠죠. 소리로 본다면, 진동수가 작아지네요.

바리 그래~ 이제 다가오는 소리는 높게 들리고 멀어지는 소리는 낮게 들리는 것이 이해됐지?

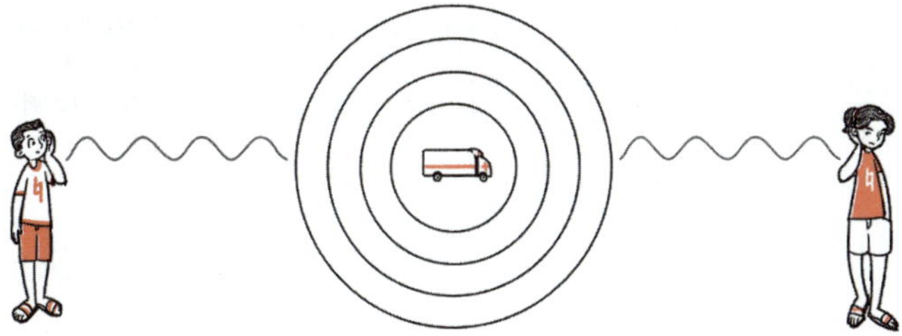

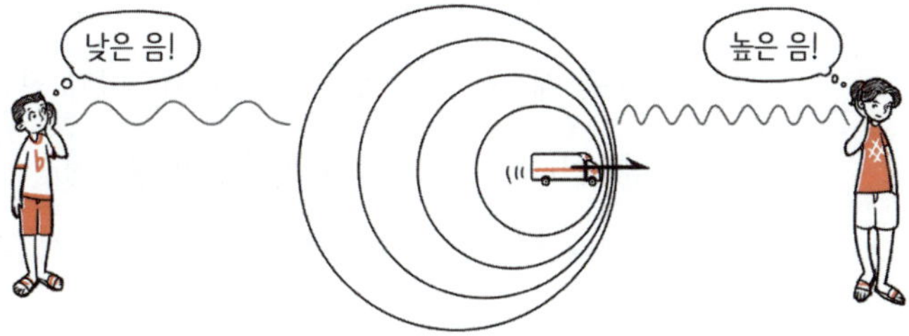

엘리 네~ 아까 '상대운동이 있을 때'라고 하신 것은, 앰뷸런스는 가만히 있고 관측자가 앰뷸런스 쪽으로 다가가거나 멀어질 때를 말씀하신 거죠? 즉 관측자가 다가가거나 멀어져도 도플러효과가 있다는 뜻이고요?

바리 그렇지. 나는 가만히 서서 1초에 한 번씩 공을 던지는데, 벽이 나한테 다가오거나 멀어지면 공이 벽에 부딪치는 시간 간격은 짧아지거나 길어질 테니까 말이야. 어느 쪽이 움직이든 파원과 관측자가 점점 가까워지면 진동수가 커지고, 점점 멀어지면 진동수가 작아진다는 거지.

울리 이때 공이 부딪치는 시간 간격을 주기로 생각해도 되는 거죠? 공을 던지는 아줌마와 벽이 가까워질수록 주기가 짧아지니 진동수가 커지는 거잖아요. 주기는 진동수의 역수니까요.

바리 그렇지. 그렇게 주기의 변화를 먼저 생각해보면 진동수의 변화가 바로 이해되지?

엘리 그렇네요. 근데 진동수가 그렇게 변하면 파장이나 음속은 어떻게 돼요? 변하지 않나요?

바리 중요한 질문이야. 파동의 진행 속력은 '진동수×파장'이잖아? 근데 같은 매질에서 속력은 변하지 않으니까 진동수가 늘면 파장이 짧아지고, 진동수가 줄면 파장이 길어지지.

울리 오호~ 그렇군요. 근데 이 도플러효과를 이동식 무인단속카메라에 어떻게 이용하죠?

바리 이동식 무인단속카메라는 라디오파나 레이저펄스를 내보내고, 그것이 자동차에 부딪쳐서 반사되어 오는 파동의 진동수 변화를 측정해. 상대속도가 있을 때 진동수가 변하는 것이니까 진동수 변화를 알면 속력도 구할 수 있거든.

엘리 속력이 클수록 진동수 변화가 크겠군요.

바리 맞아. 파원과 관측자 간의 상대속도와 진동수 변화는 비례하지.

울리 그럼 도플러효과는 음파에서만 나타나는 건가요? 빛에서도 있을 수 있을 것 같은데, 맞나요?

바리 그럼~ 모든 파동에서 나타나는 효과지. 빛을 내는 별이 관측자 쪽으로 다가오면 더 높은 진동수의 빛으로 보이고, 멀어지면 더 낮은 진동수의 빛으로 관측되거든.

울리 와~ 색이 다르게 보일 수 있다는 거네요?

바리 그렇지. 빛의 진동수가 높아지는 효과를 '청색편이blue shift', 낮아지는 효과를 '적색편이red shift'라고 부른단다. 진짜 청색으로 보이거나 적색으로 보인다는 뜻은 아니고 말이야. 파란색이 붉은색보다 진동수가 크기 때문에 청색편이는 원래 진동수보다 높은 진동수로, 적색편이는 원래 진동수보다 낮은 진동수로 관측된다는 의미지.

엘리 보이는 것을 그대로 진실로 믿으면 안 된다는 교훈 같아요.

울리 난 물리를 알면 진실을 안다는 교훈 같은데? 히히-

바리 울리와 엘리가 점점 물리의 매력에 빠져드는 것 같구나. 하하-

바리 교수의 물리노트 33

- 도플러효과Doppler effect: 파원과 관측자의 상대운동에 의해 파원과 관측자가 점점 가까워지면 파원의 진동수보다 더 높은 진동수의 파동으로 관측되고, 점점 멀어지면 더 낮은 진동수의 파동으로 관측되는 효과.
- 빛에서의 도플러효과는 진동수가 높아지면 '청색편이blue shift', 진동수가 낮아지면 '적색편이red shift'라고 한다.

34 총알보다 빨리 나는 슈퍼맨은 초음속 충격파를 만든다구요?

보우파/충격파

공상과학영화를 좋아하는 엘리는 특별한 능력을 가진 주인공이 나오는 히어로물이라면 그것이 만화든 영화든 그리 즐기지 않는다. 하지만 울리는 엘리와 취향이 달라서 <슈퍼맨>이나 <원더우먼>, <블랙팬서> 같은, 능력자가 나오는 만화, 게임, 영화는 모두 좋아한다. 어느 날 울리와 엘리가 하굣길에 자신들의 영화 취향에 대해서 이런저런 얘기를 하며 집으로 가고 있는데, 정신을 차리고 보니 어느새 바리 교수 집 앞이었다. 담장 너머를 한번 기웃하고는 지나치려는데, 저 앞에서 바리 교수가 걸어오고 있었다.

울리 아줌마, 왜 그쪽에서 오세요?

바리 저기 너희 아파트 근처에 있는 내과에 다녀오는 길이야.

엘리 어디 아프세요?

바리 음…. 사실…. 내가…. 불치병이 있거든….

울리 네에? 무슨 불치병이요?!

바리 하하- 놀랐지? 생명에는 지장이 없지만 갑상선샘에 이상이 있어서 평생 갑상선호르몬제를 먹어야 하니 불치병이지. 처방을 받아야 살 수 있는 약이라 동네 병원에 다녀온 거야.

엘리 휴우~ 진짜 놀랐어요.

바리 미안~ 근데 너희는 무슨 얘기를 그렇게 열심히 하고 있었어? 오면서 보니까 너희가 열띤 토론을 하는 것처럼 보이던데?

울리 제가 영화에 나오는 초능력자들이 멋있다고 하니까 엘리가 너무 현실감이 없다고 하잖아요. 그러면서 공상과학영화는 좋다고 하고요. 공상과학영화가 더 현실감이 없는데…. 히히-

엘리 공상과학영화는 미래에 관한 얘기들이니 현실감이 없어도 자연스럽잖아. 미래에 언젠간 이루어질 수도 있고 말이야.

바리 실제 옛날 공상과학영화에 등장했던 것들이 지금은 실현된 경우도 많긴 하지. 내가 어릴 때 본 공상과학만화책에서 사람은 가만히 있는데 도로가 움직이는 장면이 나와서 굉장히 신기해했는데, 요즘은 공항이나 환승 역사가 긴 환승 통로에 대부분 무빙워크가 설치되어 있잖아. 또 오래전 영화 <스타트랙>에 나왔던 핸드폰이나 화상통화 기술은 이미 우리가 애용하고 있고 말이지.

엘리 그렇죠? 그리고 초능력자가 나오는 영화는 다들, 다른 사람들은 모두 평범한데 주인공 한 명만 특별하잖아요.

울리 왜 한 명이야? 악당도 거의 초능력자 수준인데? 아무튼 난 초능력자가 좋아. 헤헤-

바리 초능력자의 출현은 대부분 만화에서 시작되었다가 기술 발전에 따라 영화로까지 연출할 수 있게 되었다고 해. 초능력자가 만화나 영화 또는 게임에 등장하는 건 괜찮은데, 그 초능력에 따른 효과 묘사가 좀 더 과학적이면 좋겠다는 생각이 들기도 해.

울리 예를 들면요?

바리 요즘 파동에 대해서 얘기하고 있으니 슈퍼맨의 예를 들어볼까?

울리 슈퍼맨~ 제가 제일 좋아하는 캐릭터예요. 총알보다도 빨리 날 수 있고, 총알도 망토로 다 막아내고….

엘리 그러니까! 어떻게 총알보다도 빨리 날 수가 있어? 그렇게 빨리 날면 공기저항 때문에 생긴 마찰열로 다 타야 하는 것 아니야?

울리 특수 망토를 입었잖아!

바리 하하- 공기저항은 특수 망토로 해결되었다고 하지, 뭐. 내가 얘기하려는 것은, 그렇게 빨리 날면 충격파가 생겨야 한다는 거야.

울리 충격파요? 그게 뭔데요?

바리 지난번에 파원과 관측자 사이에 상대속도가 있으면 도플러효과가 생긴다고 했잖아?

엘리 앰뷸런스의 사이렌 소리를 예로 드셨죠. 관측자가 정지해 있을 때, 다가오는 앰뷸런스의 사이렌 소리는 높게 들리고 멀어지는 소리는 낮게 들린다고요.

바리 그랬지. 근데 그 예는 앰뷸런스의 속력이 사이렌 소리의 진행 속력인 음속보다 느린 경우를 가정한 거였어. 음속은 약 340m/s니까 시속으로 보면 1,224km/h여서 자동차가 낼 수 있는 속력이 아니거든.

엘리 와~ 소리는 한 시간에 1,224km나 갈 수 있네요. 울리야, 서울에서 부산까지 거리가 얼마지?

울리 잠깐~ 검색해보니 약 410km라고 나오는데?

엘리 그럼 소리는 서울에서 부산까지를 한 20분이면 간다는 거네요?

바리 그렇지. 음파 에너지가 부산까지 남아 있지는 않겠지만 말이야.

울리 근데 파원과 관측자의 상대속도의 크기가 진동수 변화와 비례한다는 것 말고 또 다른 중요한 점이 있는 건가요?

바리 있지. 도플러효과는, 좀 더 정확하게 설명하면 파원의 속력이 파원이 만들어낸 파동의 진행 속력보다 느릴 때 생기는 것이거든. 만일 파원(앰뷸런스)이 파동의 속력(음속)과 같은 속력으로 움직인다면 어떤 일이 생길까 생각해볼래?

엘리 지난번에 했던 공을 던지는 실험에서 본다면, 공의 속력과 같은 속력으로 벽 쪽으로 걸어가면서 공을 던진다는 거죠?

바리 그렇지. 복잡하면 공의 속력을 1m/s, 벽까지의 거리가 3m라고 생각해보렴.

엘리 1m/s의 속력으로 걸어가면서 공을 던진다면, 첫 번째 공은 3초 후, 1초 후에 던진 두 번째 공은 2초 후, 2초 후에 던진 세 번째 공은 1초 후에 벽에 부딪칠 테니 결국 공 3개가 동시에 벽에 부딪치겠는데요?

울리 오~ 정말 그렇겠는데?

바리 잘했어. 파동으로 얘기하면 파면wave front이 한 점에 쌓였다고 하고, 이런 현상을 파벽wave barrier이 생겼다고 한단다. 파원의 속력과 파동의 속력이 같을 때 일어나는 현상이고 말이야.

울리 그럼 파원의 속력이 파동의 속력보다 빠르면 어떻게 돼요?

바리 그런 경우에는 파원이 파벽을 뚫고 더 앞으로 진행하게 돼서 2차원의 경우에는 V자형, 3차원의 경우에는 원뿔형의 파동을 만들지. 2차원의 V자형 파동을 '보우파bow wave', 3차원의 원뿔형 파동을 '충격파shock wave'라고 하고 말이야.

울리 파동에도 차원이 있어요?

바리 평면에서 생기는 파동을 2차원 파동이라고 불러. 배나 오리가 지나갈 때 보이는 V자형 물결파가 대표적인 보우파고 말이야. 본 적 있지?

엘리 아~ 그래요? 많이 봤죠. 오리는 천천히 움직이는 것 같은데도 오리가 만들어내는 물결파보다는 빠른 거였군요?

바리 그래. 좀 더 빠르게 움직이는 오리라면 좀 더 뾰족한 보우파를 만들고 말이야.

울리 오리 뒤에 생기는 물결파 모양을 보고 어느 오리가 빠른지 알 수 있겠네요~ 그리고 제트기 같은 것이 충격파를 만들겠어요.

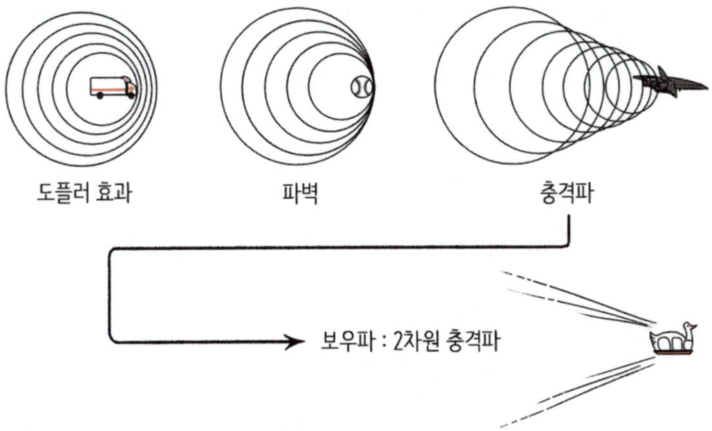

공중에서 빠르게 나니까요.

바리 그렇지. 3차원 공간에서 파원의 속력이 파동의 속력보다 빠르면 충격파가 만들어지니까 말이야. 그리고 제트기뿐만 아니라 총알이나 채찍도 충격파를 만들 수 있어.

엘리 채찍도요? 어떻게요?

바리 채찍을 휘두를 때 나는 소리와 관계되는데, 충격파에서 특히 재미있는 현상을 많이 볼 수 있을 때가 파원의 속력이 음속보다 빠를 때거든. 음속하고 비교한다고 해서 파원이 소리를 내며 움직여야 하는 것은 아니고 말이야.

울리 그럼 왜 음속과 비교하죠?

바리 소리는 공기가 압축(밀)과 팽창(소)을 반복하며 에너지를 전달하는 파동이라고 했잖아? (2권 32화 참조) 그래서 음속보다 더 빠르게 움직이는 파원에 의한 공기의 압축과 팽창은 우리가 소리로 감지할 수 있거든. 이런 경우에 생기는 충격파를 '초음속 충격파supersonic shock wave'라고 부르지.

울리 영화에서 제트기가 아주 빨리 날아갈 때 '빵~' 소리를 내는 것으로 연출되는데, 이것도 충격파와 관계있는 거군요.

바리 음속폭음을 연출한 거지. 초음속 충격파는 원뿔형 파동의 표면에 파면들이 모두 겹쳐 있어서 공기 압력이 아주 센 반면에, 그 바로 뒤쪽은 압력이 아주 약하거든. 즉 공기 압력이 급작스럽게 변하는 불연속성이 생기고, 이 불연속적인 압력차를 우리 귀가 감지하면 소리로 듣는 거지. 이런 소리를 '음속폭음sonic boom'이라고 하는 거야.

울리 영화에서 제트기 속력을 '마하'로 표현했던 것 같은데, 오늘 설명을 듣고 보니 뭔가 초음속과 관계가 있는 명칭 같아요. 마하의 정의가 뭐예요?

바리 '마하수Mach number'는 '속력이 음속의 몇 배인가'를 나타내는 거야. 제트기 속력이 '마하2'라고 하면, 음속의 2배로 난다는 뜻이지. 초음속 제트기에 관한 연구를 했던 오스트리아의 물리학자 에른스트 마흐Ernst Mach의 이름을 딴 거고 말이야.

엘리 아까 총알도 초음속 충격파를 만들 수 있다고 한 말씀은, 즉 총알의 속력이 음속보다 빠르다는 거네요?

바리 그렇지. 총의 종류에 따라 다르지만 총알의 속력은 음속보다 훨씬 빨라. 총소리를 듣고 총알을 피하려고 한다면 이미 늦다는 의미야. 총알보다 빠른 슈퍼맨도 초음속 충격파를 만들며 하늘을 나는 것이고, 누군가는 음속폭음을 들어야 하는 거지.

엘리 그럼 채찍을 휘두를 때 나는 소리도 음속폭음이에요?

바리 그렇지. 총알이나 채찍이나 스스로 소리를 내는 것은 아니지만 우리는 소리를 듣지. 채찍도 빨리 움직여서 순간적으로 공기의 압력 변화를 만들어낸다는 것을 의미하고 말이야.

울리 와~ 채찍과 제트기 사이에 공통점이 있다니 놀라워요.

바리 이러한 것을 알아낸 과학자들의 호기심도 놀랍지~

바리 교수의 물리노트 34

- 파원의 속력이 파원이 만든 파동의 속력보다 느리면 도플러효과, 같으면 '파벽wave barrier', 빠르면 '충격파shock wave'가 생긴다. 2차원 충격파는 '보우파bow wave'라고 부른다.
- 초음속 충격파supersonic shock wave: 파원의 속력이 음속보다 빠를 때 생기는 충격파로, 불연속적인 공기 압력을 형성하여 '음속폭음sonic boom'을 동반한다.
- 마하수Mach number: 속력을 음속의 배수로 나타낸 속력의 단위로, '마하수＝속력÷음속'이다.

35 낮말은 새가 듣고 밤말은 쥐가 듣는다는 속담이 과학적이라구요?

음파의 굴절/반사

집은 부산이고 학교는 서울에서 다니는 울리의 사촌 누나가, 최근까지 대학 기숙사에서 지내다가 이번 주부터는 울리네 집 근처에 작은 원룸을 얻어서 이사를 온다고 한다. 엘리는 어릴 때 부모님과 함께 종종 울리네와 어울려 부산에 놀러 가곤 해서 울리네 사촌 누나와도 친한데, 엘리도 그렇고 울리네 사촌 누나도 엘리를 많이 보고 싶어 해서 이번 이삿날 울리와 엘리가 함께 누나의 원룸에 놀러 가게 되었다. 작은 원룸인데도 짐이 거의 없어서 텅 비어 보였다. 소리가 웡웡 울리는 빈방에서 한참 수다를 떨고 나오는데 길 건너 바리 교수가 보였다.

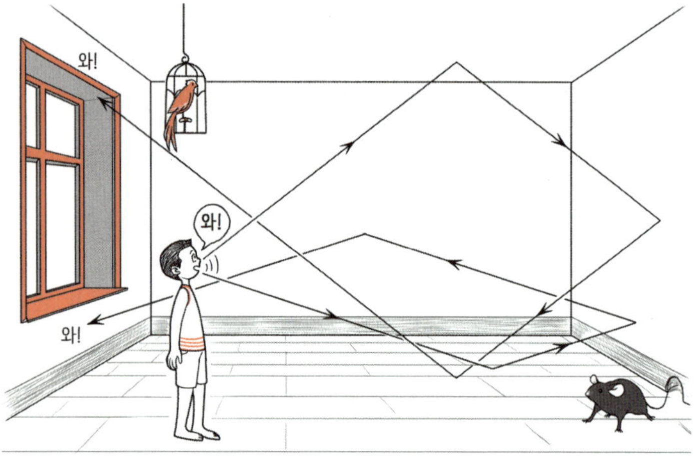

울리 어? 바리 아줌마, 여기는 웬일이세요?

바리 어머? 너희는 웬일이야?

울리 사촌 누나가 오늘 이리로 이사를 왔어요.

바리 아~ 그렇구나. 나는 화가 친구의 작업실이 여기 있어서 들렀다 가는 거야. 차가 주차장에 있으니 같이 가자~ 집에 데려다줄게.

엘리 와~ 감사합니다~ 근데 화가 친구도 있으세요? 아줌마 친구는 모두 과학자일 것 같은데….

바리 하하- 그럴 리가 있니? 과학자 동료가 많은 거지. 친구들은 화가도 있고, 선생님도 있고, 사장도 있고, 전업주부도 있고 그래.

울리 오~ 근데 아줌마, 빈방에서 말을 하면 왜 소리가 울려요?

바리 방금 사촌 누나 방에서 느꼈나 보구나? 그건 일종의 '메아리 echo'야.

엘리 작은 방에서도 메아리가 있어요?

바리 메아리는 '반사된 소리가 다시 들리는 것'이거든. 빈방에서 말을 하면 그 말소리가 직접 귀에 들어오기도 하지만, 벽이나 천장에서 반사된 소리가 약간의 시간차를 두고 귀에 들어오기도 하지. 말소리의 잔음이 있는 것으로 들리니 울린다고 느끼는 거고.

울리 그럼 빈방에서만 메아리가 있어요? 집이나 교실에서는 소리가 울리지 않잖아요.

바리 파동은 표면이 딱딱하고 평평할수록 반사가 잘되거든. 가구나 물건이 없는 빈방에서는 소리가 바로 벽이나 천장에 부딪쳐 반사되기 쉬운 거지. 반면에 부드럽고 틈이 많은 것들은 소리를 잘 반사하지 못하고 흡수하고 말이야.

울리 아하, 그래서 아파트 도로변의 방음벽에 그렇게 많은 구멍이 있는 거군요. 소음을 흡수하기 위해서요.

바리 그래. 그리고 한겨울 눈이 많이 쌓인 날 새벽이나 밤에 유난히 조용하다고 느낀 적 없어?

엘리 있어요. 눈이 소리를 흡수하나요?

바리 그래. 눈은 아주 좋은 흡음제거든. 특히 노면과 타이어의 마찰에 의해 생기는 600Hz 이상의 소리는 한 10~20% 정도만 반사되고 나머지는 모두 눈에 흡수된다는구나.

울리 와~ 신기해요. 근데 600Hz는 암컷 모기가 내는 소리의 진동수잖아요?

엘리 아, 맞아. 어쩐지 600Hz가 익숙하게 느껴졌는데 그때 들었던 거라 그랬나봐~

바리 울리가 점점 기억을 잘하는 것 같은데?

울리 꼭 중요하지 않은 것만 기억이 잘 난다는 것이 문제죠. 히히-

엘리 일상에서 소리가 반사되지 않게 하는 것이 중요하겠네요. 시끄럽지 않게요.

바리 하지만 소리가 잘 반사되는 것이 불편한 것만은 아니야.

울리 빈방에서 울리는 소리를 들으며 대화하니까 이상하던데, 좋은 점도 있나요?

바리 음악 연주홀에서는 적당한 메아리가 있는 것이 음악을 풍성하게 해주기도 하거든. 그래서 연주하는 소리가 잘 반사되도록 연주자 뒤쪽 벽이나 천장을 유리 같이 매끈한 재질로 만들기도 하고 말이야.

엘리 아~ 그게 그냥 예쁘라고 장식한 것이 아니었군요?

바리 장식 효과도 물론 있지만, 그것보다는 관객에게 좋은 음악을 들려주려는 목적이 우선이지.

엘리 근데 소리는 반사뿐만 아니라 굴절도 하지 않아요? 파동은 모두 반사도 하고 굴절도 하잖아요.

바리 당연히 굴절도 하지. 왜 굴절하는지는 아니?

울리 글쎄요, 왜 굴절할까요?

바리 마루 위를 굴러가던 장난감 자동차의 한쪽 바퀴가 카펫을 만났다고 생각해보자. 카펫을 만난 바퀴는 속력이 줄어들지만 아직 카펫을 만나지 못한 다른 바퀴는 원래 속력으로 움직이겠지?

울리 그러면 자동차는 휘어서 가고요. 한쪽은 천천히, 다른 한쪽은 빨리 가야 하니까요.

바리 그렇지. 그게 굴절이야. 파동 역시 진행하다가 속력이 바뀌는 상황을 만나면 휘게 되지.

엘리 파동의 속력은 매질에 의해 결정되는 것이니까 굴절을 하려면 매질이 바뀌어야겠네요? 소리가 공기에서 물로 전파한다든지 하는 것처럼 말이죠.

바리 파동의 속력이 매질에 의해 결정된다는 것은 완전히 다른 매질을 만났을 때 속력이 달라진다는 것만을 의미하는 것은 아니고, 같은 매질이라도 온도나 밀도 같은 특성이 바뀌었을 때 역시 속력이 변한다는 것을 의미한단다.

울리 같은 매질인데 어떻게 온도가 달라요?

바리 예를 들어 같은 공기라도 뜨거운 지표면 근처의 공기는 온도가 높고, 지표면 위로 높이 떨어져 있는 공기의 온도는 낮지. 엄밀하게 말하면, 높은 온도의 공기와 낮은 온도의 공기는 다른 매질인 거야. 그래서 공기 온도가 높을수록 음속은 빨라진단다.

울리 공기 온도가 높으면 왜 음속이 빨라요?

바리 온도가 높으면 공기분자들이 빨리 움직이니까 에너지를 빨리 전달할 수 있어서 음속도 빠른 거야. 또 공기 습도가 높을수록 음속도 빨라지는데, 그건 왜 그럴까?

엘리 물분자 때문에 밀도가 높아져서 그런가요? 밀도가 높아도 에너지를 빨리 전달할 수 있잖아요.

바리 훌륭한 분석이야. 물질의 밀도가 높아지거나 탄성이 커질수록 음속도 빨라지거든. 실제 물속에서 음속은 공기 중에서보다 약 4배 빠르고, 쇠에서는 약 15배나 빠르단다.

울리 와~ 15배나요? 그럼 서울에서 부산까지 놓인 철로를 따라서 소리가 간다면 1~2분밖에 걸리지 않는다는 거네요? 공기 중에서 20분 정도 걸리니요. (2권 34화 참조) 그리고 물속에서는 4배 더 빠르다는 건 기체, 액체, 고체의 순서로 음속이 빨라진다는 뜻인가요?

바리 그렇지. 그래서 철로에 귀를 대고 있으면 보이지 않는 기차의 소리가 들리기도 하는 거야. 옛날에 인디언들이 땅에 귀를 대어

말발굽 소리를 듣곤 적의 침입을 미리 알았다든지 하는 것도 공기보다 고체를 통해 소리가 잘 전달되는 특성 때문에 가능했던 거고 말이야. 너희도 컴퓨터 책상에 귀를 대고 들어봐. 컴퓨터 소음이 훨씬 잘 들리는 것을 경험할 거야.

엘리 집에 가서 해봐야겠어요. 헤헤-

바리 아까 얘기했듯이, 같은 공기라도 대낮의 뜨거운 지표면에 의해서 땅 근처의 공기는 아주 따뜻하고, 좀 더 위의 공기는 그리 따뜻하지 않은 경우를 생각해볼까? 이런 공간을 지나는 소리의 방향이 어떻게 될지 말이야.

엘리 온도가 높은 지표면 근처에서는 음속이 빠르고 상대적으로 온도가 낮은 위쪽에서는 음속이 느리니 소리가 위로 휘겠는데요?

바리 그렇지? 그래서 낮에는 소리가 위로 휘는 경향이 있단다. 반대로 한밤중에는 어떨까?

울리 한밤중에는 비열이 작은 땅이 더 빨리 식어서 땅 근처의 공기는 온도가 낮아 음속이 느리고, 위의 공기는 상대적으로 온도가 높아 음속이 빠를 테니 소리가 아래쪽으로 휘겠네요.

바리 그래서 밤에는 소리가 아래로 휘는 경향이 있지. 그럼 우리 속담이 꽤 과학적이라는 것을 알 수 있지 않니?

울리 엥? 갑자기 무슨 속담이요?

바리 왜 있잖아, '낮말은 새가 듣고 밤말은 쥐가 듣는다'라는 속담~

울리 아하~ 낮에는 소리가 위로 휘고 밤에는 소리가 아래로 휘니까, 낮에는 나무에 사는 새가 소리를 잘 듣고 밤에는 땅에 사는 쥐

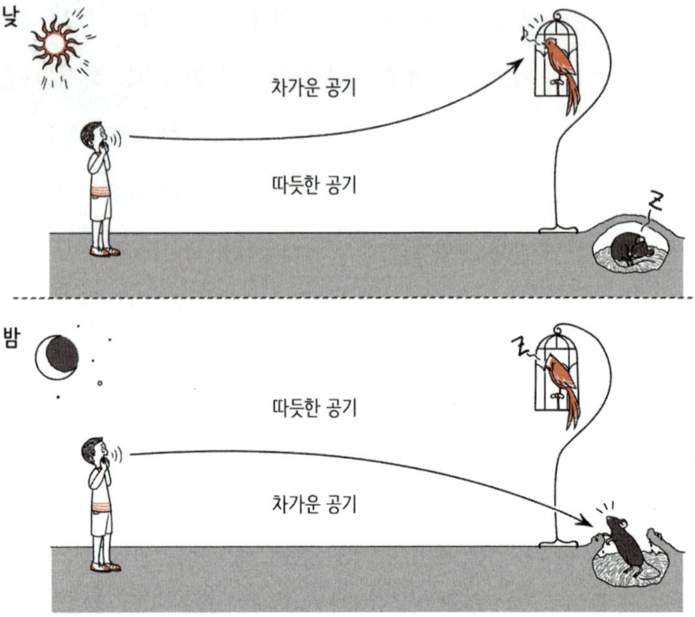

가 소리를 잘 듣는다는 거네요?

엘리 에이~ 낮에는 새들이 보이고 밤에는 쥐들이 다녀서 그런 것 아니고요?

바리 하하- 그렇지만 과학적으로도 모순이 없다는 것이 놀랍지 않아? 쥐가 집 천장에서 사는 경우도 있긴 하지만 말이야.

엘리 그렇긴 하네요. 과학적으로 모순이면 속담이 무의미할 뻔했는데 말이죠. 헤헤-

바리 그렇지? 나도 다행이라고 생각해. 하하- 이러한 음파의 굴절은 해저 탐사를 방해하기도 하지만, 잠수함이 노출되지 않도록 하는 효과도 있단다.

엘리 음파 얘기를 하다 보니 갑자기 초음파로 태아를 볼 수 있는 원리가 무엇인지 궁금해졌어요.

바리 초음파는 장기의 내부보다도 그 표면에서 더 잘 반사되기 때문에 반사되는 정도로 안에 뭐가 있는지 알 수 있는 거야. 거기다 도플러효과까지 고려하면 심장박동도 감지할 수 있고 말이야.

울리 초음파 검사에도 도플러효과가 이용되는군요~

바리 얘기하다 보니 집에 다 왔네. 파동의 특성에 대해서는 아직도 할 얘기가 많으니 다음에 시간되면 찾아오렴~

바리 교수의 물리노트 35

- 메아리echo: 반사된 소리가 시간차를 두고 다시 들리는 것.
- 공기 중에서의 음속은 공기가 따뜻하고 습할수록 빠르다.
- 음속은 밀도가 높거나 탄성이 큰 매질일수록 빨라서, 기체보다는 액체에서, 액체보다는 고체에서 빠르다.
- 물속에서의 음속은 공기 중에서의 음속보다 4배 빠르다.

36 바람 때문에 다리가 무너졌다구요?

공명

태풍이 올라온다더니 오후부터는 바람이 많이 불었다. 구름도 많이 끼고, 불어오는 바람에 거리마다 쓰레기와 먼지가 날려서 꽤 스산한 분위기가 연출되었다. 엘리는 오늘 울리네 집에서 자기로 했다. 엘리 엄마가 지방 출장이 있을 때마다 있는 일이다. 울리와 엘리가 함께 방과 후 울리네 집으로 향하고 있는데, 바리 교수 집 근처에서 집 앞 쓰레기를 치우고 있는 바리 교수가 보였다.

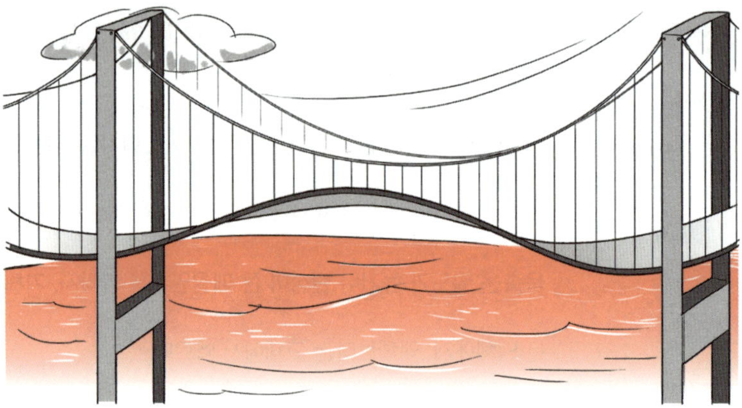

울리 아줌마~ 바람이 많이 부는데 청소하세요?

바리 아, 너희구나~ 바람 때문에 종이와 비닐이 날아와 이렇게 집 앞 구석에 쌓여 있잖아. 그냥 두면 어디론가 날아가 동네가 엉망이 될 테니까 보인 김에 치우는 거야.

엘리 저희도 도울게요.

바리 거의 다 했어. 또 날아오겠지만 말이다.

엘리 바람이 너무 불어 저도 날아갈 것 같아요. 엄마는 출장 가셨는데 거긴 안전할까 모르겠네요. 오늘 안 오시는데….

울리 그래서 얘 오늘 우리 집에서 자요. 히히-

바리 엄마들이 진짜 친하시구나.

울리 두 분이 자매 같으세요. 저도 엘리네 엄마를 이모라고 불러요.

바리 멀리 있는 친척보다 가까이 있는 친구가 훨씬 도움이 되는 거지. 바람 많이 부는데 잠깐 들어와서 간식 좀 먹고 가렴. 마침 참치 샐러드 해놓은 것이 있거든.

엘리 전 세수 좀 할게요. 먼지가 눈에 들어갔는지 눈이 따가워요.

바리 그러렴~

울리 바람이 많이 부니까 아린이도 집 안에서 나오질 않나 보네요.

바리 아린이가 겁이 많아. 자, 이리 와서 앉아.

엘리 와~ 참치 샐러드를 올린 크래커네요~

바리 코코아도 마시면서 먹어. 참치 샐러드와 아주 잘 어울릴 거야.

울리 아줌마, 근데 오늘은 물리 얘기 안 하실 거예요?

바리 하하- 왜 안 하겠니? 바람이 많이 부는 날이면 생각나는 다리가 있거든. 그 얘기를 해야지.

울리 바람과 다리와 물리…. 무슨 관계인지 통 모르겠어요.

바리 예전에 미국에서 다리가 무너진 적이 있어. 그것도 완공된 지 불과 4개월 만에 말이야.

엘리 완전 부실 공사였나 보네요. 우리나라도 한강 다리가 무너진 적이 있다면서요?

바리 1994년에 성수대교가 무너졌지, 부실 공사로. 한편 미국의 경우는 1940년 워싱턴주에 있는 타코마다리Tacoma Narrows Bridge가 무너졌는데, 이때는 부실 공사가 원인이 아니었어.

울리 부실 공사도 아닌데 왜 무너져요? 그것도 완공 4개월 만에요?

바리 그게 바람 때문이었다면 믿겠니?

엘리 바람이요? 태풍이 왔었나요?

바리 60km/h 정도의 바람이었다고 하니 약한 태풍 정도라고 할 수 있겠지.

엘리 약한 태풍에 튼튼한 다리가 무너질 수 있다고요?

바리 '공명resonance' 현상이 일어나면 가능하거든.

울리 그게 뭔데요?

바리 왜, 그네 탈 때 발을 잘 구르면 그네가 쉽게 높이 올라가는 거 경험해본 적 있지?

울리 박자를 잘 맞춰서 발을 굴러야 하죠. 그네는 엘리가 진짜 잘 탔어요. 우리 어릴 때 그네 엄청 탔는데….

엘리 호호- 그네가 뒤로 왔다가 앞으로 가려는 순간에 발을 구르면 쉽게 높이 올라가죠. 어릴 땐 그네만 타면 저절로 됐는데 지금도 되려나 모르겠네요.

바리 그래, 그게 바로 공명을 일으키게 한 거야. 행성부터 원자까지 모든 물체는 하나 이상의 '고유진동수natural frequency'로 진동을 하거든. 이 고유진동수는 물체의 탄성과 모양에 의해 결정돼. 가령 그네의 고유진동수는 그넷줄의 길이에 따라 다르고 말이야.

울리 용어들이 이상해서 설명을 듣기도 전에 어려운 느낌이 들지만, 고유진동수와 공명 현상은 어떤 관계인데요?

바리 미리 어려워하진 말고, 울리 네가 그네를 밀어줄 때를 생각해봐. 뒤에서 그네를 높이 당겼다가 놓으면 그네가 앞으로 갔다가 다시 뒤로 돌아오기를 반복하는데, 다시 앞으로 가려는 순간마다 밀어주면 계속 더 높이 올라가잖아. 이렇게 그네를 미는 것을 '강제 진동forced oscillation'시킨다고 해. 그네가 앞으로 가려는 순간마다 밀어주는 것은 그네의 고유진동수와 같은 진동수로 강제 진동을 시키는 거고 말이야.

엘리 그렇게 진동수를 맞춰서 강제 진동을 시키면 더 큰 진폭으로 진동을 하게 될 텐데, 이런 현상을 공명이라고 하는 건가요?

바리 그렇지. 예전에 역학적 에너지 보존법칙을 설명하면서, 줄에 달린 공을 얼굴 높이에서 가만히 놓으면 처음 위치에너지가 운동에너지로 바뀌다가, 처음 높이까지 올라간 후 되돌아오는 운동을 예로 든 적이 있지? (1권 20화 참조)

울리 아~ 네. 그 실험 동영상도 기억나요~

바리 그래~ 그네를 밀었다는 건 처음 상태에 위치에너지만 있는 것이 아니라 운동에너지도 있다는 거지. 그래서 반대쪽에서는 처음 위치보다 더 높이 올라갈 수 있는 거고 말이야. 되돌아왔을 때도 처음 위치보다 더 높이까지 올라가는데, 떨어지는 순간 다시 밀어주면 또 그전보다도 더 높이 올라가며 이런 운동을 반복하게 돼.

울리 그럼 고유진동수와 같은 진동수로 강제 진동시킬 때만 공명이 일어나는 건 아니겠네요? 만일 그네를 앞으로 가려는 순간마다 매번 밀지 않고 두 번에 한 번씩만 밀어도 진폭은 커지는 것 아닌가요?

바리 오~ 대단한데? 그네의 경우 고유진동수의 반으로 밀어도 진폭이 커지지. 물론 시점이 맞아야 하고 말이야. 그럼 고유진동수보다 2배 큰 진동수로 밀면 어떻게 될까?

엘리 다시 그네로 생각해보면, 앞으로 가려는 순간에 밀고 또 뒤로 오려는 순간에도 미는 것이니 오히려 진동을 못 하게 해서 공명이 일어나지 않을 것 같아요.

바리 잘했어. 그네가 아주 이해하기 좋은 예지? 근데 이런 공명 현상은 그네뿐 아니라 다른 모든 물체에서 일어날 수 있단다. 타코마다리가 무너진 것은 바람이 공교롭게도 다리의 고유진동수와 맞게 불었던 거야. 그 결과 다리가 큰 진폭으로 계속 진동하다가 무너진 거거든.

울리 아이고~ 황당했겠어요.

바리 정말 황당한 경우지. 육교 위를 걸을 때 누군가가 마구 뛰어가면 육교가 출렁이는 것을 경험한 적도 있지 않아? 그것도 공명 현상인데~

엘리 그렇군요. 육교에서는 뛰면 안 되겠네요? 무너지면 어떡해요.

바리 실제 영국에서는 한 보병부대가 다리 위에서 발을 맞추어 행진하다가 다리가 무너진 적이 있는데, 역시 공명 때문이지.

울리 어휴, 듣고 보니 공명은 정말 위험한 거네요.

바리 공명 현상의 예들은 아주 많은데, 소프라노가 고음을 내서 와인잔을 깨는 실험은 본 적 없을까?

엘리 있어요~ 언젠가 TV 과학프로그램 방송에서 봤어요. 아~ 그것도 공명 현상이군요?

바리 그래. 와인잔의 고유진동수와 맞는 음에 의해 공명이 일어난 거지. 큰 진폭의 진동을 유리가 견디지 못하고 깨지는 거거든. 지금 링크(https://www.youtube.com/watch?v=BE827gwnnk4)에 연결해봐. 유리잔이 어떻게 깨지는가를 자세히 볼 수 있을 거야.

울리 우와~~ 완전 재미있고 신기해요!

엘리 유리잔이 무슨 고무처럼 마구 흔들리다 깨지네요? 공명 현상으로 설명할 수 있는 것들이 이렇게 많은 줄 몰랐어요.

바리 우리 일상에서 아주 유용한 공명 현상도 있는데 그 대표적인 예가 방송 수신이야. 특정 라디오나 TV 방송을 수신할 수 있는 것이 공명 때문에 가능한 거거든. 방송국에서 보내주는 전파신호의 진동수와 같게 하여 공명을 일으키는 거니까 말이야.

엘리 방송국마다 몇 MHz(메가헤르츠)니, 몇 kHz(킬로헤르츠)니 하는 것이 고유진동수를 의미하는 거군요.

바리 그뿐만이 아니라 우리 귀도 공명에 의해 소리를 감지하지. 귀에는 아주 많은 청각세포가 있는데, 들어오는 소리의 진동수에 따라 반응하는 세포들이 정해져 있거든. 즉 청각세포들의 고유진동수가 다른 거야.

울리 그럼 혹시 차에서 이상하게 떨리는 소리가 나는 것도 공명 현상인가요? 아빠 차를 타면 멀쩡하다가도 어떤 특정 속력만 되면 막 떨리는 소리가 나거든요.

바리 맞아. 그것도 공명 때문이야. 어떤 특정한 속력에서의 자동차 진동과, 아마도 헐거워진 내부 부품의 진동이 공명을 일으켰을 거야. 새 차일 때는 안 들렸던 소리였을 거고 말이야.

울리 맞아요. 새 차였을 때는 조용했죠. 아빠한테 아는 척 좀 해야겠어요. 히히-

엘리 나도 엄마한테 아는 척 좀 해야지~ 헤헤-

바리 교수의 물리노트 36

- 모든 물체는 1개 이상의 '고유진동수natural frequency'로 진동을 한다.
- 공명resonance: 물체의 고유진동수와 같은 진동수로 물체를 '강제 진동forced oscillation'시키면 물체의 진동 진폭이 최대가 되는 현상.

37 같은 음이라도 악기마다 음색이 다르다구요?

정상파/간섭

울리와 엘리는 어릴 때 각자 바이올린과 첼로를 배운 적이 있다. 그 이야기를 했더니 바리 교수가 주말에 합주를 해보면 어떻겠냐고 제안하여 둘은 오랜만에 각자의 악기를 챙겼다. 둘 다 악기 연습을 해본 지가 오래되어 살짝 걱정되었지만, 쉬운 악보를 준비하겠다는 바리 교수의 말에 약간은 들뜬 기분으로 주말을 기다렸다.

울리 아줌마~ 저희 왔어요~

엘리 무슨 곡을 합주할 거예요? 어려운 것 아니죠? 어제 첼로 조금 켜보니까 소리가 엉망이라 걱정돼요.

바리 그냥 재미로 하는 건데 걱정하지 마. 그리고 쉬운 동요 악보를 준비했어. 동요도 바이올린, 첼로, 플루트가 함께 연주하면 그럴듯하거든.

엘리 어떤 동요요?

바리 <과수원 길>, <초록바다>, <낮에 나온 반달>, <생일축하 변주곡>, 그리고 <크리스마스 메들리>.

울리 와~ <크리스마스 메들리>까지요? 제 바이올린은 음이나 맞을라나 모르겠어요.

바리 자, 여기 튜너기 있으니까 조율부터 해봐.

울리 윽! 모든 음이 완전히 낮아요. 나사를 좀 조여야겠어요. 근데 악기의 줄이 팽팽하면 왜 음이 높아지는 걸까요?

바리 나사를 조여서 줄을 팽팽히 만드는 것은 줄의 장력을 크게 해주는 거야.

엘리 줄의 장력이요? 오랜만에 들어보네요. 헤헤-

바리 그렇지? 장력이 커지면 줄의 진동수가 커지거든. 팽팽한 줄을 튕기면 빨리 진동하고, 느슨한 줄을 튕기면 천천히 진동하고 말이야. 진동수가 크다는 건 높은 소리라는 거니까 줄을 팽팽히 하면 높은 음이 나는 거지.

울리 줄의 진동수는 줄의 굵기에 따라서도 다르죠?

바리 그렇지. 줄의 굵기에 따라서도 진동수가 다르지. 좀 더 정확히 얘기하면, 현악기 줄의 진동수의 제곱은 장력에 비례하고 밀도에는 반비례해. 즉 줄의 장력이 크면 진동수가 크지만, 줄의 밀도가 높으면 진동수가 작다는 뜻이야.

엘리 아, 밀도가 높으면 무거울 거고, 무거우면 진동하기 힘드니까 진동수가 작은 거군요.

울리 그래서 현악기는 굵기가 다른 여러 줄로 되어 있는 거고요. 그럼 손으로 줄을 누르는 것과 음높이는 어떻게 연관돼요?

바리 손으로 줄의 어느 한 점을 누르는 것은 줄의 길이를 짧게 하는 효과가 생기는 거지. 줄의 길이가 짧아지면 줄을 켰을 때 생기는 파의 파장도 짧아질 테니까 말이야.

울리 그래서 줄을 누르지 않고 켤 때보다 높은 음이 나는 거네요. 그리고 줄이 짧은 바이올린이 줄이 긴 첼로보다 대체로 고음을 내는 것도 그렇게 이해하면 되겠어요.

바리 그래. 이렇게 현악기에 생기는 파를 '정상파standing wave'라고 하는데, 마치 파가 움직이지 않고 그대로 있는 것 같다고 해서 붙인 이름이야.

울리 전 순간 그럼 비정상파도 있나 했어요. 히히-

엘리 나도~ 헤헤- 정상파는 가만히 있는 것처럼 보이지만 실제로 움직이고 있다는 건가요?

바리 그렇지. 현악기 줄은 양 끝이 고정되어 있잖아? 이 줄을 잘 진동시키면 파장이 줄 길이의 2배인 파가 생길 수 있는데, 이 파는 고정된 양 끝에서 계속 반사되면서 왔다 갔다 하지. 이렇게 진폭과 파장이 같은 파가 왔다 갔다 하며 합쳐지면(중첩superposition) 마치 가만히 있는 것처럼 보이거든.

울리 줄을 잘 진동시킨다는 것이 무슨 의미예요?

바리 그건 줄의 고유진동수와 맞게 진동시켜서 공명을 일으킨다는 것을 의미해. 소리가 깨끗하게 잘 나면 공명이 일어난 거고 말이야.

울리 아, 그렇군요. 근데 파장이 줄 길이의 2배인 파만 생겨요?

바리 그렇진 않아. 파장이 줄 길이의 2배인 경우를 '기본진동' 또는 '제1화음'이라고 부르고, 파장이 줄 길이와 같은 경우를 '2배진동' 또는 '제2화음'이라고 불러.

엘리 2배진동은 파장이 반으로 줄었으니 진동수가 2배 커졌다는 의미인가 보네요?

바리 그렇지. 그래서 진동수로 생각하는 것이 더 자연스럽지. 제2화음은 제1화음 진동수보다 2배 큰 진동수의 정상파, 제3화음은 제1화음 진동수보다 3배 큰 진동수의 정상파를 의미하거든.

울리 그럼 제4화음은 제1화음보다 4배 큰 진동수의 정상파가 생긴 거고요?

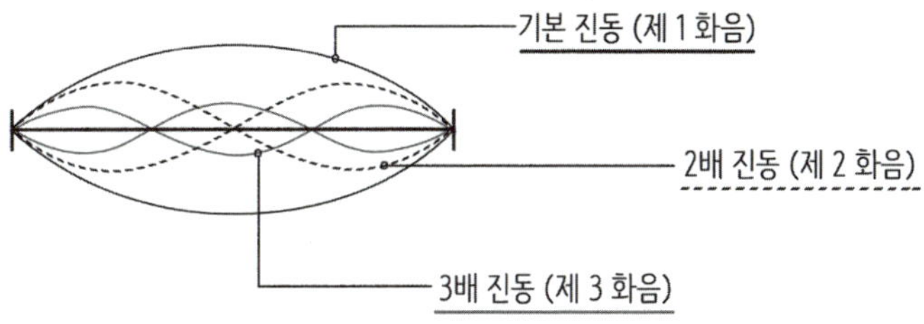

바리 그래. 재미있는 것은 진동하는 줄에 여러 화음의 정상파들이 동시에 생길 수도 있다는 거야. 물론 기본 음높이는 제1화음에 의해서 결정되지만, 파가 어떤 화음들로 구성되었느냐에 따라 '음색timbre'이 달라지는 거거든.

엘리 음색이 뭐예요? 음에도 색이 있다는 뜻인가요?

바리 그렇게 볼 수도 있지. 왜, 같은 음이라 해도 악기마다 다른 소리로 들리잖아? 이런 것을 음색이 다르다고 하는데, 이 음색을 결정하는 것이 바로 '부분화음'이야.

울리 소리를 정의하는 특성도 다양한 거네요. 그럼 현악기의 몸통은 무슨 역할을 하는 건가요? 그냥 나무토막 2개에 줄을 고정시켜서 연주하면 안 되나요?

바리 좋은 질문이야. 현악기의 몸통이 필요한 이유는, 소리는 결국 공기의 진동으로 우리 귀에 전달되는 건데, 가는 줄의 진동으로 큰 소리를 낼 만큼 공기를 진동시키기 어렵기 때문이지. 큰 통 위에 줄을 고정하면 줄의 진동이 통에 전달되고, 그로 인해 통이 공명하여 쉽게 큰 소리를 낼 수 있고 말이야.

울리 아하, 그럼 몸통의 모양과 재질에 따라서 또 다른 다양한 부분화음을 만들어낼 수도 있겠군요.

바리 그래서 현악기의 몸통을 어떤 나무로 만들었느냐를 따지는 거지. 그래도 여전히 현악기는 관악기보다 소리가 작아서, 오케스트라는 관악기보다 현악기의 수가 훨씬 많게 구성된단다.

엘리 근데 전자기타 같은 것은 울림통이 없어도 소리가 잘 나잖아요?

바리 전자기타는 줄의 진동을 전기신호로 바꾼 뒤 증폭하여 스피커로 내보내니까 충분히 큰 소리를 얻을 수 있어서 통이 필요 없는 건데, 전자기타의 원리는 나중에 전자기학을 공부할 때 알려줄 거야. (3권 24화 참조)

엘리 아, 전기와 자기에 대해서 배워야 전자기타의 원리를 알겠군요. 그리고 이건 좀 다른 질문인데, 요즘 좋은 이어폰들을 보면 소음 제거 기능이 있잖아요? 그건 어떤 원리일까요?

바리 파동의 중요한 성질을 이용한 거지. '간섭interference' 현상을 이용하면 소리를 없앨 수 있거든. 예를 들어 똑같은 2개의 파동이 겹쳐지면 어떻게 될까?

울리 진폭이 2배로 커지겠죠.

바리 그럼 똑같은 파동이긴 한데, 반파장half-wavelength이 어긋나게 겹쳐지면 어떻게 될까?

엘리 그건 파동의 제일 높은 곳과 제일 낮은 곳이 겹치게 되는 경우니까 진폭이 0이 되는 것 아니에요?

바리 맞아. 그처럼 똑같은 2개의 파가 모양도 어긋나지 않고 겹쳐져서 진폭이 2배로 커지는 것을 '보강간섭constructive interference'이라고 하고, 반파장이 어긋나게 겹쳐져서 진폭이 0이 되는 것을 '소멸간섭destructive interference'이라고 해.

엘리 아하, 그럼 소음을 제거한다는 것은 소멸간섭이 일어나게 한다는 거군요?

바리 그렇지. 소음과 똑같은 소리를 만들어 반파장만큼 어긋나게 보

〈보강 간섭〉

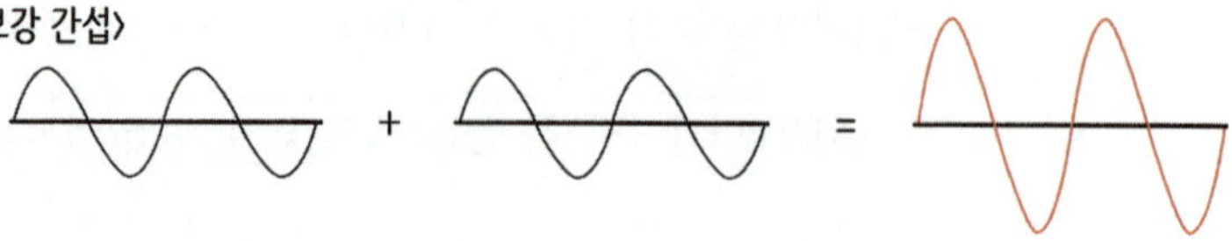

〈소멸 간섭〉

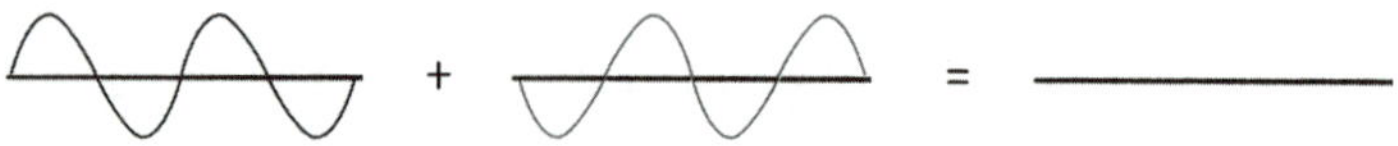

내서 외부에서 들어온 소음과 소멸간섭이 일어나게 하는 거지. 비행기 조종사나 굴착기 기사들은 오래전부터 사용해왔던 이어폰이고 말이야. 요즘은 비행기 여행을 많이 하는 사람들이나 깨끗한 음악 소리를 원하는 사람들이 이 소음 제거 기능이 장착된 이어폰을 많이 사용하기도 하지.

울리 그럼 강당 같은 곳에서 자리를 잘못 잡으면 스피커에서 나오는 음들이 소멸간섭을 일으킬 수도 있는 것 아닌가요? 근데 사실 어디 앉아도 소리는 잘 들리던데요….

바리 오~ 좋은 질문인데? 각 스피커와 특정 좌석까지의 거리 차이가 소리의 파장의 배수라면 늘 보강간섭이 일어나겠지만, 반파장의 홀수 배수라면 울리가 말한 대로 소멸간섭이 일어나겠지. 하지만 두 스피커에서 나오는 소리가 특정 지점에서 소멸된다 하더라도 강당 안에서 반사되는 소리가 충분히 많기 때문에 그런 특정 지점에서도 대체로 소리가 잘 들리는 거야. 그리고 큰 강당이라면 스피커가 여러 곳에 설치되어 있기도 하고 말이지.

울리 아~ 참~ 반사된 파동들도 있죠.

바리 그럼 이제 우리 합주를 해볼까? 어느 곡 먼저 할래?

엘리 <생일축하 변주곡>이요~

울리 <크리스마스 메들리>요~

바리 하하, 그래~ 차례대로 해보자~

바리 교수의 물리노트 37

- 정상파standing wave: 줄의 공명으로 만들어진 파동이 고정점에서 반사한 파동과 중첩superposition되어 정지한 것처럼 보이는 파동.
- 현악기 줄의 길이가 파장의 반에 해당하는 정상파를 '제1화음'이라고 하고, 제1화음의 진동수보다 N배 큰 진동수의 정상파를 '제N화음'이라고 한다. 화음의 구성은 악기의 음색timbre을 결정한다.
- 두 음파가 진행하는 거리 차이가 파장의 정수 배가 되는 곳에서는 '보강간섭constructive interference'이, 정수 배에서 반파장만큼 달라진 곳에서는 '소멸간섭destructive interference'이 일어난다.

38 에밀레종의 신비한 소리가 맥놀이 때문이라구요?

맥놀이 현상

바리 교수와 엘리, 울리가 <생일축하 변주곡>과 <크리스마스 메들리>를 차례대로 합주해보았는데, 생각보다 잘 맞지가 않았다. 바리 교수는 먼저 쉬운 동요 몇 곡으로 연습부터 해보자고 했다. 울리는, 합주 전에 튜너기로 각자 조율을 했는데도 막상 합주를 하다 보면 음정이 맞지 않는 부분들이 느껴지는 이유가 뭘지 궁금해졌다.

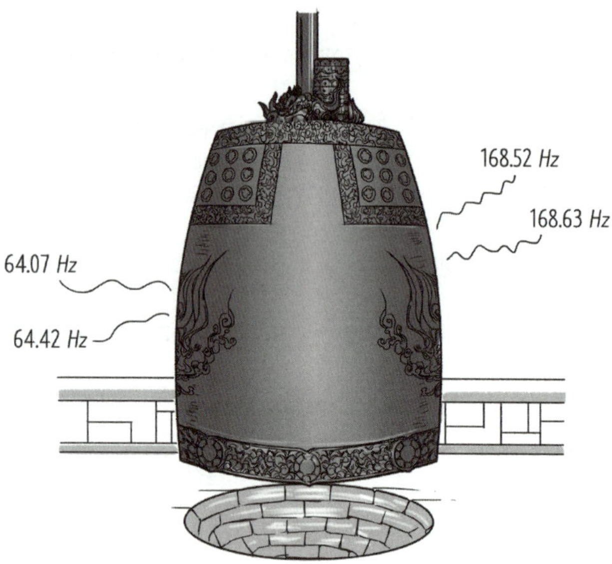

바리 오랜만에 해본다면서 꽤 잘하는데? 역시 악기는 어릴 때 하는 것이 중요한가 봐~

엘리 저는 제가 손을 정확히 잡지 못해서 음정이 틀렸던 것 같아요.

울리 나도 약간씩 틀렸던 것 같은 느낌이었어. 근데 함께 연주하니까 못해도 재미있다~

바리 그렇지? 플루트, 바이올린, 첼로의 음색이 다르면서도 잘 어우러져서 혼자 연주하는 것보다 소리도 좋잖아. 특히 첼로가 저음을 깔아주니 참 좋네.

엘리 똑같이 조금 못하더라도 첼로 소리가 바이올린 소리보다는 덜 거슬리죠? 헤헤-

바리 고음은 멀리 가지 못해서 바이올린을 연주할 때 소리도 커야 하는데, 동시에 곱게도 내야 하니 쉽지 않지.

울리 고음이 저음보다 더 멀리 가지 못해요? 왜죠? 고음이 에너지는 더 큰 것 아닌가요?

바리 소리에너지는 일반적으로 아주 작지만 진동수가 큰 소리가 더 큰 에너지를 전달하는 것은 맞아. 그런데 진동을 빨리 하니까 그만큼 빨리 열에너지로 없어져버리거든. 공기분자들끼리 더 많이 충돌하니까 말이야.

엘리 아, 에너지를 빨리 잃어버려서 멀리 못 가는 거군요.

바리 그래. 그래서 소리를 멀리까지 보내 경고하고 싶을 때는 저음의 경적을 사용하는 거고 말이야.

엘리 큰 배들의 경적 소리가 매우 낮다고 느낀 적이 있는데, 같은 이유인가요?

바리 맞아. 특히 큰 배들은 운동량이 커서 멈추거나 방향을 바꾸는 것이 쉽지 않잖아. (1권 15화 참조) 더군다나 안개가 많이 낀 날은 가시거리가 짧으니 소리라도 멀리까지 가게 하려고 저음의 경적을 울려서 다른 배와의 충돌을 방지하지.

울리 근데 악기끼리 음정이 맞지 않으면 뭔가 거슬리게 들리는 건 왜 그런 거예요? 요즘은 전자튜너기로 조율하지만 제가 바이올린을 처음 배울 때는 피치파이프pitch pipe를 이용해서 조율했는데, 이때도 이 거슬리는 소리가 없어지면 조율이 된 거였어요.

바리 그걸 이해하려면 '맥놀이beat'라는 간섭 현상을 알아야 해.

울리 보강간섭이나 소멸간섭 말고요?

바리 간섭 현상은 두 파동이 중첩되어 나타나는 여러 가지 현상을 의미해. 중첩되는 두 파동의 특성에 따라 보강간섭 또는 소멸간섭 현상이 될 수도 있고, 맥놀이 현상이 될 수도 있는 거지.

엘리 그럼 맥놀이 현상은 어떤 파동이 겹쳐졌을 때 나타나요?

바리 먼저 재미있는 실험부터 하나 해볼까? 잠깐 기다려. 내가 실험 재료를 가져올게.

울리 (잠시 후) 어? 빗을 가져오셨네요? 빗으로 맥놀이 실험을 해요?

바리 그래. 여기 이 큰 빗은 빗살 간격이 좀 넓고, 작은 빗은 빗살 간격이 좁잖아? 이제 이 두 빗을 겹쳐볼게.

엘리 와~ 피아노 건반처럼 보여요~

바리 하하- 피아노 건반과는 조금 다르지만 빗살이 겹쳐서 진해진 부

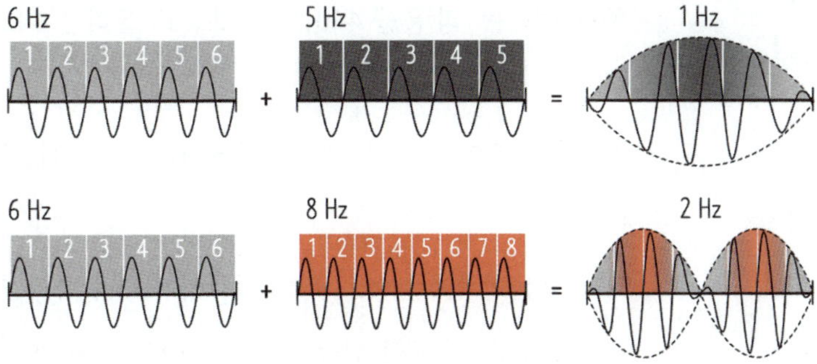

분이 규칙적으로 보이지? 자, 그럼 이제 두 빗의 빗살이 10cm 안에 각각 몇 개나 들어 있나 세어봐. 그런 뒤 두 빗을 겹쳐서 10cm 안에 진한 부분이 몇 개나 있는지 세어보고 말이야.

울리 큰 빗은 빗살이 19개, 작은 빗은 빗살이 25개, 겹쳤을 때는 6개의 진한 무늬가 있어요.

엘리 어머! 근데 25−19=6인데요?

바리 훌륭한 관찰력이야. 10cm 안에 들어 있는 빗살의 개수를 진동수로 이해하면 이 실험이 바로 맥놀이 현상 실험이란다. 맥놀이 현상은 '진동수가 조금 다른 두 파동이 중첩되었을 때, 중첩된 파의 진폭이 두 파동의 진동수 차이만큼의 진동수로 주기적으로 변하는 현상'을 말하거든.

울리 진동수가 25Hz인 파동과 19Hz인 파동이 합쳐지면 6Hz의 맥놀이가 생긴다는 뜻인가요? 근데 6Hz의 맥놀이가 실제 뭔지 잘 모르겠어요.

엘리 저희 악기로 실험해보면 어떨까요?

바리 좋지. 엘리는 '라'음을 440Hz에 맞추고, 울리는 442Hz에 맞추고 같이 켜봐.

울리 (엘리와 함께 악기를 켜본 후) '워~웅~, 워~웅~'거리는 걸로 들리는데요?

바리 그게 맥놀이 현상이야. 소리의 진폭이 커졌다 작아졌다 하는 소리를 듣고 조율이 안 되었다는 것을 아는 거지. '워~웅~'거리는 횟수는 1초에 두 번씩 나타나고 말이야. 합쳐진 두 파동의 진동수 차이만큼 맥놀이가 생긴다는 의미지.

엘리 아하~ 그럼 빗 2개를 겹쳤을 때 보이는 진한 무늬가 맥놀이, 즉 '워~웅~'에 해당하는 거군요.

바리 하하- 그래. 우리가 합주할 때 뭔가 지저분하게 떨리듯 들렸던 것도 바로 맥놀이 때문이야. 피치파이프나 피아노 소리굽쇠를 현이나 건반의 기본음과 같은 진동수로 진동하도록 만들어 조율할 때 사용하는 거고 말이지.

엘리 근데 음이 더 높은 건지 낮은 건지는 어떻게 알고 조율을 하죠? 맥놀이로는 두 음의 진동수 차이만 알 수 있는 거잖아요? 그리고 진동수가 다른 두 음을 동시에 들을 때, 우리가 듣는 소리의 진동수는 뭐가 되는 거죠?

바리 우선 진동수가 다른 두 음을 동시에 들을 때 우리가 듣는 소리의 진동수는 두 음의 평균 진동수야.

울리 음~ 그래서 대충 비슷한 음으로는 들리는 거군요. 진동수 차이가 크지 않은 두 소리가 겹쳐졌을 때 나타나는 현상이 맥놀이라고 하셨잖아요. 근데 진동수 차이가 크면 왜 맥놀이가 없죠?

바리 오~ 질문이 자꾸 나오네. 엘리의 질문을 먼저 생각해보자. 조율할 때 실제 악기 소리가 높아서 틀린 건지 낮아서 틀린 건지는 엘리 말대로 맥놀이로는 알 수 없단다. 소리를 듣고 예측하면서 조율하는 거지. 좀 높이 들린다 싶으면 나사를 풀고 다시 기본음과 비교해서 맥놀이 진동수가 줄어들었는지 확인하는 거야. 줄어들지 않고 오히려 맥놀이가 더 자주 들리면 나사를 조여야 한다는 뜻이고 말이야.

엘리 음에 예민하지 않으면 모르겠어요.

바리 그럼 대충 올렸다 내렸다 해봐야지. 요즘은 전자튜너기가 음이 높은지 낮은지를 알려주니 정말 좋잖아. 그리고 울리의 질문을 생각해보면, 두 음의 진동수 차이가 큰 경우 맥놀이 진동수도 크다는 거잖아? 그래서 '워~웅~'이 아주 빨리 자주 들린다는 것은 소리의 세기 변화를 느끼지 못한다는 것과 같기 때문에 맥놀이 현상을 느끼지 못하게 되는 거야.

울리 아하~ 그렇군요. 맥놀이도 참 재미있는 현상이네요.

바리 더 재미있는 효과도 있어. 너희 '에밀레종'이라고 들어봤니? 신라시대의 성덕대왕신종 말이야.

엘리 종소리가 '에밀레~ 에밀레~' 하는 것 같다고 해서 에밀레종이라고 부르는 거요?

바리 그래, 아는구나. 에밀레종은 낮고 긴 여운으로 유명한데, 그 종소리의 비밀이 바로 맥놀이 현상이었다고 해.

울리 와~ 정말요? 맥놀이는 듣기 싫은 소리 아닌가요?

바리 합주할 때는 맥놀이가 듣기 싫지만 에밀레종에서는 여운을 주는 효과를 내는 거지. 에밀레종 소리는 진동수가 64Hz 정도인 음파와 168Hz 정도인 음파로 되어 있다고 알려져 있었는데, 과학자들이 정밀하게 분석해보니 실은 각각 두 쌍의 음파로 되어 있다고 해.

엘리 두 쌍의 음파의 진동수가 약간씩만 달랐겠네요? 그래야 맥놀이 현상이 있을 테니까요.

바리 맞았어. 64.07Hz와 64.42Hz 음파, 168.52Hz와 168.63Hz 음파라고 해. 이렇게 미세한 진동수의 차이로 64Hz 근처에서는 약 3초에 한 번씩 맥놀이가 생기고, 168Hz 근처에서는 약 9초에 한 번씩 맥놀이가 생기면서 은은한 소리를 만들어낸 거지.

울리 어떻게 3초에 한 번, 9초에 한 번인 줄 알죠? 진동수의 차이가 각각 0.35Hz와 0.11Hz인 것은 알겠는데요….

바리 1초에 0.35번 진동한다는 것은 한 번 진동하는 데 3초 가까이 걸린다는 거잖아. 1초에 0.11번 진동한다는 것은 한 번 진동하는 데 약 9초 걸린다는 거고 말이야. 맥놀이가 아주 천천히 생기면서 내는 소리가 은은한 여운을 남긴다니 신기하지.

울리 아하, 그렇게 보면 되겠군요. 근데 에밀레종을 신라시대에 만들었다는데, 그때 사람들도 맥놀이 현상을 알았을까요?

바리 글쎄…. 지금 과학에서 기술하는 방식은 아니더라도 음파들의 중첩에 의해 간섭 현상이 일어나는 것은 알았으니 에밀레종이

탄생했겠지. 미묘한 맥놀이 효과를 내기 위해 종 내부에 일부러 부분적으로 철 덩어리를 덧댄 것 같다는 분석이 있거든. 바닥을 움푹 파서 울림통 역할을 하게도 하고 말이지.

엘리 우리나라 과학자들이 옛날에 만들어진 에밀레종의 소리를 연구했다는 것도 신기해요.

바리 그렇지? 이 연구는 2005년에 <Journal of Sound and Vibration>*이라는 국제학술지에 발표도 되었단다.

울리 오~ 세계에 에밀레종소리의 비밀을 과학적으로 알린 거네요.

엘리 아줌마, 우리 이제 조율 다시 하고 <생일축하 변주곡>이랑 <크리스마스 메들리>도 다시 합주해봐요~

---

* Seock-Hyun Kim, Chi-Wook Lee, & Jang-Moo Lee, “Beat characteristics and beat maps of the King Seong-deok Divine Bell”, *Journal of Sound and Vibration*, vol. 128, 21, 2005.

바리 교수의 물리노트 38

- 맥놀이beat: 진동수가 약간 다른 두 파동이 중첩되었을 때, 두 파동의 평균 진동수로 진동하면서 진폭이 주기적으로 변하는 간섭 현상.
- 맥놀이 진동수는 중첩된 두 파동의 진동수 차이와 같다.

39 조가 바뀔 때마다 조율을 해야 한다구요?

순정률/평균율

울리와 엘리, 그리고 바리 교수는 <생일축하 변주곡>과 <크리스마스 메들리>까지 신나게 합주했다. <크리스마스 메들리>는 조가 여러 번 바뀌는 바람에 처음 몇 번은 음정이 틀리기도 했으나, 울리와 엘리는 곧 익숙해져서 제대로 연주할 수 있었다.

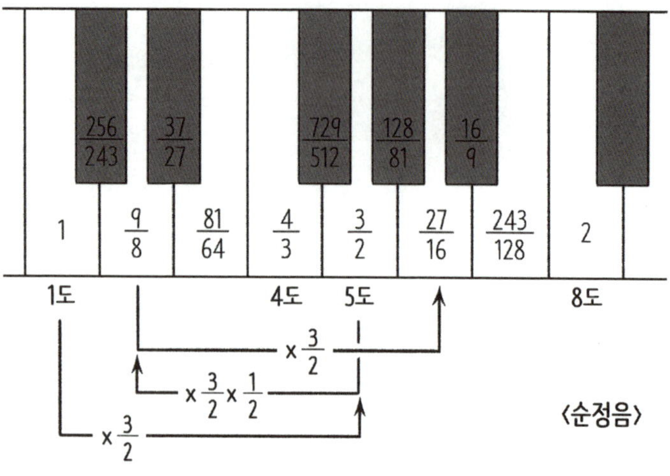

〈순정음〉

바리 너희 점점 옛날 솜씨가 나오나 본데? 가끔 나랑 합주하든지 아니면 아예 우리 오케스트라에 들어오렴~

울리 조금 연주해보니까 악보가 익어서 손이 저절로 움직이는데요.

바리 그러게. 어릴 때 익힌 것이 몸에 그대로 남아 있는 거지. 어릴 때부터 악기나 수영을 배운 사람들이 정말 부러워~

울리 수영은 왜요? 어른이 된 후에 배워도 괜찮지 않나요?

바리 어른이 되어 수영을 배우니까 수영장에서 하는 수영만 익숙하잖아. 물안경을 쓰지 않으면 물속에서 눈도 못 뜨고 말이야. 그래서는 진짜 물에 빠졌을 때 살아나오기 힘들 것 같거든. 하하-

울리 아~ 그런 문제가 있을 수 있겠네요.

엘리 저도 물속에서 맨눈을 뜬 적이 없는 것 같아요. 근데, 오랜만에 첼로를 켜보니까 다시 레슨 받고 싶어지네요. 엄마가 공부해야 한다고 허락하시지 않을 것 같지만요.

바리 악기를 전공할 것도 아닌데 지금 취미로 한다고 하면 부모님들은 불안해하실 수 있지. 공부할 시간도 모자란다고 생각하시니까 말이야. 그래도 지금 하는 것 보니까 나중에 어른이 된 후 다시 시작해도 잘할 것 같은데~

울리 아줌마는 언제부터 플루트를 시작하셨어요?

바리 40대 중반부터 했으니 아주 늦게 시작한 거지. 손이 다 굳은 뒤 시작했더니 지금도 빠른 곡은 잘 못 해. 손가락도 빨리 움직이질 않고 호흡도 짧고, 악보 보는 것도 어눌하고 말이야. 악기는 확실히 어릴 때 배우는 것이 좋은 것 같아.

울리 어릴 때는 하고 싶어서 한 게 아니라 정말 지겨웠어요. 근데 이렇게 합주해보니까 참 재미있네요.

엘리 근데 한 옥타브 안에는 왜 12음이 들어 있을까요?

바리 그보다도 먼저 음이 한 옥타브 차이가 나면 진동수가 어떻게 변하는지는 아니?

울리 그건 음마다 다르지 않을까요?

바리 진동수는 음마다 다르지만 한 옥타브씩 높은 음은 진동수가 2배씩 크단다. 예를 들어 가운데 '도'보다 한 옥타브 높은 '도'의 진동수는 가운데 '도'의 진동수보다 2배 크고, '레'도 한 옥타브 올라가면 진동수는 2배 커지지.

울리 진동수가 배수가 되게 한 특별한 이유가 있을까요?

바리 잘은 모르지만, 진동수가 2배 차이 나는 두 음을 함께 들으면 굉장히 안정되게 들려서 같은 음이름을 줬다는 것 같아.

엘리 그럼 진동수가 2배로 커지는 사이에 12음들의 진동수가 들어 있는 거군요?

바리 그렇지. 음들 사이의 진동수 비율을 정하는 방법으로는 크게 순정률로 정하는 방법과 평균율로 정하는 방법이 있는데, 최근에는 주로 평균율을 사용해서 조율을 한단다.

엘리 순정률은 뭐고 평균율은 뭐예요?

바리 '순정률just intonation'은 '각 음 사이의 진동수 비가 유리수(두 정수의 비율)인 것'을 의미하고, '평균율equal temperament'은 '각 음 사이의 진동수 비가 일정한 것'을 의미해. 대표적인 순정률은

'피타고라스 음률Pythagorean tuning'인데, 진동수 비가 2:3인 것을 기본으로 구성한 거지.

울리 진동수 비가 2 : 3이라는 게 무슨 뜻인지 잘 모르겠어요.

바리 예를 들어 기준이 되는 음의 진동수를 1이라고 해봐. 그러면 진동수가 1.5인 음이 한 옥타브 안에 들어가겠지? 한 옥타브는 진동수가 1에서 2까지니까 말이야. 다시 1.5의 1.5배를 하면 2.25 잖아?

울리 2.25는 2보다 크니까 한 옥타브 안에 들어가지 않겠네요?

바리 그렇지. 그래서 2.25를 2로 나눈 1.125가 대신 들어가는 거야. 진동수가 배수만큼 차이나는 것은 조화로우니까 말이야. 그리고 다시 1.125의 1.5배를 하면 1.6875가 되는데, 이것은 2보다 작으니까 한 옥타브 안에 들어갈 수 있는 거고 말이지.

엘리 아, 그럼 다시 1.6875의 1.5배를 해서 2보다 작으면 한 옥타브 안에 넣고, 2보다 크면 2로 나눠서 넣고 하는 거군요?

울리 그러면 2보다 커서 반으로 나눈 1.2656이 들어가야 하네요.

바리 무슨 말인지 이해했지? 이렇게 기본음과 진동수 비율이 2:3인 음들을 계속 한 옥타브 안에 차례대로 포함시킨 것이 피타고라스 음률이야.

엘리 근데 그런 식으로 하면 한 옥타브 안에 12개의 음만 들어가는 것이 아니라 아주 많이 들어갈 수 있는 것 아니에요?

바리 그렇지. 근데 우리 귀가 진동수 차이를 느낄 수 있어야 하잖아. 12개 정도를 넣었을 때 음들의 높낮이가 잘 구분되기 때문에

12개로 정한 걸 거야. 음들 사이의 진동수 차이가 아주 작으면 구분하기 힘드니까 말이지.

울리 아, 그렇겠네요.

바리 피타고라스 음률에서 기본음이 만일 '도'라면 진동수가 1.5배 큰 음은 '솔'이야. '완전5도'라고 불리는 화음이지. '도'와 '파'의 진동수 비는 3:4인데, '완전4도'라고 불리는 화음이고 말이야. 근데 요즘은 이런 완전화음의 음악이 거의 없단다.

엘리 그건 또 무슨 말이죠?

바리 아까도 얘기했지만 요즘은 순정률을 사용하지 않고 평균율을 사용하기 때문이지.

울리 왜요?

바리 순정률은 으뜸음을 중심으로 한 옥타브 안의 음들을 결정하는 거라서 조가 바뀔 때마다 새로 조율을 해야 하는 문제점을 갖고 있거든. 현악기는 그나마 그때그때 조율을 한다고 해도 건반악기들은 불가능하잖아.

울리 현악기도 불가능할 것 같은데요. 하나의 곡 안에서도 조가 자주 바뀔 수 있는데 어떻게 조율을 하면서 연주를 해요?

바리 그렇지. 한 곡 안에서 조가 바뀌는 경우는 거의 연주가 불가능하지. 그래서 오르간 연주자였던 요한 세바스티안 바흐Johann Sebastian Bach가 모든 음의 진동수 비가 같은 평균율을 만든 거야. 그 이후 서양음악에서는 모든 악기의 조율을 평균율에 의해 하게 되었고 말이지.

엘리 그럼 평균율에서는 '솔'의 진동수가 '도'의 진동수의 1.5배가 아니라는 거군요?

바리 1.5배가 될 수 없는 거지.

울리 그럼 몇 배죠? 어떻게 구해요?

바리 계산을 좀 해볼까? 다시 '도'의 진동수를 1이라고 하고, 그보다 반음 높은 '도#'의 진동수를 x라고 생각해봐. 그러면 '도#'보다 반음 높은 '레'의 진동수는 뭘까?

엘리 진동수 비가 똑같다고 했으니까 x^2이 되겠네요.

바리 그렇지? 그럼 다시 반음 높은 '레#'의 진동수는 x^3이 되겠지? 이렇게 반음씩 모두 12번 올라가면 한 옥타브 높은 '도'가 될 거고 말이야.

울리 아, 그럼 진동수 비율이 반음마다 x 배씩 12번 올라가면 한 옥타브 올라간 것이니 $x^{12}=2$가 돼야 하네요? 근데 이걸 어떻게 풀어요?

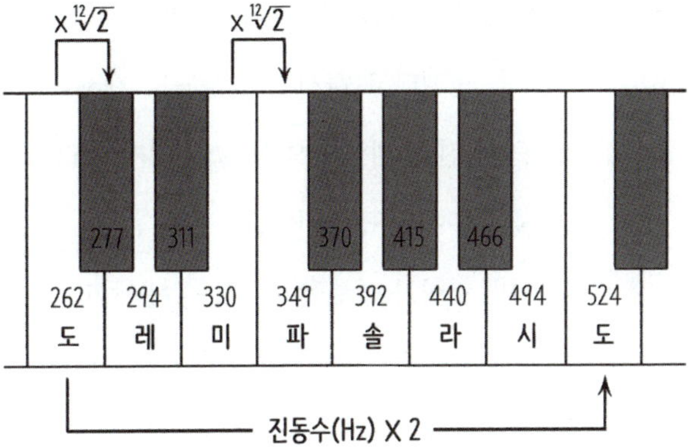

바리 오~ 잘했어. 그 계산은 계산기가~ 하하. x는 2의 12제곱근이란 뜻인데, $\sqrt[12]{2}$로 표시하고 값은 약 1.0595야.

엘리 1.0595를 12번 곱하면 2가 된다는 거죠? 그리고 '솔'의 진동수를 얻으려면, 도-도#-레-레#-미-파-파#-솔이니까 1.0595를 7번 곱해야 하고요?

울리 내가 7번을 잽싸게 곱해보니 1.4983이 나오는데?

엘리 순정률의 '솔' 진동수 1.5보다 약간 작은 값이네~

바리 그래. 또 1.0595를 5번 곱하면 '파'의 평균율 진동수 1.3348이 되는데, 이건 순정률의 '파' 진동수 1.3333보다 약간 크지.

엘리 평균율에서는 진동수 비가 정수 비가 될 수 없겠네요. 그래서 완전화음의 음악이 이젠 없다고 하신 건가요?

바리 맞아. 조율의 편리함을 위해서 소리의 조화로움을 조금 포기한 상황인 거지. 지금은 조화로운 음악이 아름다운 음악이라고 평가받는 것도 아니지만 말이야.

울리 아름다움은 주관적인 거잖아요~ 헤헤- 학교 친구들 보면 대부분 클래식 음악을 싫어해요. 그래서 우리가 떠들 때마다 클래식 음악을 틀겠다고 하시는 선생님도 계세요. 그럼 조용해지거든요. 근데 전 클래식 음악이 그리 싫지는 않아요.

엘리 전 클래식 음악도 좋아해요~

울리 아줌마, 저희가 연주할 수 있는 쉬운 클래식 음악은 없을까요?

바리 흠…. 다음에는 하이든의 <런던 트리오>를 같이 연주해볼까? 플루트 둘과 첼로 하나의 합주인데 플루트 대신 바이올린이 해도 좋을 것 같네. 오늘 연주는 그만하고 바흐를 생각하며 <브란덴부르크 협주곡>이나 들어볼까? 자, 지하실로 가자~

엘리 (지하실로 내려가며) 와~ CD와 DVD가 많네요~

울리 아줌마가 그냥 음악만 들으러 지하실에 가자고 하시는 것은 아닐 텐데….

바리 하하- 울리의 눈치는 못 당하겠다니까~

바리 교수의 물리노트 39

- 음높이가 한 옥타브 높아지면 진동수는 2배 커진다.
- '평균율equal temperament'은 등간격 음계를 만들며, 음높이가 반음씩 올라갈 때마다 진동수는 $\sqrt[12]{2}=1.0595$배씩 증가한다.
- '순정률just intonation'은 음 사이의 진동수 비가 유리수(두 정수의 비율)인 음률로, 조가 바뀔 때마다 음의 진동수가 변한다.

40 10배 세면 1, 100배 세면 2라구요?

데시벨/CD의 원리

바리 교수는 바흐 CD를 꺼내서 CD플레이어에 넣었다. 스피커로 웅장한 음악이 흘러나왔다. 음악을 들으며 울리와 엘리는 영화 DVD를 구경했는데, 엘리가 좋아하는 공상과학영화들이 아주 오래된 것부터 최근 것까지 있었다. 바리 교수가 과자와 음료수를 꺼내왔다.

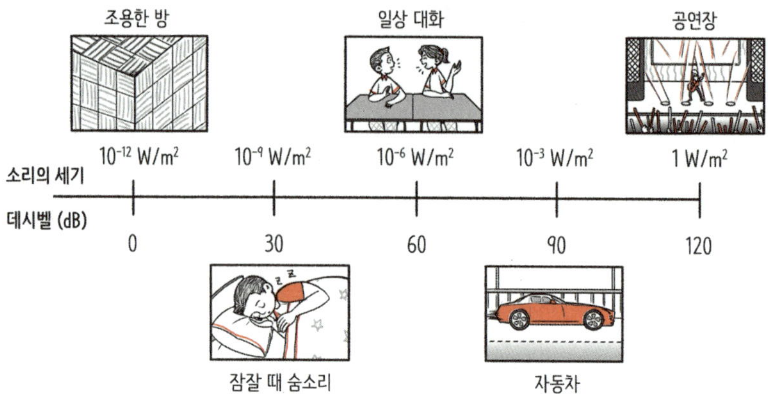

엘리 음악을 이어폰으로 듣지 않고 이렇게 방에서 크게 틀고 들으니 훨씬 좋네요. 일요일에 엄마가 가끔 거실에서 음악을 크게 틀어 놓고 들으시는데, 전 그 시간도 참 좋거든요.

바리 그렇지? 자, 그럼 울리를 실망시키지 않기 위해….

울리 제가 왜 실망해요?

엘리 지하실로 내려가는 게 단지 음악을 듣기 위한 것이 아닌 것 같다고 네가 아까 의심했잖아?

울리 아하~ 근데 제 짐작이 맞은 거죠?

바리 하하- 맞아. 소리의 세기에 대해 알려주려고 했거든. 소리의 세기는 '어떤 면적에 주어진 시간 동안 전달된 소리에너지'로 정의한단다. 너희, 시간당 전달된 에너지의 단위 기억나니?

엘리 W(와트watt)죠? 일률의 단위랑 같잖아요. '주어진 시간 동안에 한 일'이 일률이고, 일은 에너지니까요.

울리 아~ 저도 기억나요. 일률의 단위나 전력의 단위나 모두 W라는 것이요.

바리 좋았어. 소리의 세기는 '면적당 소리에너지의 일률'로 정의돼서 단위가 W/m^2야. 근데 우리 귀는 10^{-12} W/m^2부터 $1W/m^2$ 정도까지의 소리 세기를 감지할 수 있대.

울리 감지할 수 있는 소리 세기의 폭이 아주 넓은 것 같은데요?

바리 그렇지? 감지 영역이 너무 넓어서 가장 약한 세기의 소리를 0B로 정하는데, 여기서 B는 '벨bel'이라고 읽어. 가장 약한 소리의 세기보다 10배 커지면 1B, 100배 커지면 2B 등으로 정의한 거야. 근데 B보다는 dB(데시벨desibel)을 더 많이 사용하지. 1B=10dB이고 말이야.

엘리 그럼 소리의 세기가 $1W/m^2$일 때는 가장 약할 때(10^{-12} W/m^2)보다 0이 12개나 더 붙어야 하니까 세기가 12B, 그래서 120dB인가요?

울리 헉! 정말 엘리 너는…. 말이 안 나온다.

바리 그러게. 바로 저렇게 계산을 해보다니 말이야. 자, 이리 와서 내 핸드폰의 소리 측정기 좀 볼래? 지금 우리가 틀어놓은 음악 소리의 세기가 85dB쯤 된다고 나오네.

울리 와~ 아줌마는 이런 앱도 사용하세요? 물리학자라서 그런가요?

바리 그냥 재미있잖아. 나는 소음에 좀 예민해서 식당에 갔을 때 시끄러우면 소화가 잘 되지 않곤 하거든. 그럴 때 이렇게 소리 측정기를 켜놓고 관찰을 하면 어느새 거기에 집중하게 돼서 신경이 좀 둔해지지. 하하-

엘리 저도 시끄러운 식당에서는 정신이 없어서 그런지 음식 맛도 모르겠고 소화도 잘 안 되는 것 같아요.

울리 전 먹느라 시끄러운지 어떤지도 모르겠던데요. 헤헤- 근데 음악을 껐을 때는 소리 세기가 얼마나 나올까요?

바리 직접 음악을 끄고 측정해보자.

엘리 오~ 15dB은 나오네요? 조용하게 느껴지는데도 말이죠.

바리 우리가 잠잘 때의 숨소리도 30dB 정도고, 일상적인 대화 소리도 60dB 정도는 되니까 15dB이면 아주 조용한 거지.

엘리 아, 그렇군요. 근데 소리의 세기와는 관계 없지만 CD나 DVD를 보니까 문득 그 작동 원리가 궁금해지네요. 크기는 점점 작아지는데 용량은 커지는 것도 신기하고요.

바리 CD나 DVD는 레이저를 이용하는 거고, 디지털 방식이지.

울리 음악을 어떻게 디지털화하는지도 궁금하긴 해요.

바리 생각해보면 신기한 거지. 연속적인 파형의 진폭 값을 이진법으로 표시해서 이용하는 거니까 말이야.

엘리 십진수를 이진수로 바꾸려면 복잡하잖아요.

바리 그런 건 컴퓨터가 쉽게 하지. 그렇긴 해도 지금 같이 몇 개만 재미삼아 바꿔볼까? 십진법의 0과 1은 이진법에서도 0과 1인데, 십진법의 2는 이진법에서 뭘까?

엘리 이진법에는 2가 없으니 10이 돼야죠.

바리 그럼 십진법의 3은?

울리 2보다 하나 많으니 이진법에서는 10보다 하나 많은 11이요.

바리 잘하네~ 그럼 십진법 4는 뭐가 될까?

엘리 11보다 하나 많은 거니까 자릿수가 올라가서 100이 돼요.

울리 십진법에서 5는 이진법에서 101이 되고요. 하나씩 차례대로 하니까 쉬운데요?

바리 그렇지? 이런 식으로 연속적인 아날로그 파형의 매 순간 진폭을 이진법인 0과 1의 조합으로 표시하고, 레이저빔으로 CD나 DVD 표면에 이진수 순서대로 요철을 만드는 거야. 요철의 변화가 있는 것은 0에 해당하고, 요철의 변화가 없는 것은 1에 해당하게 말이지.

엘리 무슨 뜻이죠?

바리 레이저빔으로 요철을 만들 때는 요철 간의 높이 차이가 레이저빔 파장의 $\frac{1}{4}$이 되게 만들거든. 그리고 CD 플레이어나 DVD 플레이어가 레이저빔을 보내 디스크에서 반사된 레이저빔을 감지하는 거야. 그럼 레이저빔이 요철의 변화가 있는 곳에 반사되어 나온 빛은 어떤 간섭을 일으킬까?

엘리 요철이 높은 곳과 낮은 곳의 차이가 레이저빔 파장의 $\frac{1}{4}$이니까 높은 곳에서 반사한 빛과 낮은 곳에서 반사한 빛은 레이저빔 파장의 반만큼 어긋나서 만나겠는데요?

울리 어? 반파장만큼 어긋나면 소멸간섭?

바리 그렇지. 레이저빔이 요철의 변화가 있는 부분에 쪼여지면 소멸간섭이 생겨서 빛이 감지되지 않고, 이를 0으로 이해하는 거야.

엘리 아하, 그럼 요철의 변화가 없는 곳에서 반사한 빛들은 어긋남이 없어서 보강간섭을 일으키는 거군요?

바리 그래~ 그래서 플레이어는 빛을 감지하고, 이를 1로 이해하는 거지. 기발하지?

울리 근데 CD나 DVD 표면을 보면 매끈한 것 같은데 어디에 그런 요철이 있어요?

바리 레이저로 만드는 거라 아주 작아서 눈으로는 보이질 않지. 우리 머리카락 굵기보다도 수십 분의 1 수준으로 가는 홈이 파여 있는 거니까 말이야.

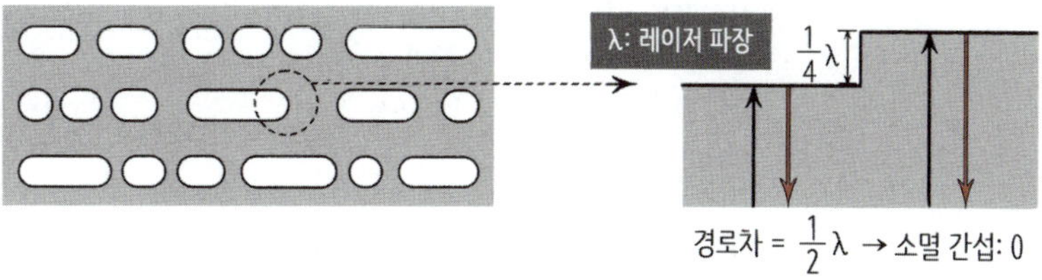

엘리 그럼 CD와 DVD는 뭐가 다른 거예요?

바리 사용하는 레이저빔의 파장이 다른 거지. CD는 소리만 기록하지만 DVD는 소리와 영상을 함께 기록하니까 훨씬 용량이 커야 하잖아? 이때 용량이라는 것은 '얼마나 많은 요철을 디스크에 넣을 수 있는가' 하는 거고 말이지.

엘리 레이저빔의 파장이 짧을수록 요철도 더 작게 많이 만들 수 있다는 거군요?

바리 그렇지. DVD의 발전은 곧 레이저의 발전과 함께한다고 할 수 있어. CD에 사용하는 레이저는 파장이 780nm인 데 비해 DVD는 650nm의 레이저를 사용하거든.

울리 HD DVD는 더 짧은 파장의 레이저를 사용하겠네요? 용량이 훨씬 크잖아요.

바리 HD DVD나 '블루레이Blu-ray' 디스크는 모두 파장이 405nm인 푸른색 레이저를 사용해서 훨씬 작은 요철을 만들 수 있으니 용량이 매우 큰 거지.

울리 근데 CD나 DVD는 무엇의 약자인 거죠?

바리 CD는 'Compact Disk', DVD는 'Digital Versatile(또는

Video) Disc'의 약자야. HD는 'High Definition(또는 Density)'의 약자고.

엘리 영어 단어들이 어려운데요.

바리 약자로 알고 잘 쓰면 되지, 뭐. 그것보다 요즘은 사람 목소리도 다양하게 컴퓨터에서 만들어낼 수 있는데, 어떻게 가능한지 알고 있니?

엘리 그렇지 않아도 늘 궁금했어요. 컴퓨터로 여러 악기 소리도 내고 그러던데요.

바리 그 원리 뒤에는 프랑스의 수학자이자 물리학자였던 조제프 푸리에Joseph Fourier가 있단다. 푸리에는 모든 파형을 진동수와 진폭 그리고 위상이 다른 다양한 사인파동sine wave의 합으로 나타낼 수 있다는 것을 보였거든. 이 다양한 사인파동은 앞에서 정상파를 얘기할 때 나온 화음에 해당하는 거고 말이야.

울리 사인파동들만으로 사람 목소리도 만들고 피아노 소리도 만들고 한다는 뜻인가요?

바리 그래. 문제는 아주 많은 사인파동이 필요하다는 거지만 말이야. 예를 들어 피아노는 27~4,200Hz의 소리를 내는데, 이 피아노 소리를 합성하려면 2만 Hz 정도까지의 다양한 사인파동이 아주 많이 필요하거든.

엘리 파동의 세계도 배울 것이 참 많은 것 같아요.

바리 나중에 전자기파를 배울 때 빛에 대한 다양한 현상을 공부할 거야. 빛의 파동적 특성도 재미있는 것이 많거든.

울리 아줌마의 물리 이야기는 영원할 것 같으니, 오늘은 잠시 쉬고 이제 영화를 한 편 보면 안 될까요? 헤헤-

바리 교수의 물리노트 40

- 벨bel(B): 소리의 단위로, 감지할 수 있는 가장 작은 소리의 세기인 $10^{-12}\ \mathrm{W/m^2}$를 0B로 하고 세기가 10배 늘어나면 1B, 100배 늘어나면 2B, 10^{12}배 늘어나면 12B이다. (1B＝10dB)
- [보충] $1\mathrm{B} = \log \dfrac{I}{10^{-12}\ \mathrm{W/m^2}}$

  (log: 상용로그함수, I: 소리의 세기)
- CD나 DVD는 레이저를 이용하여 레이저빔 파장의 $\frac{1}{4}$에 해당하는 높이의 요철을 만든 후, 여기에 반사된 빛들이 보강간섭을 일으키면 1, 소멸간섭을 일으키면 0으로 해석한다.
- 모든 파형은 진동수와 진폭 그리고 위상이 다른 여러 개의 사인파동의 합으로 나타낼 수 있다.

다이얼로그 물리학 ❷

물성·파동·열역학

펴낸날 1판 1쇄 2022년 2월 25일
지은이 이공주복
펴낸이 정은경
펴낸곳 이화여자대학교출판문화원
주소 서울특별시 서대문구 이화여대길 52 (우03760)
등록 1954년 7월 6일 제9-61호
전화 02) 3277-2965 (편집), 362-6076 (마케팅)
팩스 02) 312-4312
전자우편 press@ewha.ac.kr
홈페이지 www.ewhapress.com
책임편집 이지예
본문 디자인 김리영 · 정혜진
표지 디자인 이현정

ISBN 979-11-5890-454-8 04420
979-11-5890-452-4 04420(SET)
값 18,000원